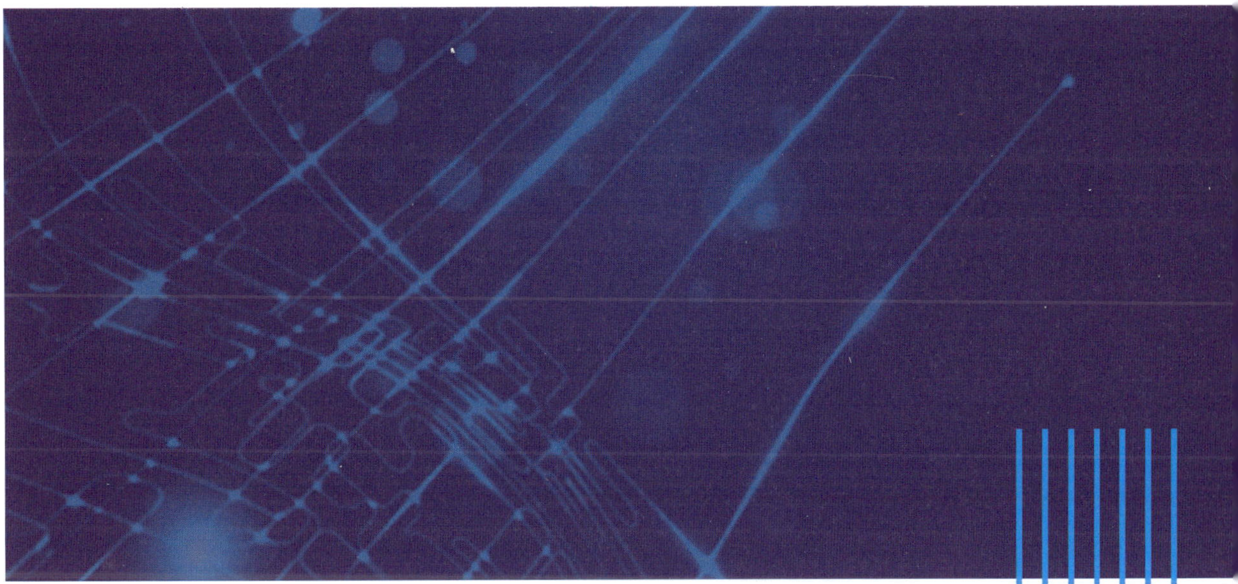

新编大学物理教程
知识要点与习题解析

主　编：赵言诚　孙秋华
副主编：姜　宇　刘艳磊　刘　禄
主　审：孙伟民　张建中

HEUP 哈爾濱工程大學出版社

图书在版编目(CIP)数据

新编大学物理教程知识要点与习题解析 / 赵言诚，孙秋华主编. —哈尔滨：哈尔滨工程大学出版社，2016.1(2017.3 重印)
ISBN 978-7-5661-1174-6

Ⅰ. ①新… Ⅱ. ①赵… ②孙… Ⅲ. ①物理学-高等学校-教学参考资料 Ⅳ. ①O4

中国版本图书馆 CIP 数据核字(2016)第 008122 号

选题策划:沈红宇
责任编辑:张忠远 周一曈
封面设计:恒润设计

出版发行 哈尔滨工程大学出版社
社　　址 哈尔滨市南岗区东大直街 124 号
邮政编码 150001
发行电话 0451-82519328
传　　真 0451-82519699
经　　销 新华书店
印　　刷 哈尔滨市石桥印务有限公司
开　　本 889mm×1194mm 1/16
印　　张 12.25
字　　数 371 千字
版　　次 2016 年 1 月第 1 版
印　　次 2017 年 3 月第 3 次印刷
定　　价 42.00 元
http://www.hrbeupress.com
E-mail:heupress@hrbeu.edu.cn

前　言

大学物理是理工科院校各专业学生的一门重要的必修基础课程，对培养学生的科学素质和创新能力起着重要的作用。大学物理习题是训练学生理解和掌握物理学的基本概念、基本规律、基本方法的必要手段，是培养学生用科学的思想方法分析问题和解决问题的有效途径。

本书是依照教育部高等学校物理学与天文学教学指导委员会编制的《理工科类大学物理课程教学基本要求》(2010 年版)，结合赵言诚等主编的《新编大学物理教程》编写的一本大学物理参考书。本书对《新编大学物理教程》的全部习题做了解答，并配合教材给出了同步训练题及参考答案。

本书的编写宗旨是帮助读者搞清大学物理的基本概念、基本规律，指导解题方法、提高分析问题解决问题的能力。每章按知识要点、书后习题解答、同步训练题、同步训练题答案四个模块编写，力求使读者深入理解基本内容，熟练掌握解题的思路和方法，培养他们的学习素质和学习能力。

全书由哈尔滨工程大学赵言诚、孙秋华、姜宇、刘艳磊、刘禄编写，孙伟民、张建中主审。

由于时间仓促，编者水平有限，书中难免有错漏和不妥之处，敬请读者批评指正。

编　者

2015 年 12 月

目录

第 1 篇　力　学

第1章　质点运动学

知识要点

1.1　运动的描述

质点：具有一定质量的几何点。

参考系：描述质点运动时所选择的标准物。

1.2　位置矢量与位移矢量

1.2.1　位置矢量

位置矢量：描述质点空间位置的物理量，即

$$\boldsymbol{r}=\boldsymbol{r}(t)=x(t)\boldsymbol{i}+y(t)\boldsymbol{j}+z(t)\boldsymbol{k}$$

大小：$|\boldsymbol{r}|=r=\sqrt{x^2+y^2+z^2}$

方向：$\cos\alpha=\dfrac{x}{r}$，$\cos\beta=\dfrac{y}{r}$，$\cos\gamma=\dfrac{z}{r}$

1.2.2　位移矢量

位移矢量：描述质点空间位置变化的物理量，即

$$\Delta\boldsymbol{r}=\boldsymbol{r}(t+\Delta t)-\boldsymbol{r}(t)=\Delta x\boldsymbol{i}+\Delta y\boldsymbol{j}+\Delta z\boldsymbol{k}$$

大小：$|\Delta\boldsymbol{r}|=\sqrt{\Delta x^2+\Delta y^2+\Delta z^2}$　$(|\Delta\boldsymbol{r}|\neq\Delta r)$

方向：$\cos\alpha=\dfrac{\Delta x}{|\Delta\boldsymbol{r}|}$，$\cos\beta=\dfrac{\Delta y}{|\Delta\boldsymbol{r}|}$，$\cos\gamma=\dfrac{\Delta z}{|\Delta\boldsymbol{r}|}$

1.3　速度与加速度

1.3.1　速度

速度矢量：描述质点空间位置变化快慢的物理量，即

$$v=\frac{\mathrm{d}\boldsymbol{r}}{\mathrm{d}t}=\frac{\mathrm{d}x}{\mathrm{d}t}\boldsymbol{i}+\frac{\mathrm{d}y}{\mathrm{d}t}\boldsymbol{j}+\frac{\mathrm{d}z}{\mathrm{d}t}\boldsymbol{k}$$

大小：$|\boldsymbol{v}|=v=\sqrt{\left(\frac{\mathrm{d}x}{\mathrm{d}t}\right)^2+\left(\frac{\mathrm{d}y}{\mathrm{d}t}\right)^2+\left(\frac{\mathrm{d}z}{\mathrm{d}t}\right)^2}=\sqrt{v_x^2+v_y^2+v_z^2}$

方向：沿质点轨迹前进一侧的切线方向。

1.3.2 加速度

加速度矢量：描述质点运动状态变化快慢的物理量，即

$$\boldsymbol{a}=\frac{\mathrm{d}\boldsymbol{v}}{\mathrm{d}t}=\frac{\mathrm{d}^2\boldsymbol{r}}{\mathrm{d}t^2}=\frac{\mathrm{d}^2x}{\mathrm{d}t^2}\boldsymbol{i}+\frac{\mathrm{d}^2y}{\mathrm{d}t^2}\boldsymbol{j}+\frac{\mathrm{d}^2z}{\mathrm{d}t^2}\boldsymbol{k}$$

大小：$|\boldsymbol{a}|=a=\sqrt{\left(\frac{\mathrm{d}^2x}{\mathrm{d}t^2}\right)^2+\left(\frac{\mathrm{d}^2y}{\mathrm{d}t^2}\right)^2+\left(\frac{\mathrm{d}^2z}{\mathrm{d}t^2}\right)^2}=\sqrt{a_x^2+a_y^2+a_z^2}$

方向：与速度改变量方向一致。一般曲线运动中，加速度的方向指向曲线的凹侧。

1.4 运动举例

1.4.1 恒加速度运动

$$\boldsymbol{v}=\boldsymbol{v}_0+\boldsymbol{a}t \qquad \boldsymbol{r}=\boldsymbol{r}_0+\boldsymbol{v}_0t+\frac{1}{2}\boldsymbol{a}t^2$$

式中，$\boldsymbol{a}$ 为常矢量，初始条件为 $\boldsymbol{r}_0$，$\boldsymbol{v}_0$。

1.4.2 匀速率圆周运动

向心加速度：$a_n=\frac{v^2}{R}$

周期：$T=\frac{2\pi R}{v}$

1.4.3 曲线运动

角速度：$\omega=\frac{\mathrm{d}\theta}{\mathrm{d}t}=\frac{v}{R}$

角加速度：$\alpha=\frac{\mathrm{d}\omega}{\mathrm{d}t}=\frac{\mathrm{d}^2\theta}{\mathrm{d}t^2}$

加速度：$\boldsymbol{a}=\boldsymbol{a}_n+\boldsymbol{a}_t$

法向加速度：$a_n=\frac{v^2}{R}=R\omega^2$，指向圆心

切向加速度：$a_t=\frac{\mathrm{d}v}{\mathrm{d}t}=R\alpha$，与圆相切，指向运动方向

1.4.4 抛体运动

$$a_x=0,a_y=-g$$

$$v_x=v_0\cos\theta,v_y=v_0\sin\theta-gt$$

$$x=v_0\cos\theta\cdot t,y=v_0\sin\theta\cdot t-\frac{1}{2}gt^2$$

1.5 相对运动

伽利略坐标变换：$\boldsymbol{r}_{PQ}=\boldsymbol{r}_{P'Q'}+\boldsymbol{r}_{OO'}$
伽利略速度变换：$\boldsymbol{v}_{PQ}=\boldsymbol{v}_{P'Q'}+\boldsymbol{u}$
伽利略加速度变换：$\boldsymbol{a}_{PQ}=\boldsymbol{a}_{P'Q'}+\boldsymbol{a}$

书后习题解答

1—1—1　火星表面的重力加速度可以认为是 4 m/s^2，如果宇航员在火星表面以 10 m/s 的速度竖直向上抛出一苹果，则苹果升高的时间、上升的高度、在 $t=2$ s 时的速度和位移各是多少？

解　苹果做匀减速直线运动，由条件 $t=0$ 时，$v_0=10$ m/s，$y_0=0$

根据公式 $v=v_0+at$，$a=-4$ m/s^2

有 $t=2.5$ s，$y=y_0+v_0t+\frac{1}{2}at^2$，$y=12.5$ m

当 $t=2$ s 时，$v=2$ m/s，$y=12$ m

1—1—2　已知质点的运动学方程为 $\boldsymbol{r}=\left(5+2t-\frac{1}{2}t^2\right)\boldsymbol{i}+\left(4t+\frac{1}{3}t^3\right)\boldsymbol{j}$ (SI)，求当 $t=2$ s 时，质点的速度和加速度。

解
$$\boldsymbol{v}=\frac{\mathrm{d}\boldsymbol{r}}{\mathrm{d}t}=(2-t)\boldsymbol{i}+(4+t^2)\boldsymbol{j}$$

当 $t=2$ s 时，$\boldsymbol{v}=8\boldsymbol{j}$，$\boldsymbol{a}=-\boldsymbol{i}+2t\boldsymbol{j}=-\boldsymbol{i}+4\boldsymbol{j}$

1—1—3　在 x 轴上作变加速直线运动的质点，已知其初速度为 v_0，初始位置为 x_0，加速度 $a=Ct^2$（其中 C 为常量），求该质点的运动学方程。

解
$$a=\frac{\mathrm{d}v}{\mathrm{d}t},\mathrm{d}v=Ct^2\mathrm{d}t$$
$$\int_{v_0}^{v}\mathrm{d}v=\int_0^t Ct^2\mathrm{d}t,\ v=v_0+\frac{1}{3}Ct^3$$
$$v=\frac{\mathrm{d}x}{\mathrm{d}t},\mathrm{d}x=\left(v_0+\frac{1}{3}Ct^3\right)\mathrm{d}t$$
$$\int_{x_0}^{x}\mathrm{d}x=\int_0^t\left(v_0+\frac{1}{3}Ct^3\right)\mathrm{d}t,\ x=x_0+v_0t+\frac{1}{12}Ct^4$$

1—1—4　一质点从静止出发沿半径 $R=1$ m 的圆周运动，其角加速度随时间 t 的变化规律是 $\alpha=12t^2-6t$(SI)，求质点的角速度和切向加速度。

解
$$\alpha=\frac{\mathrm{d}\omega}{\mathrm{d}t},\mathrm{d}\omega=(12t^2-6t)\mathrm{d}t$$
$$\int_0^{\omega}\mathrm{d}\omega=\int_0^t(12t^2-6t)\mathrm{d}t,\ \omega=4t^3-3t^2$$
$$a_t=R\alpha,a=12t^2-6t$$

1—1—5　如图 1—1—1 所示，在离水面高度为 h 的岸边，有人用绳子拉船靠岸，船在距离岸边 s 处。当人以速率 v_0 匀速收绳时，船的速度和加速度各为多少？

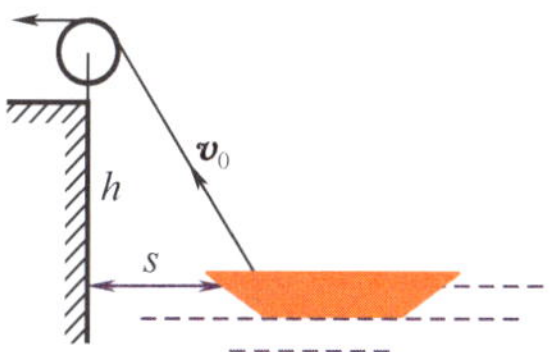

图 1—1—1

解 以 l 表示船到定滑轮的绳长，则

$$v_0=-\frac{\mathrm{d}l}{\mathrm{d}t}$$

负号表示船在水面向岸运动。

由题意可知 $s=\sqrt{l^2-h^2}$，得到船的速度为

$$v=\frac{\mathrm{d}s}{\mathrm{d}t}=\frac{l}{\sqrt{l^2-h^2}}\frac{\mathrm{d}l}{\mathrm{d}t}=-\frac{\sqrt{s^2+h^2}}{s}v_0$$

则船的加速度为

$$a=\frac{\mathrm{d}v}{\mathrm{d}t}=\frac{\mathrm{d}v}{\mathrm{d}l}\cdot\frac{\mathrm{d}l}{\mathrm{d}t}=-\frac{h^2}{s^3}v_0^2$$

1—1—6 以相对水 0.70 m/s 的速率游泳的游泳者想通过 50 m 宽水流速为 0.50 m/s 的一条河。(1) 如果他想垂直河岸游过去，那么他的身体以什么样的角度游？他相对河岸的实际速率是多少？他游到对岸需花多长时间；(2) 如果他要以最短的时间游到对岸，他的身体以什么样的角度游？他相对河岸的实际速率是多少？他游到对岸需花多长时间？到达对岸时他顺流而下多远的距离？

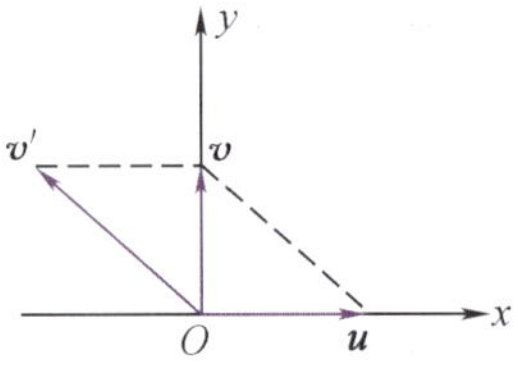

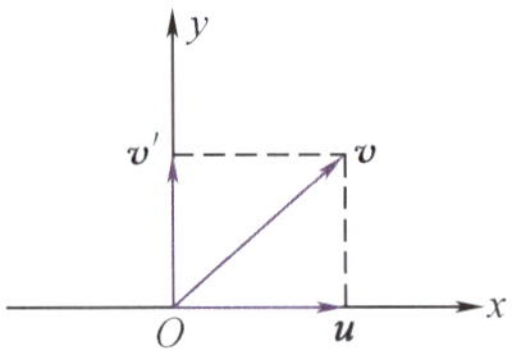

图 1—1—2

解 坐标选取如图 1—1—2 所示，设人对岸的速度为 $\boldsymbol{v}$，人对水的速度为 $\boldsymbol{v}'$，水对岸的速度为 $\boldsymbol{u}$，有

$$\boldsymbol{v}=\boldsymbol{v}'+\boldsymbol{u}$$

(1)
$$v'\cos\alpha=u,v'\sin\alpha=v$$

$$v=\sqrt{v'^2-u^2}=0.49\ \mathrm{m/s}$$

人对岸的夹角为

$$\alpha=\arccos\frac{5}{7}=44.4°$$

$$t=\frac{l}{v}=102\ \mathrm{s}$$

(2)
$$v_x=u-v'\cos\alpha,v_y=v'\sin\alpha$$

$$x=(u-v'\cos\alpha)t \quad ①$$

$$y=(v'\sin\alpha)t \quad ②$$

由②式得，当 $\alpha=90°$时，时间最短，则

$$v_x=u,x=ut$$

$$v_y=v',y=v't$$

$$v=\sqrt{v'^2+u^2}=0.86\ \mathrm{m/s}$$

$$t=\frac{l}{v}=71.4\ \mathrm{s},x=35.7\ \mathrm{m}$$

同步训练题

1. 有一质点沿 x 轴作直线运动，t 时刻的坐标为 $x=4.5t^2-2t^3$(SI)。试求：(1)第 2 s 内的平均速度；(2)第 2 s 末的瞬时速度；(3) 第 2 s 内的路程。

2. 一质点沿半径为 R 的圆周运动，质点所经过的弧长与时间的关系为 $S=bt+\frac{1}{2}ct^2$，其中 b 和 c 是大于零的常量。求从 $t=0$ 开始到切向加速度与

法向加速度大小相等时所经历的时间。

3. 一质点沿 x 轴运动，其加速度为 $a=4t$(SI)，已知 $t=0$ 时，质点位于 $x=10$ m处，初速度$v_0=0$。试求该质点的运动方程。

4. 以水平初速度v_0射出一发子弹，取枪口为原点，沿v_0方向为 x 轴，竖直向下为 y 轴，并取发射时刻 t 为 0。试求：(1) 子弹的运动方程及轨迹方程；(2) 子弹在 t 时刻的速度、切向加速度和法向加速度。

5. 一质点从静止开始作直线运动，开始时加速度为 a_0，此后加速度随时间均匀增加。经过时间 τ 后，加速度为 $2a_0$；经过时间 2τ 后，加速度为 $3a_0$……求经过时间 $n\tau$ 后该质点的速度和走过的距离。

6. 河水自西向东流动，速度为 10 km/h。一轮船在水中航行，船相对于河水的航向为北偏西 30°，相对于河水的航速为 20 km/h，此时风向为正西，风速为 10 km/h。求在船上观察到的烟囱冒出的烟缕的飘向(设烟离开烟囱后很快就获得与风相同的速度)。

同步训练题答案

1. (1)$v=-0.5$ m/s；(2)$v_{t=2}=-6$ m/s；(3)$S=2.25$ m

2. $t=\sqrt{\dfrac{R}{c}}-\dfrac{b}{c}$

3. $x=\dfrac{2}{3}t^3+10$(SI)

4. (1)$x=v_0t, y=\dfrac{1}{2}gt^2$；$y=\dfrac{1}{2}x^2\dfrac{g}{v_0^2}$

   (2)$a_t=\dfrac{g^2t}{\sqrt{v_0^2+g^2t^2}}, a_n=\dfrac{v_0g}{\sqrt{v_0^2+g^2t^2}}$

5. $v_{n\tau}=\dfrac{1}{2}n(n+2)a_0\tau, s_{n\tau}=\dfrac{1}{6}n^2(n+3)a_0\tau^2$

6. 在船上观察到的烟缕的飘向为南偏西 30°

第 2 章　质点动力学

知识要点

2.1 牛顿运动定律

2.1.1　牛顿第一定律

牛顿第一定律:任何物体都要保持其静止或匀速直线运动状态,直到有力迫使它改变这种状态为止。正确理解惯性和力的概念。

2.1.2　牛顿第二定律

牛顿第二定律:物体受到外力作用时,所获得加速度的大小与合外力的大小成正比,与物体的质量成反比,加速度的方向与合外力的方向相同,即

$$\boldsymbol{F}=\frac{\mathrm{d}\boldsymbol{p}}{\mathrm{d}t}=\frac{\mathrm{d}}{\mathrm{d}t}(m\boldsymbol{v})$$

当 m 为常数(或物体运动速度远小于光速)时,$\boldsymbol{F}=m\boldsymbol{a}$。

2.1.3　牛顿第三定律

牛顿第三定律:两物体间的作用力 $\boldsymbol{F}$ 和反作用力 $\boldsymbol{F}'$ 总是大小相等,方向相反,并且作用在一条直线上。其数学表达式为

$$\boldsymbol{F}=-\boldsymbol{F}'$$

2.1.4　自然界中常见的几种力

1. 万有引力:在两个相距为 r,质量分别为 m_1 和 m_2 的质点间有万有引力,其方向沿着它们的连线,其大小与它们质量的乘积成正比,与它们之间距离的二次方成反比,即

$$\boldsymbol{F}=-G\frac{m_1m_2}{r^3}\boldsymbol{r}$$

式中,G 称为引力常数,$G=6.67\times10^{-11}\ \mathrm{N\cdot m^2\cdot kg^{-2}}$。

重力:地球对地面附近物体的万有引力,即

$$\boldsymbol{P}=m\boldsymbol{g},g=\frac{GM_{\mathrm{E}}}{R^2}$$

2. 弹性力:物体因形变而产生欲使其恢复原来形状的力。常见的弹性力

有弹簧被拉伸或压缩时产生的弹簧的弹性力，绳索被拉紧时所产生的张力，重物放在支撑面上所产生的正压力和支持力等。

3. 摩擦力：两个相互接触的物体间有相对运动或相对运动趋势时所产生的一对阻碍其运动的力，包括滑动摩擦力和静摩擦力。

滑动摩擦力：　$F_f = \mu F_N$

静摩擦力：　$F_{f_0} \leqslant \mu_0 F_N$

2.1.5　牛顿运动定律的应用

用牛顿运动定律解题的基本思路：

(1)确定研究对象并进行受力分析；

(2)根据研究对象建立合适的坐标系；

(3)用牛顿运动定律的分量式列方程；

(4)利用其他约束条件列补充方程；

(5)先用字母符号求解，然后带入数据计算结果。

2.2　非惯性系与惯性力

2.2.1　惯性系

惯性参考系：牛顿定律成立的参考系，简称惯性系；反之，称为非惯性系。

力学相对性原理：对于不同惯性系，牛顿力学的规律都具有相同的形式，在一惯性系内部所作的任何力学实验，都不能确定该惯性系相对于其他惯性系是否在运动。

2.2.2　惯性力

惯性力：在非惯性系中所观察到的，由于物体的惯性所引起的一种虚拟力，其大小等于物体的质量与其加速度的乘积。

2.3　质点和质点系的动量定理

2.3.1　质点的动量定理

质点动量定理：作用于质点合外力的冲量等于质点动量的增量，即

$$\boldsymbol{F} \cdot \mathrm{d}t = \mathrm{d}\boldsymbol{p}$$

或

$$\boldsymbol{I} = \int_{t_1}^{t_2} \boldsymbol{F}(t) \cdot \mathrm{d}t = \boldsymbol{p}_2 - \boldsymbol{p}_1 = m\boldsymbol{v}_2 - m\boldsymbol{v}_1$$

2.3.2　质点系的动量定理

质点系动量定理：作用于质点系的合外力的冲量等于质点系动量的增量，即

$$\boldsymbol{F}^{ex} \cdot \mathrm{d}t = \mathrm{d}\boldsymbol{p}$$

或

$$\boldsymbol{I} = \int_{t_1}^{t_2} \boldsymbol{F}^{ex}(t) \cdot \mathrm{d}t = \sum_{i=1}^{n} m_i \boldsymbol{v}_i - \sum_{i=1}^{n} m_i \boldsymbol{v}_{i0}$$

2.4 质点系的动量守恒定律

当质点系所受合外力为零，即 $\boldsymbol{F}^{ex}=0$ 时，其总动量保持不变，即

$$\boldsymbol{p}=\sum_{i=1}^{n}m_i\boldsymbol{v}_i=\text{常矢量}$$

2.5 质心和质心运动定理

2.5.1 质心

质量离散分布：
$$\boldsymbol{r}_C=\frac{\sum_i m_i\boldsymbol{r}_i}{\sum_i m_i}$$

质量连续分布：
$$\boldsymbol{r}_C=\frac{\int\boldsymbol{r}\mathrm{d}m}{\int\mathrm{d}m}$$

2.5.2 质心运动定理

质心运动定理：质点系所受到的合外力等于质点系的总质量与质心加速度的乘积，其数学表达式为 $\boldsymbol{F}=m\boldsymbol{a}_C$。

2.6 变力的功和动能定理

2.6.1 变力的功

变力的功：力在质点位移方向的分量与位移大小的乘积，即

$$\mathrm{d}A=\boldsymbol{F}\cdot\mathrm{d}\boldsymbol{r}\text{ 或 }A=\int_A^B\boldsymbol{F}\cdot\mathrm{d}\boldsymbol{r}$$

瞬时功率：功随时间的变化率，即

$$P=\frac{\mathrm{d}A}{\mathrm{d}t}=\boldsymbol{F}\cdot\boldsymbol{v}$$

2.6.2 质点的动能定理

质点的动能定理：合外力对质点所做的功等于质点动能的增量，即

$$A=E_{k2}-E_{k1}=\frac{1}{2}mv_2^2-\frac{1}{2}mv_1^2$$

2.7 保守力的功、势能

2.7.1 保守力的功

保守力:做功与路径形状无关的力,或者说,沿闭合路径移动一周做功为零的力,即

$$\oint_L \boldsymbol{F} \cdot \mathrm{d}\boldsymbol{r} = 0$$

三种常见保守力做功分别为万有引力做功、重力做功和弹簧力做功。

万有引力做功: $A=-Gm_1m_2\left[\left(-\frac{1}{r_B}\right)-\left(-\frac{1}{r_A}\right)\right]$

重力做功: $A=-(mgz_B-mgz_A)$

弹簧力做功: $A=-\left(\frac{1}{2}kx_B^2-\frac{1}{2}kx_A^2\right)$

2.7.2 势能

势能:对保守力可引进势能的概念。一个系统的势能 E_p 决定于系统的位形,定义为

$$A_{AB}=-\Delta E_p=E_{pA}-E_{pB}$$

取 B 点为势能零点,即 $E_{pB}=0$,则 $E_{pA}=A_{AB}$。

势能属于有保守力相互作用的整个系统,一个系统的势能与参照系无关。

重力势能:$E_p=mgh$,以物体在地面为势能零点。

弹簧的弹性势能:$E_p=\frac{1}{2}kx^2$,以弹簧的自然长度为势能零点。

万有引力势能:$E_p=-\frac{Gm_1m_2}{r}$,以两质点无穷远分离时为势能零点。

保守力与势能的微分关系:

$$\boldsymbol{F}=F_x\boldsymbol{i}+F_y\boldsymbol{j}+F_z\boldsymbol{k}=-\left(\frac{\partial E_p}{\partial x}\boldsymbol{i}+\frac{\partial E_p}{\partial y}\boldsymbol{j}+\frac{\partial E_p}{\partial z}\boldsymbol{k}\right)$$

2.8 机械能守恒定律

2.8.1 质点系的动能定理

作用于质点系的所有外力与内力做功的代数和等于质点系动能的增量,或质点系动能的增量等于作用于质点系的一切外力做的功与一切内力做的功之和,即

$$A^{ex}+A^{in}=\sum_{i=1}^{n}E_{ki}-\sum_{i=1}^{n}E_{ki0}$$

2.8.2 机械能守恒

质点系功能原理:质点系机械能的增量等于所有外力和所有非保守内力做功的代数和,即

$$A^{ex}+A_{nc}^{in}=E-E_0$$

机械能守恒定律：当作用于质点系的外力和非保守内力不做功时，质点系的总机械能保持不变。即当 $A^{ex}+A_{nc}^{in}=0$ 时，有

$$\sum_{i=1}^{n}E_{ki}+\sum_{i=1}^{n}E_{pi}=\sum_{i=1}^{n}E_{ki0}+\sum_{i=1}^{n}E_{pi0}$$

2.9 碰撞

完全弹性碰撞：碰撞后分离，无动能损失。

完全非弹性碰撞：碰后合在一起。

非弹性碰撞：碰撞后分离，有动能损失。

2.10 对称性与守恒定律

对称性：如果能对一个事物施加某种操作，在此操作以后能使它与原来的情况完全相同，则这个事物是对称的。

在力学中，对于每一个对称的规律都有一条守恒定律与之相对应。

2.11 理想流体的性质和伯努利方程

2.11.1 理想流体

理想流体：忽略黏性后不可压缩的流体。

2.11.2 连续性方程

$$\rho_1 v_1 A_1=\rho_2 v_2 A_2$$

2.11.3 伯努利方程

$$p+\rho g y+\frac{1}{2}\rho v^2=常数$$

书后习题解答

1—2—1 以初速度 v_0 竖直上抛一质量为 m 的小球。小球在运动过程中受到阻力，其大小为 $f=kv$，k 为常数，求小球任意时刻的速度及达到的最大高度。

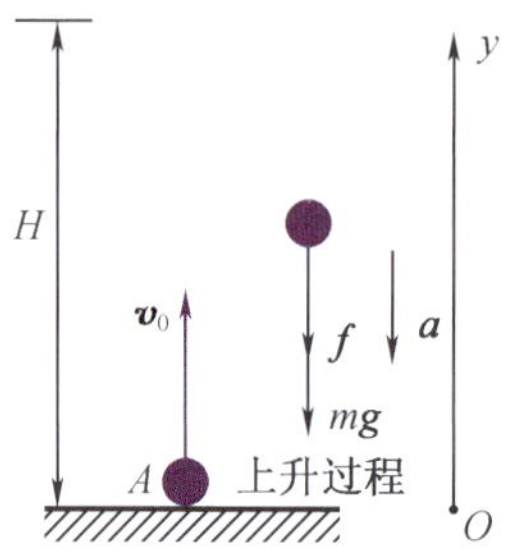

图 1—2—1

解 如图 1—2—1 所示，以抛出点为坐标原点，竖直向上为 y 轴建立坐标系。

由牛顿第二定律得

$$-(mg+kv)=m\frac{dv}{dt}$$

整理积分

$$\int_{v_0}^{v}\frac{m\mathrm{d}v}{mg+kv}=\int_{0}^{t}-\mathrm{d}t$$

得

$$v=\frac{(mg+kv_0)\mathrm{e}^{-\frac{kt}{m}}-mg}{k}$$

仍然由牛顿第二定律，即

$$mg+kv=m\frac{\mathrm{d}v}{\mathrm{d}t}=mv\frac{\mathrm{d}v}{\mathrm{d}y}$$

整理积分

$$\int_{0}^{H}\mathrm{d}y=\int_{v_0}^{0}\frac{mv}{mg+kv}\mathrm{d}v$$

解得

$$H=\frac{mv_0}{k}+\frac{m^2g}{k^2}\ln\frac{mg}{mg+kv_0}$$

1—2—2　从坐标原点以出射角 α 抛出一小球，质量为 m，初速度为 v_0，小球运动过程中受空气阻力，阻力和速度成正比，比例系数为 b，计算小球任意时刻的速度和位移是多少？

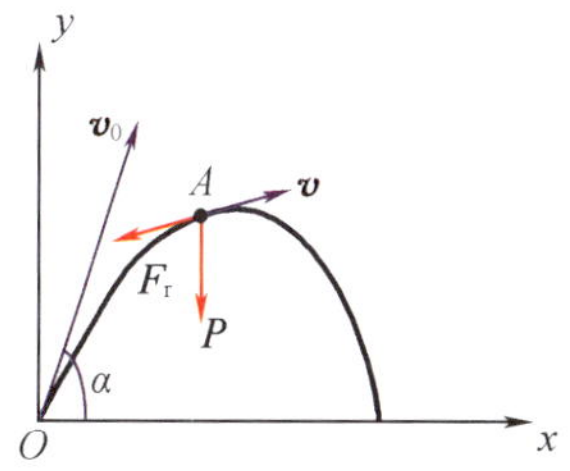

图 1—2—2

解　取如图 1—2—2 所示的平面坐标系。

由牛顿第二定律得

$$\begin{cases}ma_x=m\dfrac{\mathrm{d}v_x}{\mathrm{d}t}=-kv_x\\ ma_y=m\dfrac{\mathrm{d}v_y}{\mathrm{d}t}=-mg-kv_y\end{cases}$$

整理得

$$\begin{cases}\dfrac{\mathrm{d}v_x}{v_x}=-\dfrac{k}{m}\mathrm{d}t\\ \dfrac{k\mathrm{d}v_y}{mg+kv_y}=-\dfrac{k}{m}\mathrm{d}t\end{cases}$$

当 $t=0$ 时，$v_{0x}=v_0\cos\alpha$，$v_{0y}=v_0\sin\alpha$。

两端同时积分得

$$\begin{cases}\displaystyle\int_{v_{0x}}^{v_x}\frac{\mathrm{d}v_x}{v_x}=\int_0^t-\frac{k}{m}\mathrm{d}t\\ \displaystyle\int_{v_{0y}}^{v_y}\frac{k\mathrm{d}v_y}{mg+kv_y}=\int_0^t-\frac{k}{m}\mathrm{d}t\end{cases}$$

解得

$$\begin{cases}v_x=v_0\cos\alpha\mathrm{e}^{-\frac{kt}{m}}\\ v_y=\left(v_0\sin\alpha+\dfrac{mg}{k}\right)\mathrm{e}^{-\frac{kt}{m}}-\dfrac{mg}{k}\end{cases}$$

又由于 $v_x=\dfrac{\mathrm{d}x}{\mathrm{d}t}$，$v_y=\dfrac{\mathrm{d}y}{\mathrm{d}t}$，则有

$$\begin{cases}\mathrm{d}x=v_0\cos\alpha\mathrm{e}^{-\frac{kt}{m}}\mathrm{d}t\\ \mathrm{d}y=\left[\left(v_0\sin\alpha+\dfrac{mg}{k}\right)\mathrm{e}^{-\frac{kt}{m}}-\dfrac{mg}{k}\right]\mathrm{d}t\end{cases}$$

$$\begin{cases}\displaystyle\int_0^x\mathrm{d}x=\int_0^t v_0\cos\alpha\mathrm{e}^{-\frac{kt}{m}}\mathrm{d}t\\ \displaystyle\int_0^y\mathrm{d}y=\int_0^t\left[\left(v_0\sin\alpha+\frac{mg}{k}\right)\mathrm{e}^{-\frac{kt}{m}}-\frac{mg}{k}\right]\mathrm{d}t\end{cases}$$

解得

$$\begin{cases} x=\dfrac{m}{k}(v_0\cos\alpha)(1-e^{-\frac{kt}{m}}) \\ y=\dfrac{m}{k}\left(v_0\sin\alpha+\dfrac{mg}{k}\right)(1-e^{-\frac{kt}{m}})-\dfrac{mg}{k}t \end{cases}$$

1－2－3 按照38万千米外的地球上的飞行控制中心发来的指令，点燃自身的制动发动机后，我国第一颗月球卫星嫦娥一号于2007年11月7日正式进入科学探测工作轨道。该轨道为圆形，离月球表面的高度为200 km，已知月球的质量为7.35×10^{22} kg，月球的半径为1.74×10^6 m，求嫦娥一号的运行速率（相对于月球）与运行周期。

解 由万有引力定律和牛顿第二定律有

$$G\frac{Mm}{r^2}=\frac{mv^2}{r}$$

式中，M和m分别为月球和嫦娥一号的质量，r为运行的轨道半径，得嫦娥一号的运行速率为

$$v=\sqrt{\frac{GM}{r}}=\sqrt{\frac{6.67\times10^{-11}\times7.35\times10^{22}}{(1.74+0.2)}\times10^{-6}}=1.59\text{ km/s}$$

嫦娥一号的运行周期为

$$T=\frac{2\pi r}{v}=7\ 666\text{ s}=127.8\text{ min}$$

1－2－4 如图1－2－3所示，质量$m=1\ 300$ kg的汽车，在一弯道上行驶，速率$v=25$ m/s，弯道的水平半径$R=400$ m，路面外高内低，倾角$\theta=6°$，求作用于汽车上的水平法向力与摩擦力。如果汽车轮与轨道之间的静摩擦系数$\mu_s=0.9$，要保证汽车无侧向滑动，汽车在此弯道上行驶的最大允许速率应是多大？

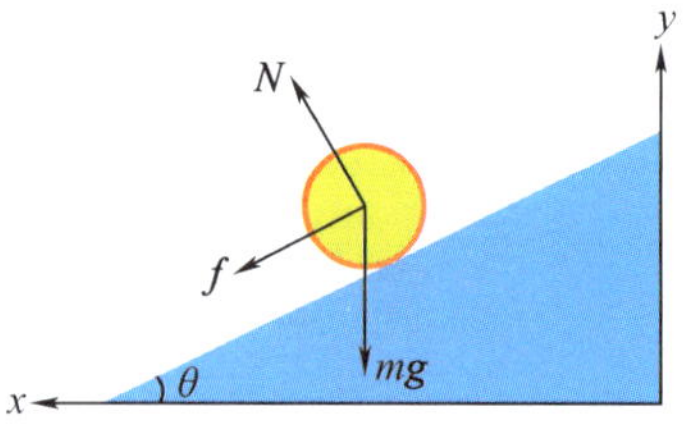

图1－2－3

解 由牛顿第二定律有

x方向： $$N\sin\theta+f\cos\theta=m\frac{v^2}{R}$$

y方向： $$N\cos\theta-f\sin\theta-mg=0$$

解上两式，摩擦力为

$$f=m\frac{v^2}{R}\cos\theta-mg\sin\theta=688\text{ N}$$

作用于汽车上的水平法向力为

$$F_n=m\frac{v^2}{R}=2.03\times10^3\text{ N}$$

设最大允许速率为v_{max}，和此相应的摩擦力为$f_{max}=\mu_s N$，将二者带入上两式代替v和f，解得

$$v_{max}=\sqrt{\frac{Rg(\sin\theta+\mu_s\cos\theta)}{\cos\theta-\mu_s\sin\theta}}=66.0\text{ m/s}$$

1－2－5 如图1－2－4所示，两物体质量分别为20 kg和30 kg，滑轮无摩擦，并且质量忽略不计，滑轮1为定滑轮，滑轮2为动滑轮，求T_1，T_2和每个物体的加速度。

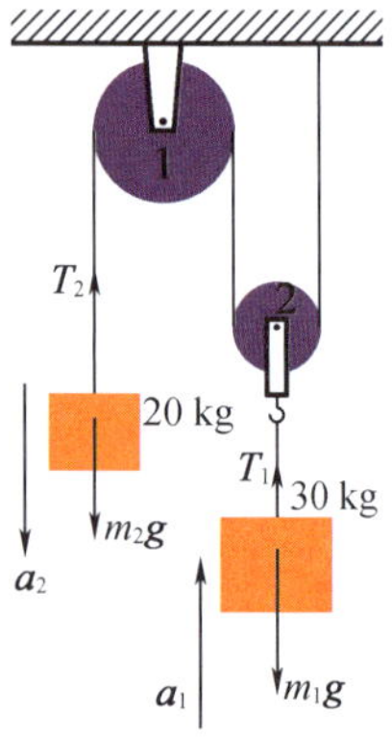

图1－2－4

解 受力分析如图1－2－4所示，则

$$m_2g-T_2=m_2a_2$$
$$T_1-m_1g=m_1a_1$$
$$T_1=2T_2$$

$$a_2=2a_1.$$

解得

$$a_1=\frac{2m_2-m_1}{4m_2+m_1}g=0.89\ \mathrm{m/s^2},a_2=2\frac{2m_2-m_1}{4m_2+m_1}g=1.78\ \mathrm{m/s^2}$$

1—2—6　如图 1—2—5 所示，一重球的上下两面系同样的两根线，今用其中的一根线将球吊起，而用手向下拉另一根线，如果向下拉绳的时间很短，则下面的线断而球未动。如果用力慢慢拉线，则上面的线断开，解释原因。

解　手拉线向下猛地一拉，由于线对重球的作用时间很短因而重球受到下面线的力的冲量就很小，这样重球的动量改变就很小。由于重球原来静止，动量为 0，所以经这一拉，它基本上未动，上面的线就不会受到影响，下面的线就被拉断了。

如果用力慢慢拉线，则经过稍长的一段时间，下面的拉力对重球的冲量就比较大，重球就会由于动量的改变产生向下的速度，使重球稍下移。这时上面的线受到的拉力就等于下面的线的拉力和重球所受重力之和，比下面的线受到的力大得多，所以上面的线断开。

图 1—2—5

1—2—7　飞机以 $v_0=90$ km/h 的水平速度触地滑行着陆，滑行期间受到的空气阻力为 c_xv^2，升力为 c_yv^2，其中 v 为飞机的滑行速度，两常数之比为 $k=c_y/c_x=5$，称为升阻比。设飞机与跑道之间的摩擦系数为 $\mu=0.10$，求飞机从触地到停止所滑行的距离(设飞机刚着地时对地面无压力)。

解　以飞机着地点为坐标原点，飞机滑行方向为 x 轴正向，设飞机质量为 m，着地后地面对飞机的支持力为 N。

在竖直方向上，有

$$N+C_yv^2-mg=0$$

$$N=mg-C_yv^2$$

飞机受到地面的摩擦力为

$$f=\mu N=\mu(mg-C_yv^2)$$

在水平方向上，有

$$-\mu(mg-C_yv^2)-C_xv^2=m\frac{\mathrm{d}v}{\mathrm{d}t}=mv\frac{\mathrm{d}v}{\mathrm{d}x}$$

即

$$\frac{mv\mathrm{d}v}{\mu mg+(C_x-\mu C_y)v^2}=-\mathrm{d}x$$

当 $x=0$ 时，$v=v_0=90$ km/h$=25$ m/s；$x=S$(滑行距离)时，$v=0$，则

$$\int_{v_0}^{0}\frac{mv\mathrm{d}v}{\mu mg+(C_x-\mu C_y)v^2}=-\int_0^S\mathrm{d}x=-S$$

$$\frac{\frac{1}{2}m}{C_x-\mu C_y}\int_{v_0}^{0}\frac{\mathrm{d}[\mu mg+(C_x-\mu C_y)v^2]}{\mu mg+(C_x-\mu C_y)v^2}=-S$$

解得

$$S=\frac{\frac{1}{2}m}{C_x-\mu C_y}\ln\frac{\mu mg+(C_x-\mu C_y)v_0^2}{\mu mg}$$

因为飞机刚着地前瞬间，所受重力等于升力，即

$$mg=C_yv_0^2$$

则

$$C_y=\frac{mg}{v_0^2},\quad C_x=\frac{C_y}{k}=\frac{mg}{5v_0^2}$$

将 C_y，C_x 代入 S 表达式中并化简，然后代入数据，得

$$S=\frac{5v_0^2}{2g(1-5\mu)}\ln\frac{1}{5\mu}=221\ \text{m}$$

1—2—8 小车 B 上放一质量为 m 的物块 A,小车沿着与水平面夹角为 α 的光滑斜面下滑。由于摩擦,A 和 B 之间没有相对滑动。如图 1—2—6 所示,求物体 A 和 B 之间的相互作用力。

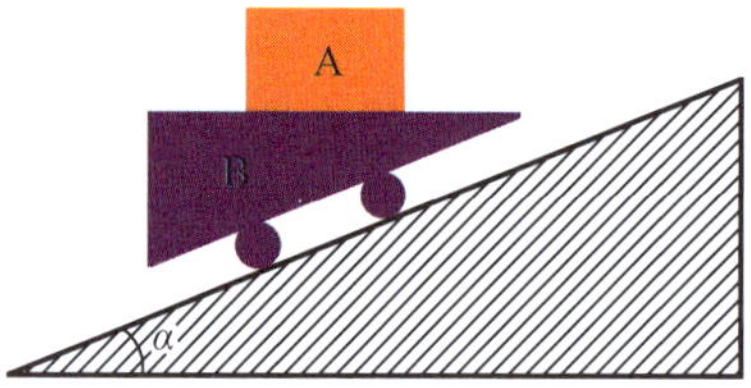

图 1—2—6

解 把 A 和 B 视为一整体,则

$$(M+m)g\sin\alpha=(M+m)a$$

$$a=g\sin\alpha$$

对 A 有

$$ma=mg\sin\alpha, F_{AB}=mg\cos\alpha$$

所以

$$N=mg\cos\alpha$$

1—2—9 质量 $m=10$ kg,长 $l=40$ cm 的链条,放在光滑的水平桌面上,其一端系一细绳,通过滑轮悬挂着质量为 $m_1=10$ kg 的物体,如图 1—2—7(a)所示。$t=0$ 时,系统从静止开始运动,这时 $l_1=l_2=20\ \text{cm}<l_3$,设绳不伸长,轮、绳的质量和轮轴及桌沿的摩擦不计,求当链条刚刚全部滑到桌面上时,物体 m_1 速度和加速度的大小。

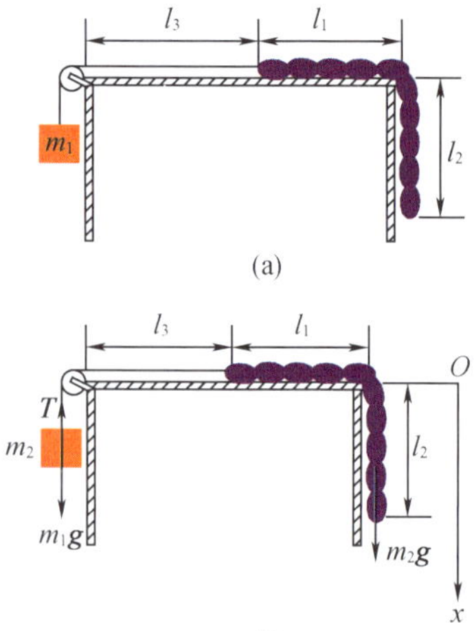

图 1—2—7

解 分别取 m_1 和链条 m 为研究对象,受力分析和坐标如图 1—2—7(b)所示,设链条在桌边悬挂部分为 x,则

$$m_1g-T=m_1a$$

$$T-\frac{xgm}{l}=ma$$

解得

$$a=\frac{1}{2}g\left(1-\frac{x}{l}\right)$$

当链条刚刚全部滑到桌面时 $x=0$,$a=\frac{1}{2}g=4.9\ \text{m/s}^2$

$$a=\frac{dv}{dt}=\frac{dv}{dx}\cdot\frac{dx}{dt}=-v\frac{dv}{dx}$$

$$v\,dv=-a\,dx=-\frac{1}{2}g\left(1-\frac{x}{l}\right)dx$$

上式两边积分得

$$\int_0^v 2v\,dv=-\int_{l_2}^0 g\left(1-\frac{x}{l}\right)dx$$

$$v^2=gl_2-\frac{1}{2}\frac{gl_2^2}{l}=\frac{3}{4}gl_2$$

$$v=\frac{1}{2}\sqrt{3gl_2}=1.21\ \text{m/s}$$

1—2—10 如图 1—2—8(a)所示,一条质量分布均匀的绳子,质量为 M,长度为 L,一端拴在竖直转轴 OO' 上,并以恒定角速度 ω 在水平面上旋转。设转动过程中绳子始终伸直不打弯,且忽略重力,求距转轴为 r 处绳中的张力 $T(r)$。

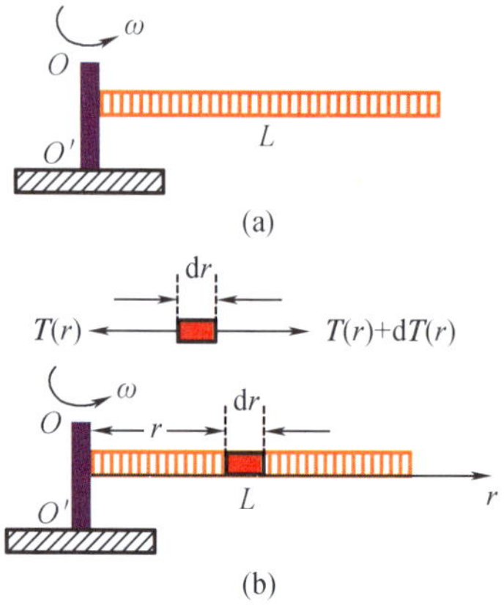

图 1—2—8

解 如图 1—2—8(b)所示建立坐标系,取距转轴为 r 处,长为 dr 的小段绳子,其质量为 $\frac{M}{L}dr$。

由于绳子作圆周运动,所以小段绳子有径向加速度,由牛顿定律得

$$T(r)-T(r+dr)=\frac{M}{L}dr\cdot\omega^2 r$$

令

$$T(r)-T(r+dr)=-dT(r)$$

得
$$dT(r)=-\frac{M}{L}dr\cdot\omega^2 r$$
由于绳子的末端是自由端，即 $T(L)=0$，有
$$\int_{T(r)}^{0}dT=-\int_{r}^{L}\frac{M}{L}\omega^2 r dr$$
解得
$$T(r)=\frac{M\omega^2(L^2-r^2)}{2L}$$

1－2－11　在一辆停在直轨道上质量为 M 的平板车上站着两个人，当他们从车上沿同方向跳下后，车获得了一定的速度。设两个人的质量均为 m，跳下时相对于车的水平分速度均为 u。试比较两人同时跳下和两人依次跳下，车所获得的速度的大小。

解　本题应用系统动量分量守恒定律。

设两人同时跳下时，车所获得的速度为 v，因为人车系统水平方向动量守恒，取地面参考系有
$$Mv-2m(u-v)=0$$
解得
$$v=\frac{2mu}{2m+M}$$
当两人依次跳下，设第一人跳下后车速为 v'，则有
$$(M+m)v'-m(u-v')=0$$
解得
$$v'=\frac{mu}{2m+M}$$
第二人跳下后车速为 v，则有
$$(M+m)v'=Mv-m(u-v)$$
$$v=mu\left(\frac{1}{2m+M}+\frac{1}{m+M}\right)$$

1－2－12　一光滑半球面固定于水平地面上，今使一小物块从球面顶点几乎无初速地滑下，如图 1－2－9 所示，求物块脱离球面处的半径与竖直方向的夹角 θ。

图 1－2－9

解　根据牛顿第二定律，小物体尚在球面上时，
$$mg\cos\theta-N=\frac{mv^2}{R}$$
小物体脱离球面时刻 $N=0$，因而有
$$mg\cos\theta=\frac{mv^2}{R} \quad ①$$
由机械能守恒定律得
$$\frac{1}{2}mv^2=mgR(1-\cos\theta) \quad ②$$
①式和②式联立解得
$$\cos\theta=\frac{2}{3}$$
则
$$\theta=\arccos\frac{2}{3}$$

1－2－13　在倾角为 θ 的圆锥体的侧面放一质量为 m 的小物体，圆锥体以角速度 ω 绕竖直轴匀速转动，轴与物体间的距离为 R，如图 1－2－10(a)所示。为了使物体能在锥体该处保持静止不动，物体与锥面间的静摩擦系数至少为多少？简单讨论所得到的结果。

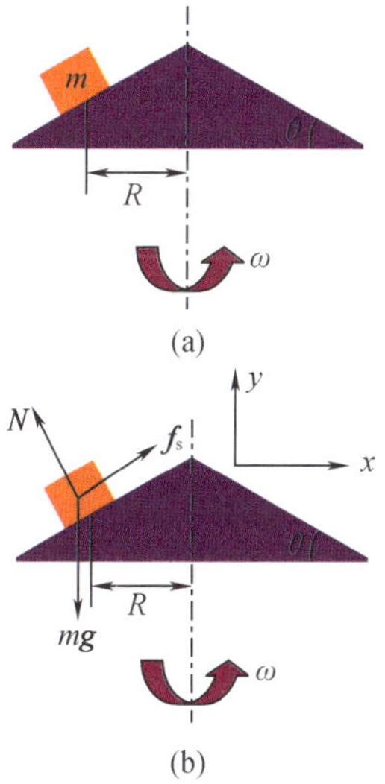

图 1－2－10

解　建立如图 1－2－10(b)所示的坐标系，m 受重力 mg、支持力 $\boldsymbol{N}$ 与最

大静摩擦力 f_s 的作用。

对 m 由牛顿第二定律得

x 方向：$$\mu N\cos\theta - N\sin\theta = m\omega^2 R \quad ①$$

y 方向：$$\mu N\sin\theta + N\cos\theta = mg \quad ②$$

由 $\dfrac{①式}{②式}$ 有

$$\frac{\mu\cos\theta-\sin\theta}{\cos\theta+\mu\sin\theta}=\frac{\omega^2 R}{g}$$

则有

$$\mu g\cos\theta - g\sin\theta = \omega^2 R\cos\theta + \mu\omega^2 R\sin\theta$$

$$\mu=\frac{g\sin\theta+\omega^2 R\cos\theta}{g\cos\theta-\omega^2 R\sin\theta}$$

对给定的 ω，R 和 θ 值，μ 不能小于此值，否则最大静摩擦力不足以维持 m 在斜面上不动。

讨论：由 $\mu>0$ 可得

$$g\cos\theta-\omega^2 R\sin\theta>0$$

$$\tan\theta<\frac{g}{\omega^2 R}$$

当 $\tan\theta\geqslant\dfrac{g}{\omega^2 R}$ 时，不论 μ 多么大物体也不可能在锥面上静止不动。

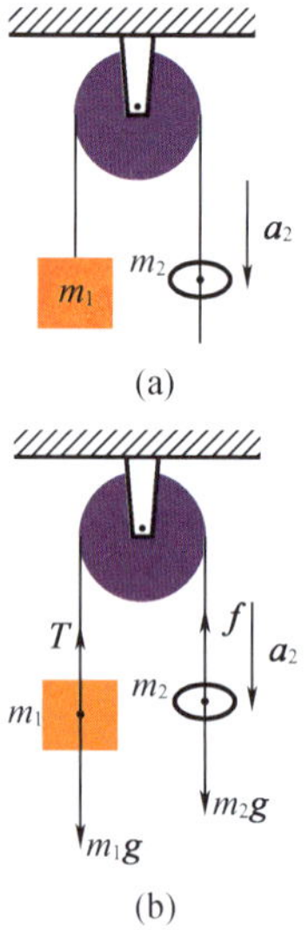

图 1—2—11

1—2—14 如图 1—2—11(a)所示，一条轻绳跨过一轻滑轮(滑轮与轴间摩擦可忽略)，在绳的一端挂一质量为 m_1 的物体，在另一侧有一质量为 m_2 的环，求当环相对于绳以恒定的加速度 a_2 沿绳向下滑动时，物体和环相对地面的加速度各是多少？环与绳间的摩擦力多大？

解 因绳子质量不计，所以环受到的摩擦力在数值上等于绳子张力 T。设 m_2 相对地面的加速度为 a_2'，取向上为正；m_1 相对地面的加速度为 a_1(即绳子的加速度)，取向下为正，如图 1—2—11(b)所示，有

$$m_1 g - T = m_1 a_1$$

$$T - m_2 g = m_2 a_2$$

$$a_2' = a_1 - a_2$$

解得

$$a_1=\frac{(m_1-m_2)g+m_2 a_2}{m_1+m_2}$$

$$T=\frac{(2g-a_2)m_1 m_2}{m_1+m_2}$$

$$a_2'=\frac{(m_1-m_2)g-m_1 a_2}{m_1+m_2}$$

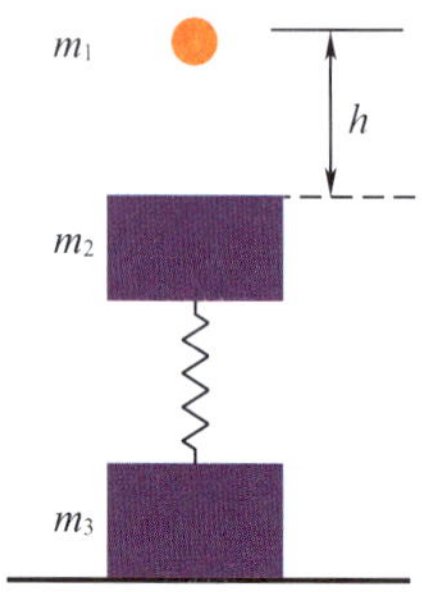

图 1—2—12

1—2—15 如图 1—2—12 所示，质量为 m_3 的木块平放在地面上，通过劲度系数为 k 的竖直弹簧与质量为 m_2 的木块相连，达到平衡。现有质量为 m_1 的小球从距 m_2 为 h 的高处静止下落，与 m_2 作完全非弹性碰撞，若使 m_2 向上反弹时能带动 m_3 刚好离开地面，h 应为多少？

解 对 m_1 与 m_2 作完全非弹性碰撞前的运动过程应用动能定理，即

$$m_1 gh=\frac{1}{2}m_1 v_0^2$$

得

$$v_0=\sqrt{2gh}$$

平衡时弹簧压缩 x_0，由力平衡有

$$m_2 g = kx_0$$

m_3 刚好离开地面时弹簧伸长 x，有

$$m_3 g = kx$$

m_1 与 m_2 作完全非弹性碰撞，有

$$m_1 v_0 = (m_1 + m_2)v$$

m_1 与 m_2 一起运动并使 m_2 向上反弹时带动 m_3 这一过程满足机械能守恒，取平衡时 m_2 所在位置为重力势能零点，有

$$\frac{1}{2}(m_1+m_2)v^2+\frac{1}{2}kx_0^2=(m_1+m_2)g(x_0+x)+\frac{1}{2}kx^2$$

解得

$$h=\frac{g}{km_1^2}(m_1+m_2)^2(m_2+m_3)+\frac{g}{2k}(m_3^2-m_2^2)\frac{m_1+m_2}{m_1^2}$$

1－2－16　一物体按规律 $x=ct^2$ 在流体媒质中作直线运动，式中 c 为常量，t 为时间。设媒质对物体的阻力正比于速度的平方，阻力系数为 k，求物体由 $x=0$ 运动到 $x=l$ 时阻力所做的功。

解　由 $x=ct^2$ 可求物体的速度为

$$v=\frac{\mathrm{d}x}{\mathrm{d}t}=2ct$$

物体受到的阻力大小为

$$f=kv^2=4kc^2t^2=4kcx$$

力对物体所做的功为

$$A=\int \mathrm{d}A=\int_0^l 4kcx\,\mathrm{d}x=2ckl^2$$

1－2－17　一人从 10 m 深的井中提水，起始时桶中装有 10 kg 的水，桶的质量为 1 kg，由于水桶漏水，每升高 1 m 要漏去 0.2 kg 的水，求水桶匀速地从井中提到井口时人所做的功。

解　选竖直向上为坐标轴 y 的正方向，井中水面处为原点。

由题意知人匀速提水，所以人所用的拉力 F 等于水桶的重，即

$$F=P=P_0-ky=mg-0.2gy=107.8-1.96y\ (\mathrm{SI})$$

人的拉力所做的功为

$$A=\int \mathrm{d}A=\int_0^H F\mathrm{d}y=\int_0^{10}(107.8-1.96y)\mathrm{d}y=980\ \mathrm{J}$$

1－2－18　参考系 S′相对于参考系 S 以速度 $\boldsymbol{u}$ 沿 x 轴正向做匀速直线运动。试用伽利略变换和牛顿定律证明：如果在参考系 S 中，动能定理 $A_{AB}=0.5mv_B{}^2-0.5mv_A{}^2$ 成立，则在参考系 S′中，形式完全相同的动能定理也成立，即必然有 $A'_{AB}=0.5mv'_B{}^2-0.5mv'_A{}^2$（注意：相对于两参考系的功以及动能并不相等）。

解　注意不同参考系的选取及其量的表示，根据伽利略变换，位矢、位移、速度的变换关系式。设力 $\boldsymbol{F}$ 作用于质点，在参考系 S 中质点在 $\mathrm{d}t$ 时间内的位移为 $\mathrm{d}\boldsymbol{r}$，在参考系 S 中质点在 $\mathrm{d}t$ 时间内的位移为 $\mathrm{d}\boldsymbol{r}'$，参考系 S′相对于参考系 S 的位移为 $\mathrm{d}\boldsymbol{r}_0=\boldsymbol{u}\mathrm{d}t$，在参考系 S′中测量得

$$A'_{AB}=\int_A^B \boldsymbol{F}\cdot\mathrm{d}\boldsymbol{r}=\int_A^B \boldsymbol{F}\cdot(\mathrm{d}\boldsymbol{r}-\mathrm{d}\boldsymbol{r}_0)=\int_A^B \boldsymbol{F}\cdot\mathrm{d}\boldsymbol{r}-\int_A^B \boldsymbol{F}\cdot\boldsymbol{u}\mathrm{d}t$$

$$=A_{AB}-\left(\int_A^B \boldsymbol{F}\mathrm{d}t\right)\cdot\boldsymbol{u}$$

由动量定理得

$$\int_A^B \boldsymbol{F}\mathrm{d}t=m(\boldsymbol{v}_B-\boldsymbol{v}_A)$$

所以

$$A'_{AB}=A_{AB}-m(\boldsymbol{v}_B-\boldsymbol{v}_A)\cdot\boldsymbol{u}$$

在参考系 S' 中，质点从 A 到 B 动能的增量为

$$\frac{1}{2}mv'^2_B-\frac{1}{2}mv'^2_A=\frac{1}{2}m(\boldsymbol{v}_B-\boldsymbol{u})^2-\frac{1}{2}m(\boldsymbol{v}_A-\boldsymbol{u})^2$$
$$=\frac{1}{2}mv_B^2-\frac{1}{2}mv_A^2-m(\boldsymbol{v}_B-\boldsymbol{v}_A)\cdot\boldsymbol{u}$$

如果动能定理在参考系 S 中成立，即

$$A_{AB}=\frac{1}{2}mv_B^2-\frac{1}{2}mv_A^2$$

则在参考系 S' 中必有 $A'_{AB}=\frac{1}{2}mv'^2_B-\frac{1}{2}mv'^2_A$，即在参考系 S' 中完全相同的动能定理也成立。

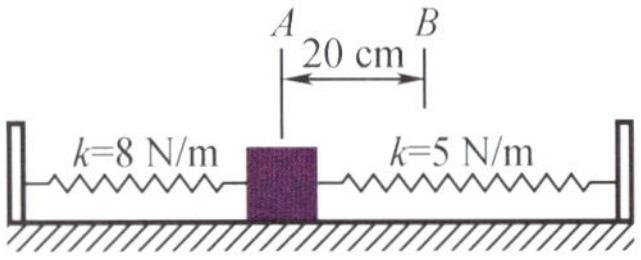

图 1—2—13

1—2—19　如图 1—2—13 所示，弹簧都处于原长，物体的质量为 4.0 kg，若将物体移动 20 cm 达到 B 点再释放，求物体经过 A 点时的速度和物体向左能走多远再停止。

解　由机械能守恒定律得

$$\frac{1}{2}k_Ax^2+\frac{1}{2}k_Bx^2=\frac{1}{2}mv^2$$
$$x=0.2\ \text{m},v=0.36\ \text{m/s}$$

由机械能守恒定律，物体向左能走 20 cm 再停止。

1—2—20　一颗子弹在枪筒里前进时所受的合力为 $F=400-4\times10^5t/3$(SI)，子弹从枪口射出时的速率为 300 m/s。假设子弹离开枪口处合力恰好为零，求：(1)子弹走完枪筒全长所用时间；(2)子弹在枪筒中所受的冲量；(3)子弹的质量。

解　(1)　$F=400-\frac{4\times10^5}{3}t=0,t=\frac{3\times400}{4\times10^5}=0.003\ \text{s}$

(2)　$I=\int F\text{d}t=\int_0^{0.003}\left(400-\frac{4\times10^5}{3}t\right)\text{d}t=400t-\frac{4\times10^5t^2}{2\times3}\Big|_0^{0.003}$

$=0.6\ \text{N}\cdot\text{s}$

(3)　$I=mv-0,m=\frac{I}{v}=\frac{0.6}{300}=0.002\ \text{kg}$

1—2—21　质量为 $M=1.5$ kg 的物体，用一根长为 $l=1.25$ m 的细绳悬挂在天花板上，今有一质量为 $m=10$ g 的子弹以 $v_0=500$ m/s 的速度射穿物体，刚穿出物体时子弹的速度大小为 $v=30$ m/s，设穿透时间极短，求：(1)子弹刚穿出时绳中张力的大小；(2)子弹在穿透过程中所受的冲量。

解　(1)因穿透时间极短，故可认为物体未离开平衡位置。因此，作用于子弹、物体系统上的外力均在竖直方向，故系统在水平方向动量守恒，令子弹穿出时物体的水平速度为 v'，有

$$mv_0=mv+Mv'$$
$$v'=\frac{m(v_0-v)}{M}=3.13\ \text{m/s}$$
$$T=Mg+\frac{Mv^2}{l}=26.5\ \text{N}$$

(2)$f\Delta t=mv-mv_0=-4.7\ \text{N}\cdot\text{s}$　(设 $\boldsymbol{v}_0$ 方向为正方向)

式中，负号表示冲量方向与 $\boldsymbol{v}_0$ 方向相反。

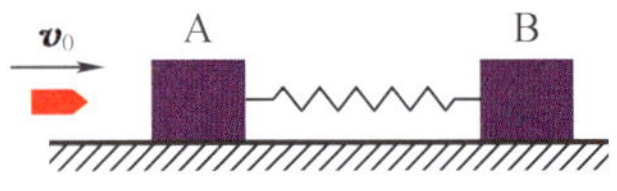

图 1—2—14

1—2—22　如图 1—2—14 所示，一轻质弹簧劲度系数为 k，两端各固定一质量均为 M 的物块 A 和 B，放在水平光滑桌面上静止。今有一质量为 m 的子弹沿弹簧的轴线方向以速度 v_0 射入一物块而不复出，求此后弹簧的最大压缩长度。

解　由于子弹射入物块 A 时所需的时间很短，当二者获得共同速度 V_0 时，弹簧长度未变，即 B 尚未动。由于 A 受水平弹力为零，所以子弹和 A 组成大的系统在子弹射入前后动量守恒，有

$$mv_0=(m+M)V_0$$

得

$$V_0=\frac{mv_0}{m+M}$$

此后弹簧将被压缩而 B 开始运动，当 B 的速度与 A 的速度相同时，弹簧将达到最大的压缩量 x_{max}，设此时 A 与 B 的共同速度为 V，由动量守恒定律得

$$mv_0=(m+M+M)V$$

$$V=\frac{mv_0}{m+2M}$$

在子弹进入 A 到 A 和 B 达到共同速度的过程中，整个系统的机械能守恒，有

$$\frac{1}{2}(m+M)V_0^2=\frac{1}{2}(m+2M)V^2+\frac{1}{2}kx_{max}^2$$

解得

$$x_{max}=mv_0\sqrt{\frac{M}{k(m+2M)(m+M)}}$$

1－2－23　质量为 M 的人，手执一质量为 m 的物体，以与地平线成 α 角的速度 v_0 向前跳去，当他达到最高点时，将物体以相对于人的速度 u 向后平抛出去，求：由于抛出该物体，此人跳的水平距离增加了多少？

解　人到达最高点时，只有水平方向速度 $v=v_0\cos\alpha$，此人于最高点向后抛出物体 m，抛出后人的速度为 v_1，取人和物体为一系统，则该系统水平方向的动量守恒，即

$$(M+m)v=Mv_1+m(v_1-u)$$

$$v_1=v+\frac{mu}{M+m}$$

由于抛出物体而引起人在水平方向的速度增量为

$$\Delta v=v_1-v=\frac{mu}{M+m}$$

又因为人从最高点落到地面的时间为

$$t=v_0\sin\frac{\alpha}{g}$$

故人跳的水平距离增加量为

$$\Delta x=t\Delta v=\frac{muv_0\sin\alpha}{(m+M)g}$$

1－2－24　已知地球与月球相距 3.8×10^5 km，且地球的质量为月球质量的 81.3 倍，以地球的中心为参考点，求地球和月球所构成系统的质心的距离，此距离占地球半径 6 370 km 为多大比例？

解　地球和月球所构成系统的质心的坐标为

$$x_c=\frac{m_{地}x_{地}+m_{月}x_{月}}{m_{地}+m_{月}}=\frac{m_{地}\cdot 0+m_{月}\cdot 3.8\times10^5}{81.3m_{月}}=4.67\times10^3\ \text{km}$$

$$\frac{4.67\times10^3\ \text{km}}{6.37\times10^3\ \text{km}}=0.733$$

1－2－25　一细长的均匀杆长为 L，质量为 m_1，与另一半径为 a，质量为 m_2 的均匀圆盘相连。二者在同一平面内，并且杆的一端在圆盘的中心上，求圆盘的中心距离该连接体质心的距离。

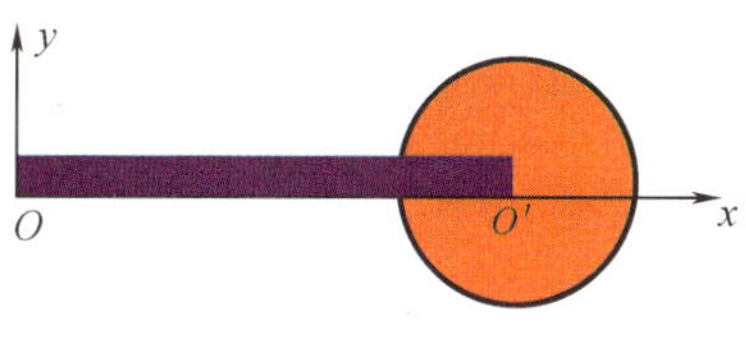

图 1－2－15

解　如图 1－2－15 建立坐标系，该连接体质心的坐标为

$$x_c=\frac{m_1x_1+m_2x_2}{m_1+m_2}=\frac{m_1\cdot\frac{1}{2}L+m_2\cdot L}{m_1+m_2}=\frac{m_1+2m_2}{2(m_1+m_2)}L$$

圆盘的中心距离该连接体质心的距离为

$$s=L-\frac{m_1+2m_2}{2(m_1+m_2)}L=\frac{m_1}{2(m_1+m_2)}L$$

1－2－26　一质量为 m 的人造地球卫星沿一圆形轨道运动，离开地面的高度等于地球半径 R 的 2 倍，地球的质量为 M，万有引力常数为 G，求：(1)卫星的动能；(2)卫星在地球引力场中的引力势能；(3)卫星的机械能。

解　由牛顿第二定律有

$$G\frac{Mm}{(3R)^2}=\frac{mv^2}{3R}$$

卫星的动能为

$$E_k=\frac{1}{2}mv^2=G\frac{Mm}{6R}$$

卫星在地球引力场中的引力势能为

$$E_p=-G\frac{Mm}{3R}$$

卫星的机械能为

$$E=E_k+E_p=G\frac{Mm}{6R}-G\frac{Mm}{3R}=-G\frac{Mm}{6R}$$

1－2－27　如图 1－2－16 所示，一质量为 $m_1=4$ kg，半径 $R=0.2$ m，表面光滑的圆弧形凹槽，静止放在光滑的水平地面上，槽的 A 端与圆弧中心 O 点在同一水平面上，B 端和 O 的连线与竖直方向夹角 $\theta=60°$。有一质量为 $m_2=1$ kg 的小滑块自 A 端从静止开始沿槽面下滑，求：滑块由 B 端滑出时，槽相对地面的速度。

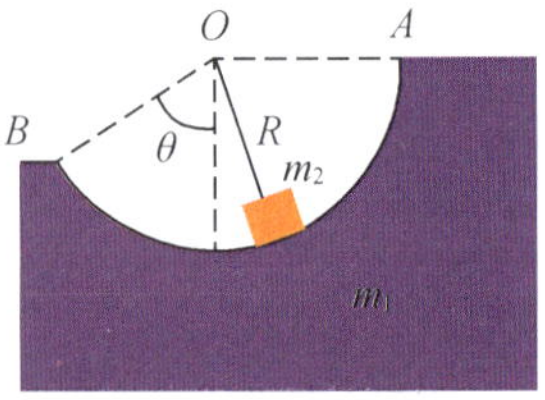

图 1－2－16

解　设 m_2 在滑出凹槽 B 端时，相对于凹槽的速度为 $\boldsymbol{v}'_2$，而凹槽相对于地面的速度为 $\boldsymbol{v}'_1$，则 m_2 相对于地面的速度

$$\boldsymbol{v}_2=\boldsymbol{v}'_2+\boldsymbol{v}'_1$$

由此可得

$$v_2=(v_1^2+v'^2_2-2v_1v'_2\cos\theta)^{\frac{1}{2}} \quad ①$$

$$-v_{2x}=-v_{1x}+v'_2\cos\theta \quad ②$$

对 m_1 和 m_2 系统，因水平方向合外力为零，故水平方向动量守恒，则有

$$v_{1x}m_1+v_{2x}m_2=0 \quad ③$$

而

$$v_{1x}=v_1 \quad ④$$

又对 m_1，m_2 和地球系统，外力的功为零，非保守内力的功也为零，故机械能守恒，则

$$m_2gR\cos\theta=\frac{1}{2}m_1v_1^2+\frac{1}{2}m_2v_2^2 \quad ⑤$$

由以上五式可以解出

$$v_1=\frac{m_2\cos\theta}{m_1+m_2}\sqrt{\frac{2Rg\cos\theta}{1-\frac{m_2\cos^2\theta}{m_1+m_2}}}=0.144\ \text{m/s}$$

同步训练题

1. 如图 1－2－17 所示，绳 CO 与竖直方向成 30°角，O 为一定滑轮，物体 A 与 B 用跨过定滑轮的细绳相连，处于平衡状态。已知 B 的质量为 10 kg，

地面对 B 的支持力为 80 N。若不考虑滑轮的大小，求：(1) 物体 A 的质量；(2) 物体 B 与地面的摩擦力；(3) 绳 CO 的拉力（取 $g=10\ \mathrm{m/s^2}$）。

2. 在光滑的水平面上，固定平放如图 1－2－18 所示的半圆形挡板 S，质量为 m 的滑块以初速度 v_0 沿切线方向进入挡板内，滑块与屏间的摩擦系数为 μ。求滑块沿挡板运动时任一时刻的速度 $\boldsymbol{v}$ 及路程 s。

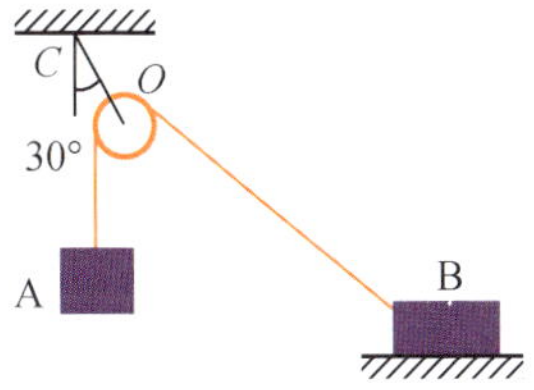

图 1－2－17

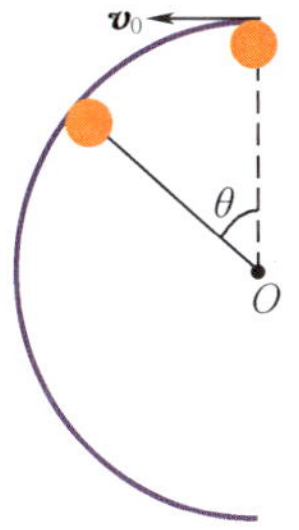

图 1－2－18

3. 质量为 m 的物体 A（体积不计），以速度 v_0 在光滑平台 C 上运动并滑到与平台等高的、静止的、质量为 M 的平板车 B 上，A 与 B 间的摩擦系数为 μ。设平板小车可在光滑的平面 D 上运动，如图 1－2－19 所示。要使 A 在 B 上不滑出去，则平板小车的长度 l 至少为多少？

4. 水平面上有一质量 $M=51$ kg 的小车 D，其上有一定滑轮 C。通过绳在滑轮两侧分别连有质量为 $m_1=5$ kg 和 $m_2=4$ kg 的物体 A 和 B，其中物体 A 在小车的水平台面上，物体 B 被绳悬挂。各接触面和滑轮轴均光滑。系统处于静止时，各物体关系如图 1－2－20 所示。现在让系统运动，求以多大的水平力 $\boldsymbol{F}$ 作用于小车上，才能使物体 A 与小车 D 之间无相对滑动（滑轮和绳的质量均不计，绳与滑轮间无相对滑动）。

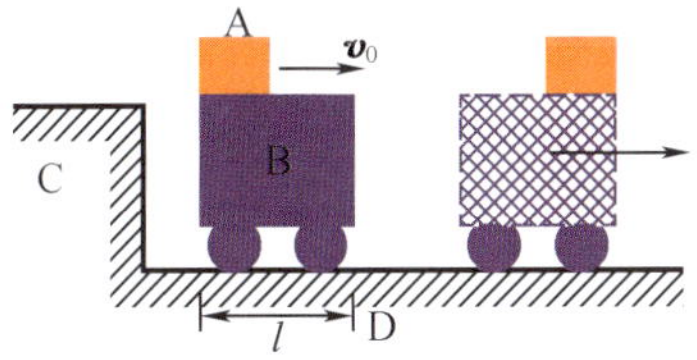

图 1－2－19

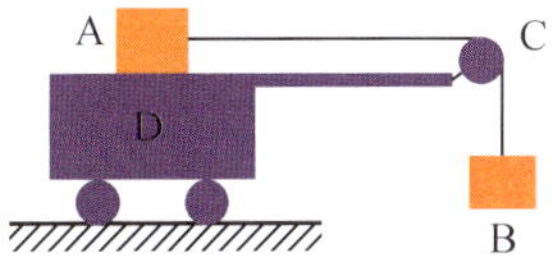

图 1－2－20

5. 如图 1－2－21 所示，传送带以 3 m/s 的速率水平向右运动，沙子从高 $h=0.8$ m 处落到传送带上，即随之一起运动。求传送带给沙子的作用力的方向（g 取 10 $\mathrm{m/s^2}$）。

6. A，B，C 为质量都是 M 的三个物体，B，C 放在光滑水平桌面上，两者间连有一段长为 0.4 m 的细绳，原先松放着。B，C 靠在一起，B 的另一侧用一跨过桌边定滑轮的细绳与 A 相连（如图 1－2－22 所示）。滑轮和绳子的质量及轮轴上的摩擦不计，绳子不可伸长。问：(1) A，B 开始运动后，经多长时间 C 也开始运动；(2) C 开始运动时速度的大小是多少（取 $g=10\ \mathrm{m/s^2}$）？

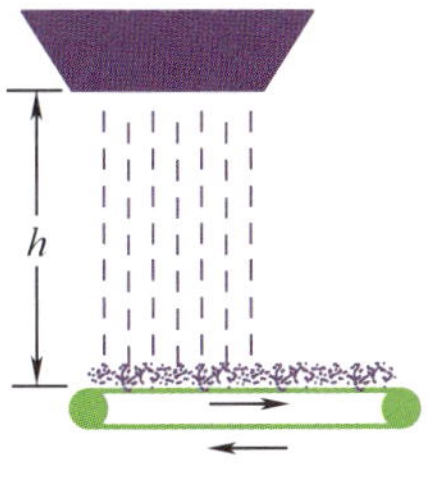

图 1－2－21

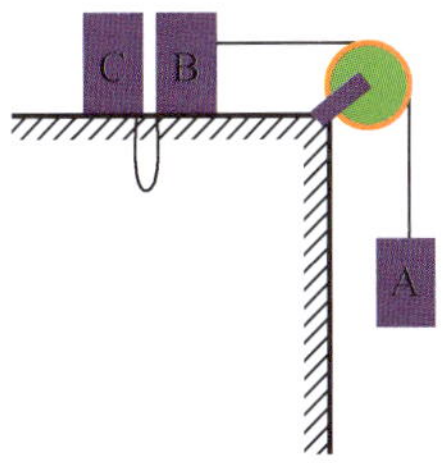

图 1－2－22

7. 如图 1－2－23 所示，质量为 M 的木块在光滑的固定斜面上，由 A 点从静止开始下滑，当经过路程 l 运动到 B 点时，木块被一颗水平飞来的子弹射中，子弹立即陷入木块内。设子弹的质量为 m，速度为 $\boldsymbol{v}$，求子弹射中木块后，子弹与木块的共同速度。

8. 如图 1—2—24 所示，质量 m 为 0.1 kg 的木块，在一个水平面上和一个劲度系数 k 为 20 N/m 的轻弹簧碰撞，木块将弹簧由原长压缩了 $x=0.4$ m。假设木块与水平面间的滑动摩擦系数 μ_k 为 0.25，求将要发生碰撞时木块的速率 v。

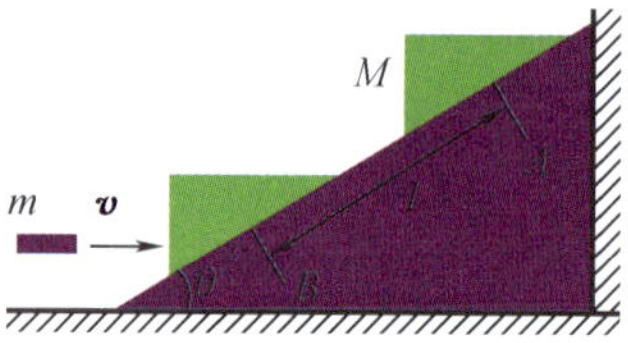

图 1—2—23

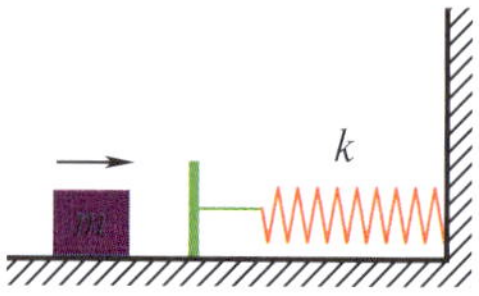

图 1—2—24

9. 如图 1—2—25 所示，一链条总长为 l，质量为 m，放在桌面上，并使其部分下垂，下垂一段的长度为 a。设链条与桌面之间的滑动摩擦系数为 μ，令链条由静止开始运动，求：(1)在链条刚离开桌面的过程中，摩擦力对链条做了多少功；(2)链条刚离开桌面时的速率是多少？

10. 如图 1—2—26 所示，在地面上固定一半径为 R 的光滑球面，球面顶点 A 处放一质量为 M 的滑块。一质量为 m 的油灰球，以水平速度 $\boldsymbol{v}_0$ 射向滑块，并黏附在滑块上一起沿球面下滑。求：(1) 它们滑至何处($\theta=?$)脱离球面；(2) 欲使二者在 A 处就脱离球面，则油灰球的入射速率至少为多少？

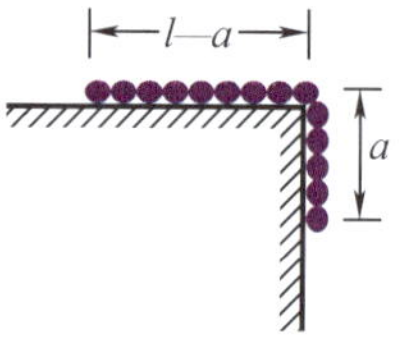

图 1—2—25

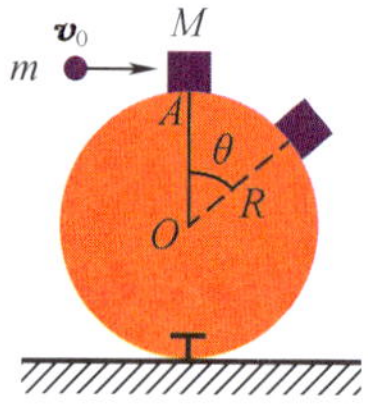

图 1—2—26

同步训练题答案

1. (1)4 kg；(2)34.6 N；(3)69.3 N

2. $v=\dfrac{Rv_0}{R+\mu v_0 t}\boldsymbol{\tau}$，$s=\dfrac{R}{\mu}\ln\left(1+\dfrac{\mu v_0}{R}t\right)$

3. $l=\dfrac{v_0^2}{2\mu g\left(1+\dfrac{m}{M}\right)}$

4. 784 N

5. $\alpha=\arctan\dfrac{4}{3}=53^\circ$，即力沿水平方向斜向上

6. (1)$t=\sqrt{\dfrac{4l}{g}}=0.4$ s；(2) $V=\dfrac{(M_A+M_B)v}{M_A+M_B+M_C}=\dfrac{2}{3}v=1.33$ m/s

7. $V=\dfrac{mv\cos\theta-M\sqrt{2gl\sin\theta}}{m+M}$

8. 5.83 m/s

9. (1)$A_f=-\dfrac{\mu mg}{2l}(l-a)^2$；(2)$v=\sqrt{\dfrac{g}{l}}\left[(l^2-a^2)-\mu(l-a)^2\right]^{\frac{1}{2}}$

10. (1)$\theta=\arccos\left[\dfrac{m^2v_0^2}{3gR(M+m)^2}+\dfrac{2}{3}\right]$；(2)$v_0=(M+m)\dfrac{\sqrt{Rg}}{m}$

第 3 章　刚体力学基础

知识要点

3.1 刚体的运动

3.1.1 刚体的运动种类

刚体的运动种类：平动、转动(包括定轴转动和非定轴转动)。

3.1.2 刚体定轴转动的描述

$$\omega=\frac{d\theta}{dt},\alpha=\frac{d\omega}{dt}=\frac{d^2\theta}{dt^2}$$

3.1.3 角变量与线变量的关系

$$dr=R\cdot d\theta, v=R\omega, a_t=R\cdot\alpha, a_n=R\omega^2$$

3.2 刚体定轴转动定律

3.2.1 力矩

力矩公式：　$\boldsymbol{M}=\boldsymbol{r}\times\boldsymbol{F}$

大小：力的大小与力臂的乘积，即 $M=F\cdot d$。

方向：将右手拇指伸直，四指由 $\boldsymbol{r}$ 沿小于 180°角方向右手螺旋至 $\boldsymbol{F}$，拇指的方向即为力矩的方向。

3.2.2 转动定律

转动定律：刚体绕定轴转动时，刚体的角加速度与它所受的合外力矩成正比，与刚体的转动惯量成反比，即

$$M=J\alpha$$

转动惯量公式：　$J=\sum m_i r_i^2$ 或 $J=\int r^2 dm$

平行轴定理：　$J=J_C+md^2$

决定刚体转动惯量的三要素：刚体的体密度，刚体的几何形状，转轴的位置。

3.3 刚体转动中的功和能

3.3.1 刚体转动中的功

刚体转动中的功：力矩的大小与角位移的乘积，即

$$A=\int_{\theta_1}^{\theta_2}M\mathrm{d}\theta$$

力矩的功率：单位时间内力矩对刚体所做的功，即

$$P=M\omega$$

3.3.2 转动动能

转动动能： $E_\mathrm{k}=\frac{1}{2}J\omega^2$

3.3.3 刚体绕定轴转动的动能定理

合外力矩对绕定轴转动刚体所做的功等于刚体转动动能的增量，即

$$A=\frac{1}{2}J\omega_2^2-\frac{1}{2}J\omega_1^2$$

3.4 质点和刚体的角动量——角动量定理

3.4.1 质点的角动量

质点角动量： $\boldsymbol{L}=\boldsymbol{r}\times m\boldsymbol{v}$

质点角动量定理：作用于质点的合力对某一参考点的力矩等于质点对同一参考点的角动量随时间的变化率，即

$$\boldsymbol{M}=\frac{\mathrm{d}\boldsymbol{L}}{\mathrm{d}t}\text{ 或 }\int_{t_1}^{t_2}\boldsymbol{M}\mathrm{d}t=\boldsymbol{L}_2-\boldsymbol{L}_1$$

式中，$\int_{t_1}^{t_2}\boldsymbol{M}\mathrm{d}t$ 为质点角冲量（或冲量矩）。

3.4.2 刚体的角动量

刚体的角动量： $\boldsymbol{L}=J\boldsymbol{\omega}$

刚体角动量定理：刚体所受合外力对转轴的力矩，等于刚体对该轴的角动量随时间的变化率，即

$$\boldsymbol{M}=\frac{\mathrm{d}(J\boldsymbol{\omega})}{\mathrm{d}t}\text{ 或 }\int_{t_1}^{t_2}\boldsymbol{M}\mathrm{d}t=J_2\boldsymbol{\omega}_2-J_1\boldsymbol{\omega}_1$$

3.5 角动量守恒定律

质点或质点系角动量守恒定律：当质点或质点系所受外力对某参考点的力矩的矢量和为零时，质点或质点系对该点的角动量保持不变。

刚体的角动量守恒定律：当刚体做定轴转动时，所受外力对定轴的力矩

的矢量和为零时，刚体对该轴的角动量保持不变，即

$$\boldsymbol{L}=J\boldsymbol{\omega}=\text{恒量}$$

3.6 进动

进动现象：自旋的物体在外力矩的作用下沿外力矩方向改变自身角动量矢量，即

$$\mathrm{d}\boldsymbol{L}=\boldsymbol{M}\mathrm{d}t$$

书后习题解答

1－3－1　有一雨伞被大雨淋湿后绕伞柄以恒定的速度转动，44 s 转 21 圈。如果伞的直径是 1 m，伞柄与地面垂直，伞边距离地面的高度为 1.5 m，求雨滴从伞边落地时距伞中心的距离。

解　周期为

$$T=\frac{44}{21}$$

速度为

$$v=\frac{2\pi R}{T}$$

$$R=0.5\ \mathrm{m}$$

落地时间为

$$t=\sqrt{\frac{2h}{g}}$$

$$h=1.5\ \mathrm{m}$$

雨滴从伞边落地时距伞中心的距离为

$$s=vt+R=\frac{2\pi R}{T}\sqrt{\frac{2h}{g}}+R=1.33\ \mathrm{m}$$

1－3－2　掷铁饼运动员手持铁饼转动 1.2 圈后松手，此时铁饼的速度值达到 $v=25$ m/s，设转动时铁饼沿半径为 $R=1.0$ m 作圆周运动并均匀加速。求：(1)铁饼离手时的角速度；(2)铁饼的角加速度；(3)铁饼在手中加速的时间(把铁饼视为质点)。

解　铁饼离手时的角速度为

$$\omega=\frac{v}{R}=25\ \mathrm{rad/s}$$

由 $\omega^2=2\alpha\theta$ 得铁饼的角加速度为

$$\alpha=\frac{\omega^2}{2\theta}=\frac{25^2}{2\times2\pi\times1.2}=41.45\ \mathrm{rad/s^2}$$

铁饼在手中加速的时间为

$$t=\frac{\omega}{\alpha}=0.6\ \mathrm{s}$$

1－3－3　如图 1－3－1 所示，已知弹簧的劲度系数为 $k=20$ N/m，滑轮质量 $M=2$ kg，半径为 $R=0.1$ m，物体质量 $m=1$ kg。开始时系统静止，弹簧处于自然状态。设绳与轮间不打滑，忽略滑轮的摩擦阻力，当物体下落 $h=0.2$ m 时，求物体速度的大小。

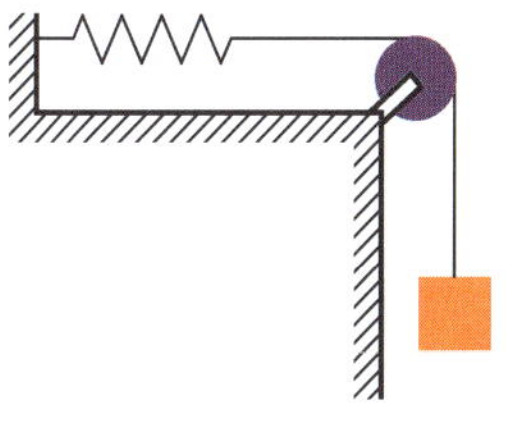

图 1－3－1

解 由能量守恒得

$$mgh=\frac{1}{2}kh^2+\frac{1}{2}mv^2+\frac{1}{2}J\omega^2, J=\frac{1}{2}MR^2, v=\omega R$$

解得

$$v=\sqrt{\frac{2mgh-kh^2}{m+\frac{1}{2}M}}=1.25\ \text{m/s}$$

1－3－4 有一个轻梯子放置于粗糙的地面上并靠在光滑的墙上，梯子上端在地面上方 h 处。现有一人爬到梯子上直到梯子将要滑动，梯子与地面间的静摩擦系数为 μ，求人在水平方向移动的距离。

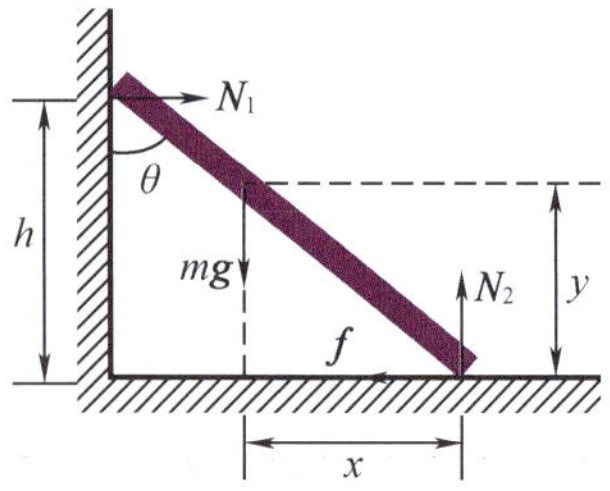

图 1－3－2

解 当人爬到离地面 y 高度处梯子刚要滑下，此时人在水平方向移动的距离为 x，梯子与地面间为最大静摩擦，仍处于平衡状态(不稳定的)，受力分析如图 1－3－2 所示。

$$N_1-f=0, N_2-mg=0$$
$$N_1h-mgx=0, f=\mu N_2$$

解得

$$x=\mu h$$

1－3－5 有一转动惯量为 1.6×10^{-3} kg·m² 的飞轮，当施加一个恒定的力矩，飞轮在 15 s 内角速度达到 1 200 r/min。如果飞轮开始静止，求：(1)角加速度；(2)所施力矩的大小；(3)15 s 时转过的角度；(4)力矩对飞轮做的功。

解
$$\omega=2\pi\frac{1\ 200}{60}=400\pi, \omega_0=0$$

(1)由 $\omega=\omega_0+\alpha t$，得角加速度为

$$\alpha=\frac{\omega}{t}=\frac{400\pi}{15}=\frac{80}{3}\pi\ \text{rad/s}^2$$

(2)所施力矩的大小为

$$M=J\alpha=1.6\times10^{-3}\times\frac{80}{3}\pi=\frac{128}{3}\pi\times10^{-3}\ \text{N}\cdot\text{m}$$

(3)15 s 时转过的角度为

$$\theta=\omega_0t+\frac{1}{2}\alpha t^2=3\ 000\pi\ \text{rad}$$

(4)力矩对飞轮做的功为

$$A=M\theta=128\pi^2\ \text{J}$$

1－3－6 一质量为 m 的均匀细杆长为 l，其一端固定并能在竖直平面内转动，若支点处摩擦不计，并将该杆从支点上方几乎竖直处释放，求当杆与竖直方向成 θ 角时的角加速度和角速度。

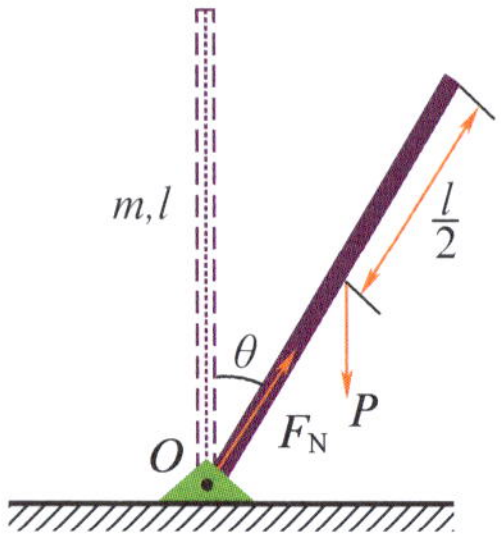

图 1－3－3

解 受力分析如图 1－3－3 所示，则

$$\frac{1}{2}mgl\sin\theta=J\alpha, J=\frac{1}{3}ml^2$$

得

$$\alpha=\frac{3g}{2l}\sin\theta$$

由角加速度的定义有

$$\alpha=\frac{\mathrm{d}\omega}{\mathrm{d}t}=\frac{\mathrm{d}\omega}{\mathrm{d}\theta}\cdot\frac{\mathrm{d}\theta}{\mathrm{d}t}=\omega\frac{\mathrm{d}\omega}{\mathrm{d}\theta}$$

$$\omega\mathrm{d}\omega=\frac{3g}{2l}\sin\theta\mathrm{d}\theta,\quad \int_0^\omega\omega\mathrm{d}\omega=\int_0^\theta\frac{3g}{2l}\sin\theta\mathrm{d}\theta$$

$$\omega=\sqrt{\frac{3g}{l}(1-\cos\theta)}$$

1－3－7 有一半径为 R 的圆形平板平放在水平桌面上，平板与水平桌面的摩擦系数为 μ，若平板绕通过其中心且垂直板面的固定轴以角速度 ω_0 开始旋转，求它将在旋转几圈后停止？

解　在 r 处宽度为 $\mathrm{d}r$ 的环带面积上摩擦力矩为

$$\mathrm{d}M=\mu\frac{mg}{\pi R^2}\cdot 2\pi r\cdot r\mathrm{d}r$$

总摩擦力矩为

$$M=\int_0^R \mathrm{d}M=\frac{2}{3}\mu mgR$$

故平板角加速度为

$$\alpha=\frac{M}{J}$$

设停止前转数为 n，则转角为

$$\theta=2\pi n$$

由

$$\omega_0^2=2\alpha\theta=\frac{4\pi Mn}{J}$$

可得

$$n=\frac{J\omega_0^2}{4\pi M}=\frac{3R\omega_0^2}{16\pi\mu g}$$

1—3—8　如图 1—3—4(a)所示，一轻绳跨过两个质量均为 m、半径均为 r 的均匀圆盘状定滑轮，绳的两端分别挂着质量为 m 和 $2m$ 的重物。绳与滑轮间无相对滑动，滑轮轴光滑，将由两个定滑轮以及质量为 m 和 $2m$ 的重物组成的系统从静止释放，求两滑轮之间绳内的张力。

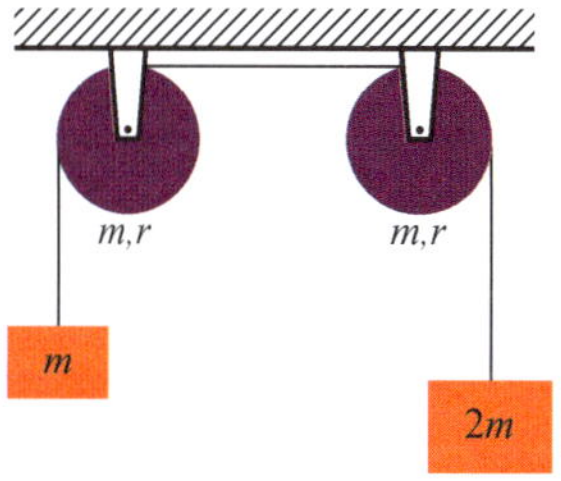

(a)

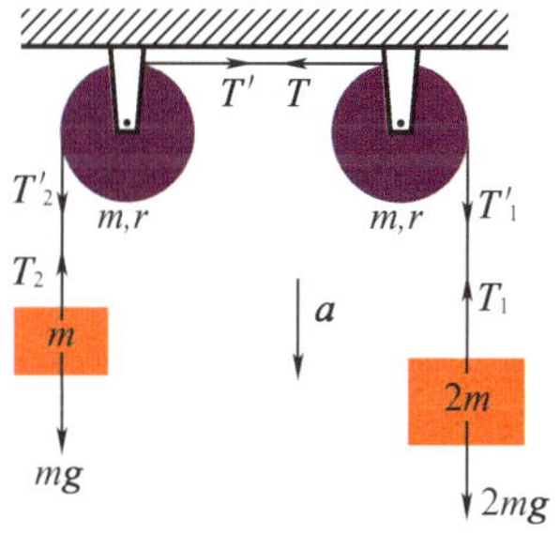

(b)

图 1—3—4

解　受力分析如图 1—3—4(b)所示，则

$$2mg-T_1=2ma$$

$$T_2-mg=ma$$

$$T_1'r-Tr=\frac{1}{2}mr^2\alpha$$

$$T'r-T_2'r=\frac{1}{2}mr^2\alpha$$

$$a=\alpha r$$

$$T_1'=T_1$$

$$T_2'=T_2$$

联立方程得

$$T=\frac{11}{8}mg$$

1—3—9　质量为 m 的质点速度为 $\boldsymbol{v}=-5\boldsymbol{i}+4\boldsymbol{j}+6\boldsymbol{k}$(SI)，位于 $\boldsymbol{r}=-2\boldsymbol{i}+4\boldsymbol{j}+3\boldsymbol{k}$(SI)处，求质点相对于原点的角动量。

解　$\boldsymbol{L}=\boldsymbol{r}\times\boldsymbol{p}=\boldsymbol{r}\times(m\boldsymbol{v})=m(-2\boldsymbol{i}+4\boldsymbol{j}+3\boldsymbol{k})\times(-5\boldsymbol{i}+4\boldsymbol{j}+6\boldsymbol{k})$

其中

$$\boldsymbol{i}\times\boldsymbol{j}=\boldsymbol{k},\boldsymbol{j}\times\boldsymbol{k}=\boldsymbol{i},\boldsymbol{k}\times\boldsymbol{i}=\boldsymbol{j},\boldsymbol{i}\times\boldsymbol{i}=0,\boldsymbol{j}\times\boldsymbol{j}=0,\boldsymbol{k}\times\boldsymbol{k}=0$$

得

$$\boldsymbol{L}=m(-8\boldsymbol{k}+12\boldsymbol{j}+20\boldsymbol{k}+24\boldsymbol{i}-15\boldsymbol{j}-12\boldsymbol{i})=m(12\boldsymbol{i}-3\boldsymbol{j}+12\boldsymbol{k})$$

1—3—10　有一半径为 R 的均匀球体，绕通过其一直径的光滑固定轴匀速转动，对于通过直径的轴的转动惯量为 $J=\frac{2}{5}mR^2$，其中 m 和 R 分别为球体的质量和半径，转动周期为 T_0。如它的半径由 R 自动收缩为 $\frac{R}{2}$，球体收缩后的转动周期为多少？

解　球体的自动收缩可视为只由球的内力所引起，因而在收缩前后球体的角动量守恒，设 J_0 和 ω_0，J 和 ω 分别为收缩前后球体的转动惯量和角速度，则有

$$J_0\omega_0=J\omega$$

由已知条件知

$$J_0=\frac{2}{5}mR^2,J=\frac{2}{5}m\left(\frac{R}{2}\right)^2$$

得

$$\omega=4\omega_0$$

即收缩后球体转快了，其周期为

$$T=\frac{2\pi}{\omega}=\frac{2\pi}{4\omega_0}=\frac{T_0}{4}$$

周期减小为原来的$\frac{1}{4}$。

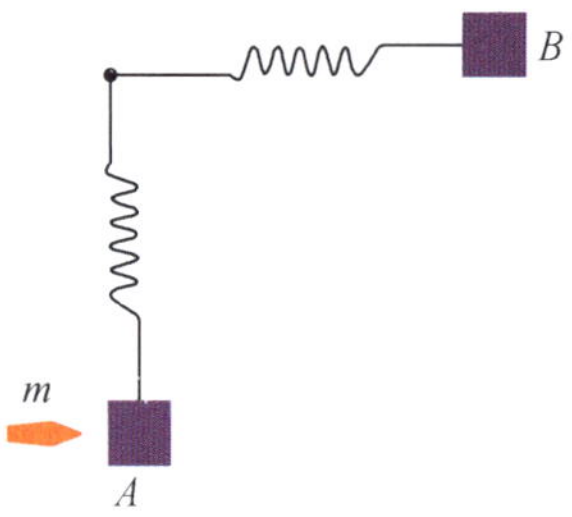

图 1—3—5

1—3—11　在光滑水平桌面上有个长为 l_0 的轻质弹簧，弹簧一端固定，另一端连接一个质量为 M 的滑块，如图 1—3—5 所示。开始时，滑块静止于 A 点，弹簧处于自然状态。现有一质量为 m 的子弹以速度 v 射入滑块并与其一起运动到 B 点，此时弹簧的长度为 l。求滑块在 B 点的速度大小和方向。

解　由动量守恒定律得

$$mv=(m+M)V$$

由角动量守恒定律得

$$(m+M)l_0V=(m+M)lu\sin\theta$$

由机械能守恒定律得

$$\frac{1}{2}(m+M)V^2=\frac{1}{2}k(l-l_0)^2+\frac{1}{2}(M+m)u^2$$

解得

$$u=\sqrt{\frac{(mv)^2}{(M+m)^2}-\frac{k\Delta(l-l_0)^2}{m+M}}$$

$$\theta=\arcsin\frac{mvl_0}{l\sqrt{m^2v^2-k(l-l_0)^2(M+m)}}$$

1—3—12　哈雷彗星绕太阳运动的轨道是一个椭圆，它离太阳最近的距离是 $r_1=8.75\times10^{10}$ m，此时它的速率是 $v_1=5.46\times10^4$ m/s，它离太阳最远时的速率是 $v_2=9.08\times10^2$ m/s，求这时它离太阳的距离 r_2 是多少？

解　彗星运行受到的引力指向太阳，所以它对太阳的角动量守恒公式为

$$mr_1v_1=mr_2v_2$$

得

$$r_2=\frac{r_1v_1}{v_2}=5.26\times10^{12}\ \text{m}$$

1—3—13　在半径为 R 的具有光滑竖直固定中心轴的水平圆盘上，有一人静止站立在距转轴为$\frac{R}{2}$处，人的质量是圆盘质量的$\frac{1}{10}$。开始时盘载人相对地以角速度 ω_0 匀速转动。如果此人垂直圆盘半径相对于盘以速率 v 沿与盘转动相反方向作圆周运动。求：(1)圆盘对地的角速度；(2)欲使圆盘对地静止，人沿着$\frac{R}{2}$圆周对圆盘的速度 v 的大小及方向(已知圆盘对中心轴的转动惯量为$\frac{1}{2}MR^2$)。

解　(1)设人运动时圆盘对地的角速度为 ω，则由相对运动和线量与角量关系得任意时刻人对地的角速度为

$$\omega'=\omega-\frac{v}{\frac{1}{2}R}=\omega-\frac{2v}{R} \qquad ①$$

以人和圆盘组成的系统作为研究对象，系统所受合外力矩为零(人的重力矩轴上投影为零，盘重力和轴约束力过轴)，系统的角动量守恒。设圆盘质量为 M，则

$$\left[\frac{1}{2}MR^2+\frac{M}{10}\left(\frac{R}{2}\right)^2\right]\omega_0=\frac{1}{2}MR^2\omega+\frac{M}{10}\left(\frac{R}{2}\right)^2\omega' \qquad ②$$

将①式代入②式，可得圆盘对地的角速度为

$$\omega=\omega_0+\frac{2v}{21R} \qquad ③$$

(2)欲使盘对地静止,则令 $\omega=0$ 代入③式,可得人对圆盘的速度大小为

$$v=-\frac{21R\omega_0}{2}$$

式中,负号表示人走动的方向与(1)中人走动的方向相反,即人沿与 ω_0 一致的方向运动。

1-3-14　一转动惯量为 J 的圆盘绕一固定轴转动,起初角速度为 ω_0,设它所受阻力矩与转动角速度成正比,即 $M=-k\omega$(k 为正的常数),求圆盘的角速度从 ω_0 变为 $0.5\omega_0$ 时所需的时间。

解　根据转动定律 $M=J\alpha$,有

$$J\frac{\mathrm{d}\omega}{\mathrm{d}t}=-k\omega$$

整理得

$$\frac{\mathrm{d}\omega}{\omega}=-\frac{k}{J}\mathrm{d}t$$

两端积分

$$\int_{\omega_0}^{\omega}\frac{1}{\omega}\mathrm{d}\omega=-\int_0^t\frac{k}{J}\mathrm{d}t$$

得

$$t=\frac{J\ln 2}{k}$$

1-3-15　一根放在水平光滑桌面上的匀质棒,可绕通过其一端的竖直固定光滑轴 O 转动,棒的质量为 $m=1.5$ kg,长度为 $l=1.0$ m,对轴的转动惯量为 $J=\frac{ml^2}{3}$,初始时棒静止。今有一水平运动的子弹垂直地射入棒的另一端,并留在棒中,如图 1-3-6 所示。子弹的质量为 $m'=0.020$ kg,速率为 $v=400$ m/s。求:(1)棒开始和子弹一起转动时角速度 ω 有多大;(2)若棒转动时受到大小为 $M_r=4.0$ N·m 的恒定阻力矩作用,棒能转过多大角度?

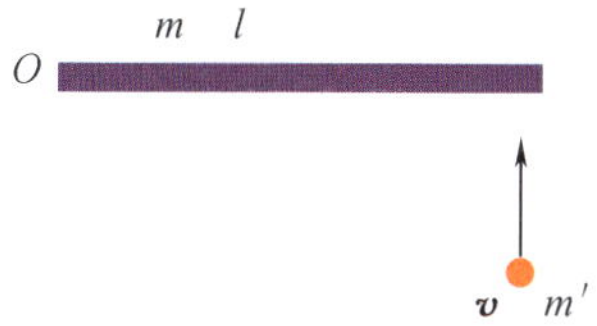

图 1-3-6

解　(1)子弹射入的过程角动量守恒,则

$$m'vl=\left(ml^2+\frac{1}{3}ml^2\right)\omega$$

$$\omega=15.4\ \mathrm{rad/s}$$

(2)

$$-Mr=\left(m'l^2+\frac{1}{3}ml^2\right)\alpha$$

$$\alpha=\omega\frac{\mathrm{d}\omega}{\mathrm{d}\theta}$$

则

$$\int_0^{\theta}-4\mathrm{d}\theta=\int_{\omega}^{0}0.52\omega\mathrm{d}\omega$$

解得

$$\theta=15.4\ \mathrm{rad}$$

1-3-16　一个 20 kg 的女孩站在静止的旋转木马的边缘,系统关于中心的转动惯量为 120 kg·m²,女孩现从距中心 2.0 m 处以 1.5 m/s 的速度沿切线方向跳离转盘,求女孩跳离后转盘的转速。

解　系统的角动量守恒,则

$$mvr-J\omega=0,J=120\ \mathrm{kgm^2}$$

$$\omega=\frac{mvr}{J}=\frac{20\times1.5\times2.0}{120}=5\ \mathrm{rad/s}$$

1-3-17　一质量均匀分布的圆盘,质量为 M,半径为 R,放在一粗糙的水平面上,圆盘与水平面之间的摩擦系数为 μ,圆盘可绕通过其中心 O 的竖直固定光滑轴转动。开始圆盘静止,有一质量为 m 的子弹以水平速度 v_0 垂直于圆盘半径射入圆盘边缘并嵌在盘边上,求:子弹击中圆盘后,圆盘所获得的角速度,圆盘停止转动时转过的角度。

解　(1)以子弹和圆盘为系统,对中心 O 的竖直固定光滑轴角动量守恒

$$mv_0R=\left(\frac{1}{2}MR^2+mR^2\right)\omega$$

$$\omega=\frac{2mv_0}{(M+2m)R}$$

(2)圆盘所获角速度后，减速转动，受到的阻力矩为

$$M_{\mathrm{f}}=\int_0^R \mu \frac{M}{\pi R^2} g 2\pi r^2 \mathrm{d}r+\mu m g R=\frac{2}{3}\mu M g R+\mu m g R$$

$$-M_{\mathrm{f}}\theta=0-\frac{1}{2}J\omega^2, J=\frac{1}{2}MR^2+mR^2$$

$$\theta=\frac{3m^2 v_0^2}{\mu g(2M+3m)(M+2m)R}$$

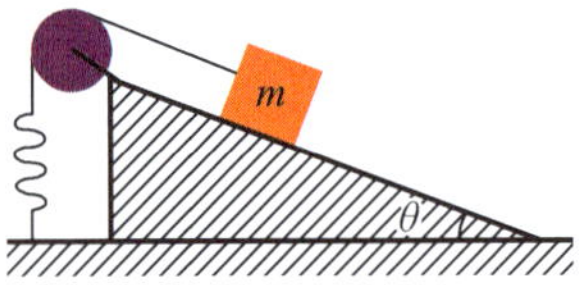

图 1—3—7

1—3—18　如图 1—3—7 所示系统，定滑轮半径为 R，绕水平中心轴的转动惯量为 J，在轮上绕一刚性细轻绳，绳的一端与一固定在地面上的弹簧相连，弹簧的劲度系数为 k，绳子的另一端系一质量为 m 的物体，置于倾角 $\theta=30°$的斜面上，从静止释放。设释放时，弹簧没有伸长，只是绳子恰好被拉紧，当物体沿斜向下滑动 l 时，不计斜面以及滑轮与轴之间的摩擦，物体所具有的速度为多大？

解　由机械能守恒定律有

$$mgl\sin\theta=\frac{1}{2}kl^2+\frac{1}{2}mv^2+\frac{1}{2}J\omega^2$$

其中　$$J=\frac{1}{2}mR^2,\quad \omega=\frac{v}{R}$$

得　$$v=\sqrt{\frac{mgl-kl^2}{m+\frac{J}{R^2}}}$$

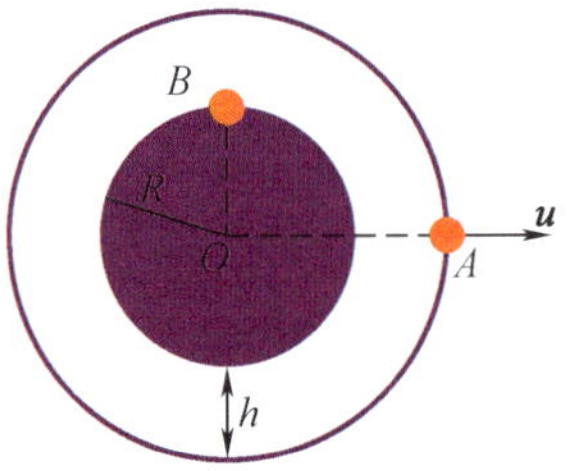

(a)

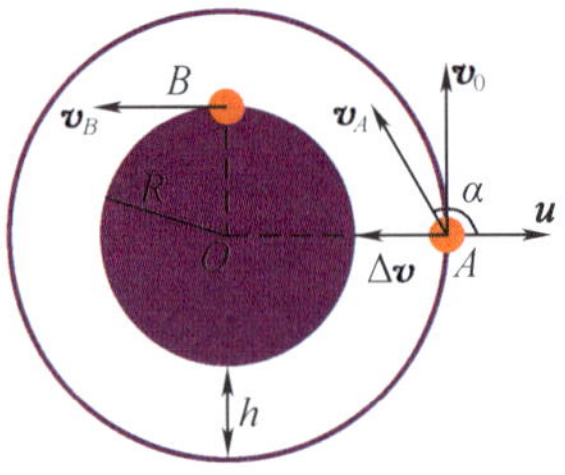

(b)

图 1—3—8

1—3—19　一质量为 1.20×10^4 kg 的登月飞船，在离月球表面高度 $h=$ 100 km 处绕月球作圆周运动。飞船采用如图 1—3—8(a)所示登月方式：当飞船位于点 A 时，它向外侧短时间喷气，使飞船与月球相切地到达点 B，且 OA 与 OB 垂直，飞船所喷气体相对飞船的速度为 $u=1.00\times10^4$ m/s。已知月球半径 $R=1\ 700$ km，在飞船登月过程中，月球的重力加速度视为常量 $g=1.62$ m/s²，求登月飞船在登月过程中所需消耗燃料的质量是多少？

解　如图 1—3—8(b)所示，设飞船在点 A 的速度为 $\boldsymbol{v}_0$，月球质量 m_{M}，由万有引力和牛顿定律有

$$G\frac{m_{\mathrm{M}}m}{(R+h)^2}=m\frac{v_0^2}{R+h}, g=G\frac{m_{\mathrm{M}}}{R^2}$$

得　$$v_0=\left(\frac{R^2 g}{R+h}\right)^{\frac{1}{2}}=1\ 612 \text{ m/s}$$

飞船在 A 点以相对速度 $\boldsymbol{u}$ 向外喷气的短时间里，飞船的质量减少了 Δm 变为 m'，使飞船的速度变为 $\boldsymbol{v}_A$，设 $\boldsymbol{v}_A$ 与 $\boldsymbol{u}$ 之间的夹角为 α，喷气时动量守恒，即

$$m\boldsymbol{v}_0=m'\boldsymbol{v}_A+(m-m')(\boldsymbol{v}_0+\boldsymbol{u})$$

分量式为

$$mv_0=m'v_A\sin\alpha+(m-m')v_0 \qquad ①$$

$$0=m'v_A\cos\alpha+(m-m')u \qquad ②$$

质量 m' 在 A 点和 B 点只受向心力作用，角动量守恒，则

$$m'v_A(R+h)\sin\alpha=m'v_B R \qquad ③$$

从 A 点到达月球的过程中，机械能守恒，则

$$\frac{1}{2}m'v_A^2-G\frac{m_{\mathrm{M}}m'}{R+h}=\frac{1}{2}m'v_B^2-G\frac{m_{\mathrm{M}}m'}{R} \qquad ④$$

解得

$$v_B=\frac{(R+h)v_0}{R}=1\ 709 \text{ m/s}, v_A=1\ 615 \text{ m/s}$$

$$\Delta m = m - m' = \frac{m\sqrt{\left[\frac{v_0(R+h)}{R}\right]^2 + 2\frac{gR^2}{R+h} - 2gR - v_0^2}}{u + \sqrt{\left[\frac{v_0(R+h)}{R}\right]^2 + 2\frac{gR^2}{R+h} - gR - v_0^2}} \approx 118.8\ \text{kg}$$

1－3－20　质量为 M，长度为 l 的均匀细棒，可绕垂直于棒的一端的水平轴 O 无摩擦地转动，它原来静止在平衡位置上。现有一质量为 m 的弹性小球沿水平方向飞来，正好垂直与细棒的下端相撞。相撞后，使棒从水平位置摆到最大角度 $\theta=30°$处。(1)设碰撞为弹性碰撞，试计算小球的初速 v_0 的值；(2)相碰时，小球受到的冲量有多大？

解　(1)

$$mv_0 l = mvl + \frac{1}{3}Ml^2\omega$$

$$\frac{1}{2}mv_0^2 = \frac{1}{2}mv_2 + \frac{1}{2}\cdot\frac{1}{3}Ml^2\omega^2$$

$$\frac{1}{2}\cdot\frac{1}{3}Ml^2\omega^2 = Mg\frac{l}{2}(1-\cos 30°)$$

所以

$$v_0 = \frac{(M+3m)\sqrt{gl}}{4(3-\sqrt{3})m}$$

$$v = \frac{M+(12\sqrt{3}-21)m}{4(3-\sqrt{3})m}\sqrt{gl}$$

(2)

$$I = mv - mv_0 = -\frac{\sqrt{3}-1}{2}m\sqrt{3gl}$$

同步训练题

1. 一飞轮以等角加速度 2 rad /s² 转动，在某时刻以后的 5 s 内飞轮转过了 100 rad。若此飞轮是由静止开始转动的，问：在上述的某时刻以前飞轮转动了多少时间？

2. 已知一定轴转动体系，在各个时间间隔内的角速度如下：

$$\begin{cases}\omega=\omega_0, & 0\leqslant t\leqslant 5(\text{SI})\\ \omega=\omega_0+3t-15, & 5\leqslant t\leqslant 8(\text{SI})\\ \omega=\omega_1-3t+24, & t\geqslant 8(\text{SI})\end{cases}$$

式中，$\omega_0=18$ rad/s。求：(1)上述方程中的 ω_1；(2) 根据上述规律，该体系在什么时刻角速度为零。

3. 一圆柱体截面半径为 r，重为 P，放置如图 1－3－9 所示。它与墙面和地面之间的静摩擦系数均为 $\frac{1}{3}$，若对圆柱体施以向下的力 $F=2P$ 可使它刚好要反时针转动，求：(1)作用于 A 点的正压力和摩擦力；(2)力 $\boldsymbol{F}$ 与 $\boldsymbol{P}$ 之间的垂直距离 d。

4. 质量为 M 的匀质圆盘，可绕通过盘中心垂直于盘的固定光滑轴转动，转动惯量为 $\frac{1}{2}Mr^2$，绕过盘的边缘挂有质量为 m，长为 l 的匀质柔软绳索(如图 1－3－10 所示)，设绳与圆盘无相对滑动，求当圆盘两侧绳长之差为 S 时绳的加速度的大小。

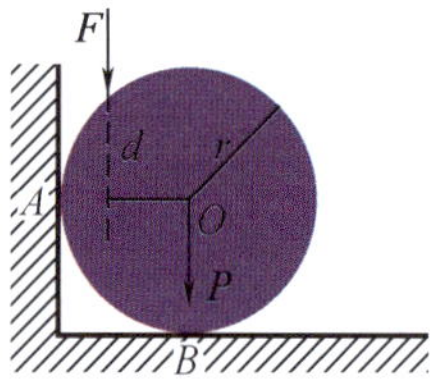

图 1—3—9

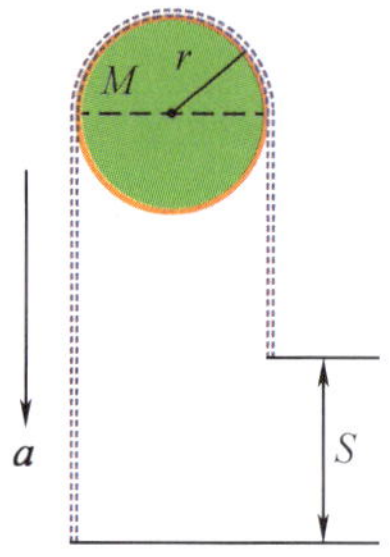

图 1—3—10

5. 一轴承光滑的定滑轮，质量为 $M=2.00$ kg，半径为 $R=0.100$ m，一根不能伸长的轻绳，一端固定在定滑轮上，另一端系有一质量为 $m=5.00$ kg 的物体，如图 1—3—11 所示。已知定滑轮的转动惯量为 $J=\dfrac{MR^2}{2}$，其初角速度 $\omega_0=10.0$ rad/s，方向垂直纸面向里。求：(1) 定滑轮的角加速度的大小和方向；(2) 定滑轮的角速度变化到 $\omega=0$ 时，物体上升的高度；(3) 当物体回到原来位置时，定滑轮的角速度的大小和方向。

6. 一轻绳绕过一定滑轮，滑轮轴光滑，滑轮的半径为 R，质量为 $\dfrac{M}{4}$，均匀分布在其边缘上。绳子的 A 端有一质量为 M 的人抓住了绳端，而在绳的另一端 B 系了一质量为 $\dfrac{M}{2}$ 的重物，如图 1—3—12 所示。设人从静止开始相对于绳匀速向上爬时，绳与滑轮间无相对滑动，求 B 端重物上升的加速度(已知滑轮对通过滑轮中心且垂直于轮面的轴的转动惯量 $J=\dfrac{MR^2}{4}$)。

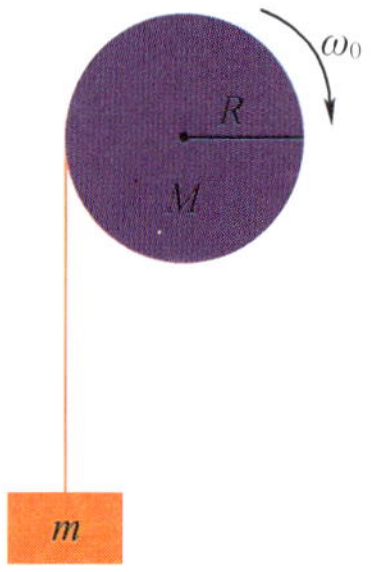

图 1—3—11

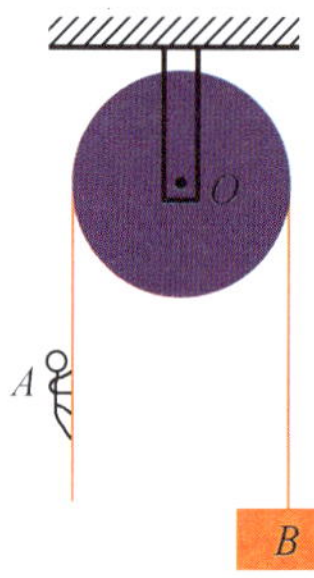

图 1—3—12

7. 一匀质细棒长为 $2L$，质量为 m，以与棒长方向相垂直的速度 v_0 在光滑水平面内平动时，与前方一固定的光滑支点 O 发生完全非弹性碰撞。碰撞点位于棒中心的一侧 $\dfrac{L}{2}$ 处，如图 1—3—13 所示。求棒在碰撞后的瞬时绕 O 点转动的角速度 ω。

8. 有一质量为 m_1，长为 l 的均匀细棒，静止平放在滑动摩擦系数为 μ 的水平桌面上，它可绕通过其端点 O 且与桌面垂直的固定光滑轴转动。另有一水平运动的质量为 m_2 的小滑块，从侧面垂直于棒与棒的另一端 A 相碰撞，设碰撞时间极短。已知小滑块在碰撞前后的速度分别为 $\boldsymbol{v}_1$ 和 $\boldsymbol{v}_2$，俯视图如图 1—3—14 所示。求碰撞后从细棒开始转动到停止转动的过程所需的时间(已知棒绕 O 点的转动惯量 $J=\dfrac{m_1 l^2}{3}$)。

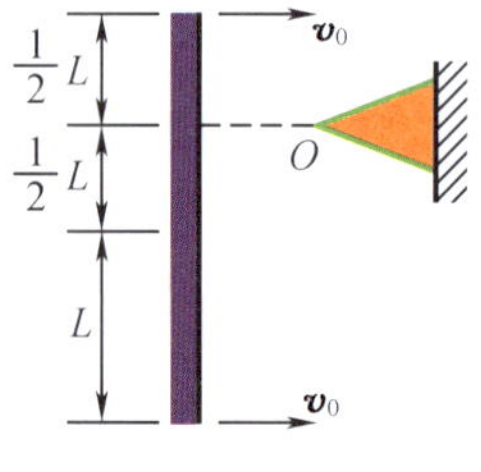

图 1—3—13

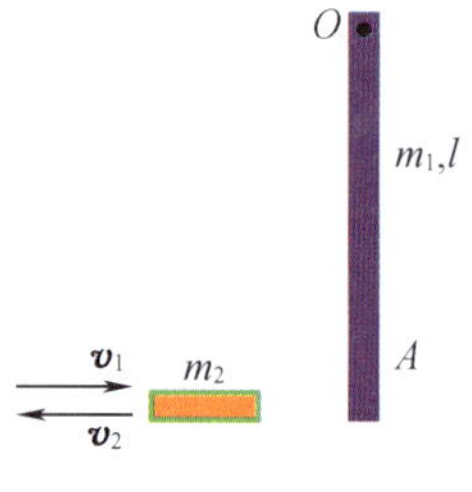

图 1—3—14

9. 如图 1—3—15 所示，长为 l 的轻杆，两端各固定质量分别为 m 和 $2m$ 的小球，杆可绕水平光滑固定轴 O 在竖直面内转动，转轴 O 距两端分别为 $\frac{l}{3}$ 和 $\frac{2l}{3}$。轻杆原来静止在竖直位置。今有一质量为 m 的小球，以水平速度 $\boldsymbol{v}_0$ 与杆下端小球 m 作对心碰撞，碰后以 $\frac{\boldsymbol{v}_0}{2}$ 的速度返回，求碰撞后轻杆所获得的角速度。

10. 如图 1—3—16 所示，一质量均匀分布的圆盘，质量为 M，半径为 R，放在一粗糙水平面上（圆盘与水平面之间的摩擦系数为 M），圆盘可绕通过其中心 O 的竖直固定光滑轴转动。开始时，圆盘静止，一质量为 m 的子弹以水平速度 v_0 垂直于圆盘半径射入圆盘边缘并嵌在盘边上，求圆盘经过多少时间后停止转动（圆盘绕通过 O 点的竖直轴的转动惯量为 $\frac{MR^2}{2}$，忽略子弹重力造成的摩擦阻力矩）。

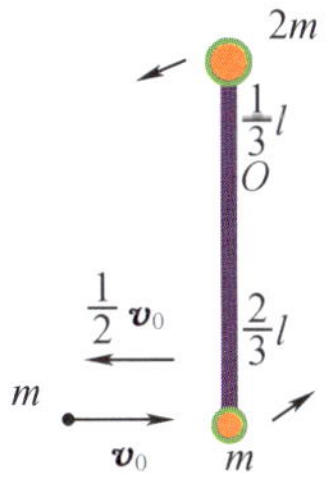

图 1—3—15

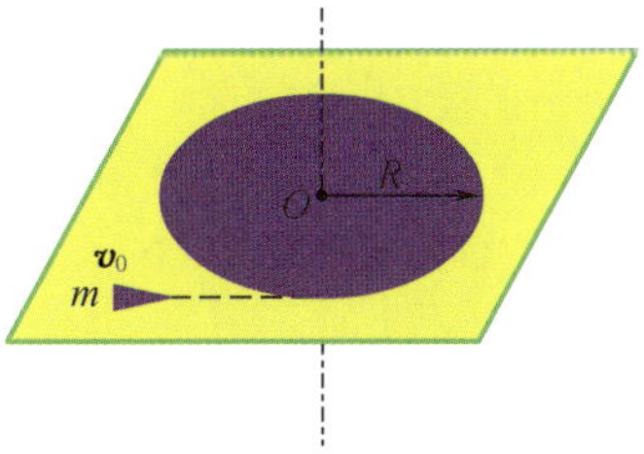

图 1—3—16

同步训练题答案

1. 7.5 s
2. (1)$\omega_1=27$ rad/s；(2)17 s
3. (1)$N_A=0.9P$，$f_A=0.9P$；(2)$d=0.6r$
4. $a=\dfrac{Smg}{\left(m+\dfrac{M}{2}\right)l}$
5. (1)$\alpha=81.7$ rad/s^2，方向垂直纸面向外；
   (2)6.12×10^{-2} m；
   (3)$\omega=10.0$ rad/s，方向垂直纸面向外。
6. $a=\dfrac{2g}{7}$
7. $\dfrac{6v_0}{7L}$
8. $t=2m_2\ \dfrac{v_1+v_2}{\mu m_1 g}$
9. $\omega=\dfrac{3v_0}{2l}$
10. $\Delta t=\dfrac{3mv_0}{2\mu Mg}$

第2篇　振动与波动

第1章 机械振动

知识要点

1.1 简谐振动的描述

1.1.1 简谐振动

简谐振动微分方程： $\frac{d^2x}{dt^2}+\omega^2x=0$， $\omega=\sqrt{\frac{k}{m}}$

弹性力或准弹性力： $F=-kx$

简谐振动的表达式： $x=A\cos(\omega t+\varphi)$

三个特征量：振幅 A，角频率 ω，初相 φ。

1.1.2 描述简谐振动的基本物理量

振幅：简谐振动物体离开平衡位置的最大位移的绝对值，称作振幅，用 A 表示。振幅决定于振动的能量，单位为 m。

周期：物体作一次完全振动所经历的时间叫做振动的周期，用 T 表示，单位为 s。

频率：单位时间内物体所作完全振动的次数叫做频率，用 ν 表示，单位为 Hz。

角频率：物体在单位时间内所作的完全振动次数的 2π 倍叫做角频率，用 ω表示，单位是 rad/s（弧度每秒），决定于振动系统的性质，即

$$\omega=\frac{2\pi}{T}=2\pi\nu$$

相位：$(\omega t+\varphi)$既决定了振动物体在任意时刻相对平衡位置的位移，也决定了它在该时刻的速度。

初相：在 $t=0$ 时刻，振动系统的相位叫做初相，决定于起始时刻的运动状态。

常数 A 和 φ 的确定：$t=0$ 时物体相对平衡位置的位移 x_0 和速度 v_0。

$$A=\sqrt{x_0^2+\frac{v_0^2}{\omega^2}}, \varphi=\arctan\left(-\frac{v_0}{\omega x_0}\right)$$

1.1.3 旋转矢量

旋转矢量：自 Ox 的原点作一矢量 $\boldsymbol{A}$，使它的模等于振动的振幅 A，并使

矢量 $\boldsymbol{A}$ 在 Oxy 平面内绕 O 点作逆时针方向的匀速转动，其角速度与振动的角频率 ω 相等。

同相：当两个振动的相位之差 $\Delta\varphi=2k\pi$（k 为整数）时，称两个振动同相。

反相：当两个振动的相位之差 $\Delta\varphi=(2k+1)\pi$（k 为整数）时，称两个振动反相。

1.1.4 复摆

单摆小角度振动：

$$\frac{d^2\theta}{dt^2}+\frac{g}{l}\theta=0,\omega=\sqrt{\frac{g}{l}},T=2\pi\sqrt{\frac{l}{g}}$$

复摆：
$$\frac{d^2\theta}{dt^2}+\frac{mgl}{J}\theta=0,\omega=\sqrt{\frac{mgl}{J}},T=2\pi\sqrt{\frac{J}{mgl}}$$

1.1.5 简谐振动的能量

简谐振动系统的动能：

$$E_k=\frac{1}{2}mv^2=\frac{1}{2}m\omega^2A^2\sin^2(\omega t+\varphi)$$

简谐振动系统的势能：

$$E_p=\frac{1}{2}kx^2=\frac{1}{2}kA^2\cos^2(\omega t+\varphi)$$

简谐振动系统的总能量：

$$E=E_k+E_p=\frac{1}{2}kA^2$$

1.2 简谐振动的合成

1.2.1 同方向同频率的简谐运动的合成

合振动仍是频率不变的简谐振动，合振动的振幅和初相由两分振动的振幅和初相决定。

合位移：
$$x=A\cos(\omega t+\varphi)$$

其中，$A=\sqrt{A_1^2+A_2^2+2A_1A_2\cos(\varphi_2-\varphi_1)}$，$\tan\varphi=\dfrac{A_1\sin\varphi_1+A_2\sin\varphi_2}{A_1\cos\varphi_1+A_2\cos\varphi_2}$

1.2.2 同方向不同频率的简谐振动的合成

频率较大而频率之差很小的两个同方向简谐振动合成时，其合振动的振幅时而加强时而减弱的现象叫做拍，即

$$|\nu_2-\nu_1|\ll(\nu_2+\nu_1)$$

若 $A_1=A_2$，合振动方程为

$$x=\left(2A_1\cos2\pi\frac{\nu_2-\nu_1}{2}t\right)\cos2\pi\frac{\nu_2+\nu_1}{2}t$$

拍频：合振幅变化的频率，即

$$\nu=\nu_2-\nu_1$$

1.2.3 两个互相垂直的简谐振动的合成

同频率的简谐振动的合成：合成运动的轨迹一般为椭圆，其具体形状等

决定于两分简谐振动的相差和振幅。

不同频率的简谐振动的合成：两个分简谐振动的周期为简单整数比时合运动轨迹为李萨如图。

1.3 阻尼振动 受迫振动 共振

1.3.1 阻尼振动

阻尼振动：由于克服阻力做功，振动系统的振幅随时间而减小的振动叫做阻尼振动。

阻尼振动分类：阻尼振动分为欠阻尼振动、临界阻尼振动和过阻尼振动三种。

1.3.2 受迫振动 共振

受迫振动：振动系统在周期性外力作用下所进行的振动叫做受迫振动。稳态时的振动频率等于周期性外力的频率。

共振：在周期性外力作用下，受迫振动的振幅达到最大值的现象叫做共振。达到共振时的频率叫做共振频率。

书后习题解答

2－1－1 在一轻弹簧下端悬挂 $m_0=100$ g 砝码时，弹簧伸长 8 cm，现在这根弹簧下端悬挂 $m=250$ g 的物体，构成弹簧振子。将物体从平衡位置向下拉动 4 cm，并给以向上的 21 cm/s 的初速度(令这时 $t=0$)，选 x 轴向下，求振动方程的数值式。

解 由题意可知

$$k=\frac{m_0 g}{l}=12.5\ \text{N/m},\quad g=10\ \text{m/s}^2$$

$$\omega=\sqrt{\frac{k}{m}}=\sqrt{50}=7\ \text{rad/s}$$

$$A=\sqrt{x_0^2+\frac{v_0^2}{\omega^2}}=5\times10^{-2}\ \text{m}$$

$$\varphi=\arctan\left(-\frac{v_0}{\omega x_0}\right)=0.64$$

$$x=5\times10^{-2}\cos(7t+0.64)(\text{m})$$

2－1－2 一台摆钟每天快 1 分 27 秒，其等效摆长 $l=0.995$ m，摆锤可上、下移动以调节其周期。假如将此摆当作质量集中在摆锤中心的一个单摆来考虑，则应将摆锤向下移动多少距离，才能使钟走得准确？

解 钟摆周期的相对误差$\frac{\Delta T}{T}$与钟的相对误差$\frac{\Delta t}{t}$相等。

钟摆的周期与单摆的周期等效，即

$$T=2\pi\sqrt{\frac{l}{g}}$$

设重力加速度 g 不变，则

$$2\frac{\mathrm{d}T}{T}=\frac{\mathrm{d}l}{l}$$

$$\Delta l=2l\,\frac{\Delta t}{t}=2\times 0.995\times\frac{87}{24\times 60\times 60}=2\times 10^{-3}\ \text{m}$$

因此，摆锤应向下移 2.00 mm，才能使钟走得准确。

2-1-3　质量 $m=10$ g 的小球与轻弹簧组成的振动系统，按 $x=0.5\cos\left(8\pi t+\frac{\pi}{3}\right)$ 的规律作自由振动，式中 t 以秒作单位，x 以厘米为单位，求：(1)振动的角频率、周期、振幅和初相；(2)振动的速度、加速度的数值表达式；(3)振动的能量 E；(4)平均动能和平均势能。

解　(1)依题意有

$$\omega=8\pi\ \text{rad/s},T=0.25\ \text{s},A=0.5\ \text{cm},\varphi=\frac{\pi}{3}$$

(2)

$$v=-4\pi\times 10^{-2}\sin\left(8\pi t+\frac{\pi}{3}\right)$$

$$a=-32\pi^2\times 10^{-2}\cos\left(8\pi t+\frac{\pi}{3}\right)\ (\text{SI})$$

(3)

$$E=\frac{1}{2}kA^2=7.90\times 10^{-5}\ \text{J}$$

$$\bar{E}_k=\frac{1}{T}\int_0^T E_k\,\mathrm{d}t=\frac{1}{T}\int_0^T\frac{1}{2}mv^2\,\mathrm{d}t=3.95\times 10^{-5}\ \text{J}$$

$$\bar{E}_p=\frac{1}{T}\int_0^T E_p\,\mathrm{d}t=\frac{1}{T}\int_0^T\frac{1}{2}kx^2\,\mathrm{d}t=3.95\times 10^{-5}\ \text{J}$$

2-1-4　一简谐振动的振动曲线如图 2-1-1 所示。求振动方程。

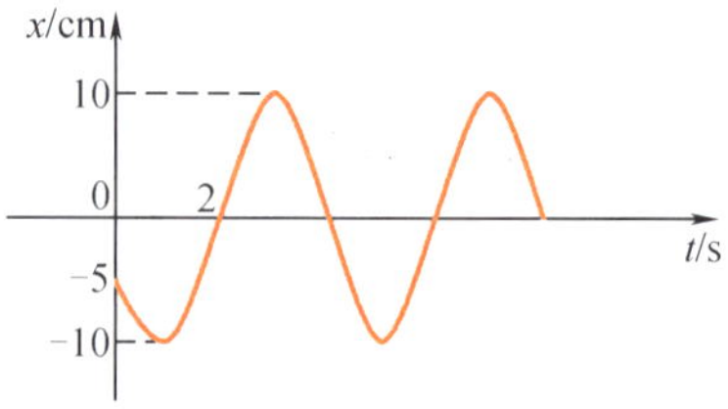

图 2-1-1

解　依题意有

$$A=0.10\ \text{m},\varphi=\frac{2\pi}{3}$$

由旋转矢量可知，在 2 s 内矢量转过的角度为 $\frac{5\pi}{6}$，所以

$$\omega=\frac{5\pi}{12}$$

$$x=0.1\cos\left(\frac{5\pi}{12}t+\frac{2\pi}{3}\right)(\text{m})$$

2-1-5　一定滑轮的半径为 R，转动惯量为 J，其上挂一轻绳，绳的一端系一质量为 m 的物体，另一端与一固定的轻弹簧相连，如图 2-1-2 所示，设弹簧的劲度系数为 k，绳与滑轮间无滑动，且忽略轴的摩擦力及空气阻力，现将物体 m 从平衡位置拉下一微小距离后放手，证明物体作简谐振动，并求出其角频率。

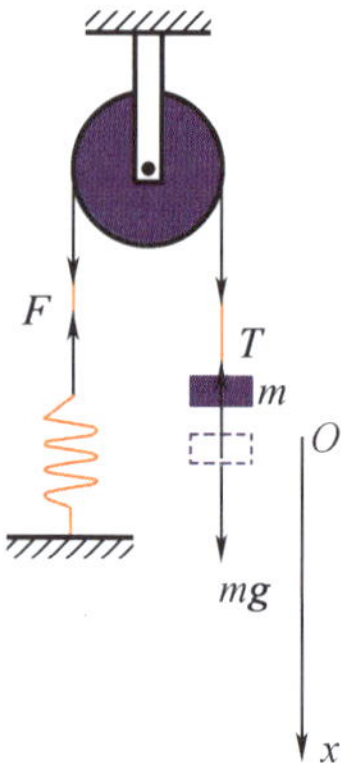

图 2-1-2

证明　平衡位置 $mg=kx_0$，受力分析如图 2-1-2 所示，则

$$mg-T=ma$$
$$(T-F)R=J\alpha$$
$$F=k(x+x_0)$$
$$a=R\alpha$$

解得

$$a=-\frac{kR^2}{mR^2+J}x$$

$$\frac{\mathrm{d}^2x}{\mathrm{d}t^2}+\frac{kR^2}{mR^2+J}x=0$$

物体作简谐振动其角频率为

$$\omega=\sqrt{\frac{kR^2}{mR^2+J}}$$

2-1-6　如图 2-1-3 所示，轻质弹簧的一端固定，另一端系以轻绳，轻绳绕过滑轮连接一质量为 m 的物体，绳在轮上不打滑，使物体上下自由振动。已知弹簧的劲度系数为 k，滑轮的半径为 R，转动惯量 J。(1)证明物体作简谐振动；(2)求物体振动周期；(3)设 $t=0$ 时，弹簧无伸长，物体无初速，写出物体的振动方程。

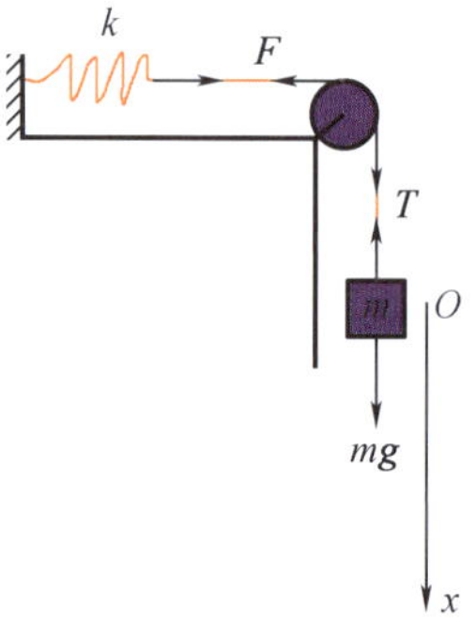

图 2-1-3

解　(1)证明:平衡位置有

$$mg=kx_0$$
$$mg-T=ma$$
$$(T-F)R=J\alpha$$
$$F=k(x+x_0)$$
$$a=R\alpha$$

解得

$$a=-\frac{kR^2}{mR^2+J}x$$
$$\frac{d^2x}{dt^2}+\frac{kR^2}{mR^2+J}x=0$$

物体作简谐振动

(2)由(1)可求振动源频率为

$$\omega=\sqrt{\frac{kR^2}{mR^2+J}}$$

周期为

$$T=\frac{2\pi}{\omega}=2\pi\sqrt{\frac{mR^2+J}{kR^2}}$$

(3)依题意,$t=0$ 时有

$$x_0=-\frac{mg}{k},v_0=0$$

所以

$$A=x_0=\frac{mg}{k},\varphi=\pi$$

振动方程为

$$x=\frac{mg}{k}\cos\left(\sqrt{\frac{kR^2}{mR^2+J}}t+\pi\right)$$

2-1-7　一物体质量为 0.25 kg,在弹性力作用下作简谐振动,弹簧的劲度系数 $k=25$ N/m,如果起始振动时具有势能 0.06 J 和动能 0.02 J,求:(1)振幅;(2)动能恰等于势能时的位移;(3)经过平衡位置时物体的速度。

解　(1)简谐振动机械能守恒,所以

$$E=E_k+E_p=\frac{1}{2}kA^2,\quad A=0.08\ \text{m}$$

(2)依题意,有

$$2\times\frac{1}{2}kx^2=0.08,\quad x=0.057\ \text{m}$$

(3)

$$\frac{1}{2}mv^2=0.08,\quad v=\pm0.8\ \text{m/s}$$

2-1-8　一物体作简谐振动,其速度最大值 $v_m=3$ cm/s,其振幅 $A=2$ cm。若 $t=0$ 时,物体位于平衡位置且向 x 轴的负方向运动。求:(1)振动周期;(2)加速度的最大值;(3)振动方程的表达式。

解　(1)

$$v_m=A\omega,\omega=\frac{3}{2},T=\frac{2\pi}{\omega}=\frac{4\pi}{3}=4.19\ \text{s}$$

(2)

$$a_m=A\omega^2=4.5\times10^{-2}\ \text{m/s}^2$$

(3)由旋转矢量可知　$\varphi=\frac{\pi}{2}$

$$x=0.02\cos\left(1.5t+\frac{\pi}{2}\right)\ (\text{m})$$

2-1-9　一弹簧振子作简谐振动,振幅 $A=0.20$ m。如弹簧的劲度系数 $k=2.0$ N/m,所系物体的质量 $m=0.50$ kg,试求:(1)当动能和势能相等时,物体的位移;(2)设 $t=0$ 时,物体在正最大位移处,达到动能和势能相等时所需时间是多少(在一个周期内)?

解 (1)

$$2\times\frac{1}{2}kx^2=\frac{1}{2}kA^2$$

$$x=0.141\ \text{m}$$

(2)依题意有

$$\omega=\sqrt{\frac{k}{m}}=2,x=0.2\cos 2t(\text{m})$$

动能与势能相等时有

$$x=A\cos 2t=\pm\frac{\sqrt{2}}{2}A$$

$$t=\frac{\pi}{8}\text{s},t=\frac{3\pi}{8}\text{s},t=\frac{5\pi}{8}\text{s},t=\frac{7\pi}{8}\text{s}$$

2—1—10 一质点同时参与两个同方向的简谐振动，其振动方程分别 $x_1=5\times10^{-2}\cos\left(4t+\frac{\pi}{3}\right)$ (SI)，$x_2=3\times10^{-2}\sin\left(4t-\frac{\pi}{6}\right)$ (SI)。试画出两振动的旋转矢量图，并求合振动的振动方程。

解

$$x_1=5\times10^{-2}\cos\left(4t+\frac{\pi}{3}\right)$$

$$x_2=3\times10^{-2}\sin\left(4t-\frac{\pi}{6}\right)=3\times10^{-2}\cos\left(4t-\frac{2\pi}{3}\right)$$

旋转矢量图如图 2—1—4 所示，由图可知

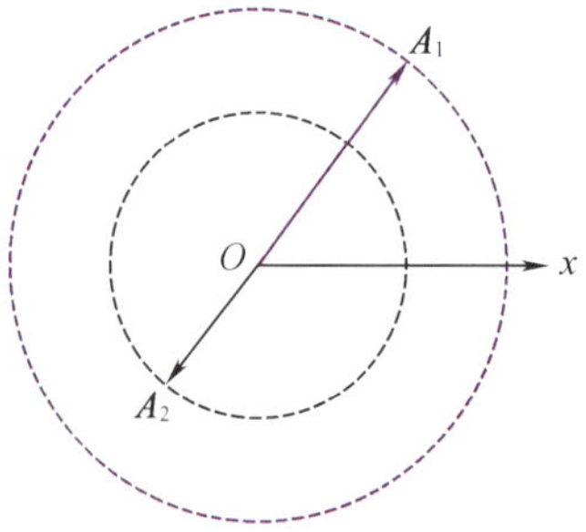

图 2—1—4

$$\varphi=\frac{\pi}{3},A=2\times10^{-2}$$

所以

$$x=2\times10^{-2}\cos\left(4t+\frac{\pi}{3}\right)(\text{m})$$

同步训练题

1. 如图 2—1—5 所示，劲度系数为 k 的弹簧一端固定在墙上，另一端连接一质量为 M 的容器，容器可在光滑水平面上运动。当弹簧未变形时容器位于 O 处，今使容器自 O 点左侧 l_0 处从静止开始运动，每经过 O 点一次时，从上方滴管中滴入一质量为 m 的油滴。求：(1) 容器中滴入 n 滴以后，容器运动到距 O 点的最远距离；(2)容器滴入第$(n+1)$滴与第 n 滴的时间间隔。

2. 如图 2—1—6 所示，有一水平弹簧振子，弹簧的劲度系数 $k=24$ N/m，重物的质量 $m=6$ kg，重物静止在平衡位置上。设以一水平恒力 $F=10$ N 向左作用于物体(不计摩擦)，使之由平衡位置向左运动了 0.05 m 时撤去力 F。当重物运动到左方最远位置时开始计时，求物体的运动方程。

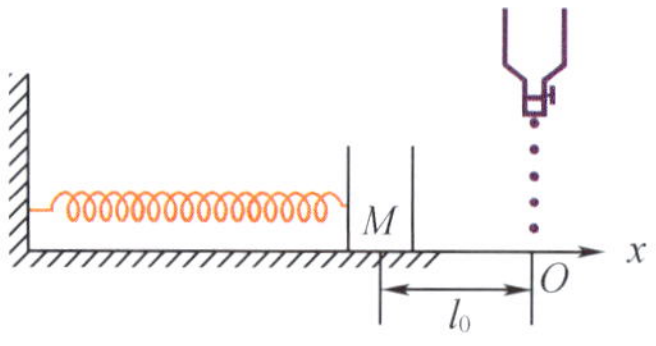

图 2—1—5

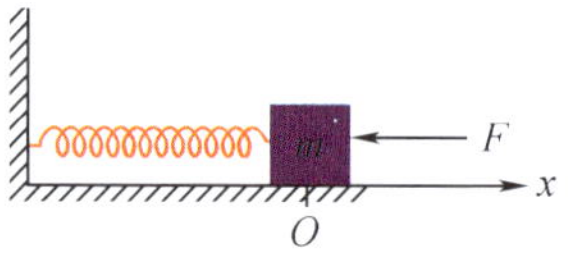

图 2—1—6

3. 在一竖直轻弹簧的下端悬挂一小球，弹簧被拉长 $l_0=1.2$ cm 而平衡。再经拉动后，该小球在竖直方向作振幅为 $A=2$ cm 的振动，(1)试证此振动为简谐振动；(2)选小球在正最大位移处开始计时，写出此振动的数值表达式。

4. 一质量为 0.20 kg 的质点作简谐振动，其振动方程为 $x=0.6\cos\left(5t-\frac{1}{2}\pi\right)$(SI)。求：(1) 质点的初速度；(2) 质点在正向最大位移一半处所受的

力。

5. 一质点作简谐振动，其振动方程为 $x=6.0\times10^{-2}\cos\left(\frac{1}{3}\pi t-\frac{1}{4}\pi\right)$(SI)。求：(1)当 x 值为多大时，系统的势能为总能量的一半；(2)质点从平衡位置移动到上述位置所需最短时间为多少？

6. 一轻弹簧在 60 N 的拉力下伸长 30 cm。现把质量为 4 kg 的物体悬挂在该弹簧的下端并使之静止，再把物体向下拉 10 cm，然后由静止释放并开始计时。求：(1)物体的振动方程；(2)物体在平衡位置上方 5 cm 时弹簧对物体的拉力；(3)物体从第一次越过平衡位置时刻起到它运动到上方 5 cm 处所需要的最短时间。

7. 一木板在水平面上作简谐振动，振幅是 12 cm，在距平衡位置 6 cm 处速率是 24 cm/s。如果一小物块置于振动木板上，由于静摩擦力的作用，小物块和木板一起运动(振动频率不变)，当木板运动到最大位移处时，物块正好开始在木板上滑动，求物块与木板之间的静摩擦系数 μ 为多少？

8. 一质点在 x 轴上作简谐振动，如图 2－1－7 所示。选取该质点向右运动通过 A 点时作为计时起点($t=0$)，经过 2 秒后质点第一次经过 B 点，再经过 2 秒后质点第二次经过 B 点，若已知该质点在 A，B 两点具有相同的速率，且 $\overline{AB}=10$ cm。求：(1) 质点的振动方程；(2)质点在 A 点处的速率。

图 2－1－7

9. 一弹簧振子沿 x 轴作简谐振动(弹簧为原长时振动物体的位置取作 x 轴原点)。已知振动物体最大位移为 $x_{max}=0.4$ m 最大恢复力为 $F_{max}=0.8$ N，最大速度为 $v_{max}=0.8\pi$ m/s，又知 $t=0$ 的初位移为 $+0.2$ m，且初速度与所选 x 轴方向相反。求：(1)振动能量；(2)此振动的振动方程。

10. 两个同方向的简谐振动的振动方程分别为

$$x_1=4\times10^{-2}\cos 2\pi\left(t+\frac{1}{8}\right)\text{(SI)},\quad x_2=3\times10^{-2}\cos 2\pi\left(t+\frac{1}{4}\right)\text{(SI)}$$

求合振动方程。

同步训练题答案

1. (1)$x=\sqrt{\frac{M}{M+nm}}l_0$；(2)$\Delta t_n=\pi\sqrt{\frac{M+nm}{k}}$

2. $x=0.204\cos(2t+\pi)$(SI)

3. $x=2\times10^{-2}\cos(9.1\pi t)$

4. (1)$v_0=3.0$ m/s；(2)$F=-1.5$ N

5. (1)$x=\pm4.24\times10^{-2}$ m；(2)$\Delta t=0.75$ s

6. (1)$x=0.1\cos(7.07t)$(SI)；(2)$N=29.2$ N；(3)0.074 s

7. 0.065 3

8. (1)$x=5\sqrt{2}\times10^{-2}\cos\left(\frac{\pi t}{4}-\frac{3\pi}{4}\right)$；(2)$v=3.93\times10^{-2}$ m/s

9. (1) $E=0.16$ J；(2)$x=0.4\cos\left(2\pi t+\frac{1}{3}\pi\right)$(m)

10. $x=6.48\times10^{-2}\cos(2\pi t+1.12)$(m)

第 2 章 机 械 波

知识要点

2.1 机械波的形成及描述量

2.1.1 机械波的形成

机械波产生的条件:波源和具有相互作用的介质。

2.1.2 横波和纵波

横波:质点振动方向与波的传播方向相互垂直的波。

纵波:质点振动方向与波的传播方向相互平行的波。

2.1.3 波线 波面 波前

波线:沿波的传播方向画出的一些带箭头的线。

波面:不同波线上相位相同的点所连成的曲面。

波前:在某一时刻,由波源最初振动状态传到的各点所连成的曲面。

2.1.4 波长 波的周期和频率 波速

波长、波的周期(或频率)和波速都是描述波动的重要物理量。

波长:沿波传播方向两个相邻的、相位差为 2π 的振动质点之间的距离,即一个完整波形的长度,叫做波长,用 λ 表示。

波的周期:波前进一个波长的距离所需要的时间,用 T 表示。

波的频率:单位时间内波所传播的完整波的数目,用 ν 表示,即

$$\nu=\frac{1}{T}$$

波速:在波动过程中,某一振动状态(即振动相位)在单位时间内所传播的距离,用 u 表示,即

$$u=\frac{\lambda}{T},\quad u=\lambda\nu$$

波速由介质决定,但波的频率是波源振动的频率,却与介质无关。

固体、液体和气体中的波速:固体内横波和纵波的传播速度分别为

$$u=\sqrt{\frac{G}{\rho}}\ (\text{横波}),\quad u=\sqrt{\frac{E}{\rho}}\ (\text{纵波})$$

式中，G、E 和 ρ 分别为固体的切变模量、弹性模量和密度。

液体和气体内纵波的传播速度为

$$u=\sqrt{\frac{K}{\rho}}\text{（纵波）}$$

式中，K 为体积模量。

2.2 平面简谐波的波函数

2.2.1 平面简谐波的波函数

平面简谐波的波函数：

$$y=A\cos\omega\left[\left(t\mp\frac{x}{u}\right)+\varphi\right]=A\cos\left[2\pi\left(\frac{t}{T}\mp\frac{x}{\lambda}\right)+\varphi\right]$$
$$=A\cos(\omega t\mp kx+\varphi)$$

式中，“－”代表右行波；“＋”代表左行波；k 为波数 $k=\frac{2\pi}{\lambda}$。

2.2.2 波函数的物理意义

质元固定：描述给定点的简谐振动，即波动方程兼容振动方程。

时间固定：描述波动传播的各点离开自身平衡位置的位移分布，即波形图。

位置、时间都变：描述波的传播方向的各点位移随时间变化的整体情况，即变化规律。

2.3 波的能量

2.3.1 波动能量的传播

机械波传播过程中，对介质的任一体积元，它的机械能是不守恒的。波动是能量的一种传递方式。

波的能量密度：介质中单位体积中的能量，即

$$w=\rho A^2\omega^2\sin^2\omega\left(t-\frac{x}{u}\right)$$

平均能量密度：介质中任一点处波的能量密度在一个周期内的平均值，即

$$\bar{w}=\frac{1}{2}\rho A^2\omega^2$$

2.3.2 波动的能流 能流密度

能流：单位时间内通过垂直于波传播方向的某一面积的能量，即

$$P=wuS$$

平均能流：
$$\bar{P}=\bar{w}uS$$

能流密度：垂直通过单位面积的平均能流，也称为波的强度，即

$$I=\bar{w}u=\frac{1}{2}\rho A^2\omega^2u$$

2.3.3 声强和声强级

声强:声波的能流密度。

声强级:声强与声强标准比值的常用对数值,即

$$L_I=10\lg\frac{I}{I_0}$$

2.3.4 波的吸收

波在媒质传播时,因其吸收部分能量而使波的振幅减小、波的强度减弱的现象,即

$$A=A_0e^{-\alpha x},I=I_0e^{-2\alpha x}$$

2.4 波的衍射 惠更斯原理

2.4.1 波的衍射

波的衍射:波在传播过程中遇到障碍物时,波前形状发生变化并绕过障碍物边缘传播的现象。

2.4.2 惠更斯原理

惠更斯原理:介质中波动传播到的各点都可以看作是发射子波的波源,而在其后的任意时刻,这些子波的包迹就是新的波面。

2.4.3 波的反射与折射

波的折射定律: $\frac{\sin i}{\sin \gamma}=\frac{u_1}{u_2}=n_{21}$

2.5 波的干涉

2.5.1 波的叠加原理

几列波相遇后,仍然保持它们各自原有的特征(频率、波长、振幅、振动方向等)不变,并按照原来的方向继续前进,好像没有遇到过其他波一样。

在相遇区域内任一点的振动,为各列波单独存在时在该点所引起的振动位移的矢量和。

2.5.2 波的干涉

频率相同、振动方向平行、相位相同或相位差恒定的两列波相遇时,使某些地方振动始终加强,而使另一些地方振动始终减弱的现象叫做波的干涉。

相干条件:(1)频率相同;(2)振动方向平行;(3)相位相同或相位差恒定。

干涉加强条件:

$$\Delta\varphi=\varphi_2-\varphi_1-2\pi\frac{r_2-r_1}{\lambda}=\pm 2k\pi,\quad k=0,1,2,\cdots$$

当两相干波源的初相相同时，上述条件可简化为

$$\delta = r_2 - r_1 = \pm k\lambda, \quad k = 0,1,2,\cdots$$

干涉减弱条件：

$$\Delta\varphi = \varphi_2 - \varphi_1 - 2\pi\frac{r_2 - r_1}{\lambda} = \pm(2k+1)\pi, \quad k = 0,1,2,\cdots$$

当两相干波源的初相相同时，上述条件可简化为

$$\delta = r_2 - r_1 = \pm(2k+1)\frac{\lambda}{2}, \quad k = 0,1,2,\cdots$$

2.6 驻波

两列相位差恒定，频率、振动方向和振幅都相同而传播方向相反的简谐波叠加形成驻波，其表达式为

$$y = 2A\cos\frac{2\pi}{\lambda}x\cos\omega t$$

它实际上是稳定的分段振动，有波节和波腹。

2.7 多普勒效应

如果波源或观察者或两者都相对于介质运动，那么观察者接收到的频率与波源发出的频率就不相同了，这种现象叫做多普勒效应。

2.7.1 波源相对于介质不动，观测者相对于介质以速度 v_d 运动

观测者相对介质以速度 v_d 运动，观测者接收到的频率为

$$\nu' = \frac{u \pm v_d}{u}\nu$$

2.7.2 观测者不动，波源相对于介质以速度 v_s 运动

波源相对介质以速度 v_s 运动，观测者接收到的频率为

$$\nu' = \frac{u}{u \mp v_s}\nu$$

2.7.3 观测者和波源相对于介质同时运动

观察者接收到的频率为

$$\nu' = \frac{u \pm v_d}{u \mp v_s}\nu$$

式中，观察者向着波源运动时，v_d 前取正号，远离时取负号；波源向着观察者运动时，v_s 前取负号，远离时取正号。

书后习题解答

2-2-1　一简谐波沿 x 轴负方向传播，波速为 1 m/s，在 x 轴上某质点的振动频率为 1 Hz，振幅为 0.01 m。$t=0$ 时该质点恰好在正向最大位移处。若以该质点的平衡位置为 x 轴的原点，求此一维简谐波的表达式。

解　依题意有

$$\varphi=0,\quad A=0.01,\quad \nu=1,\quad u=1$$

$$y=0.01\cos(2\pi t+2\pi x)(\mathrm{m})$$

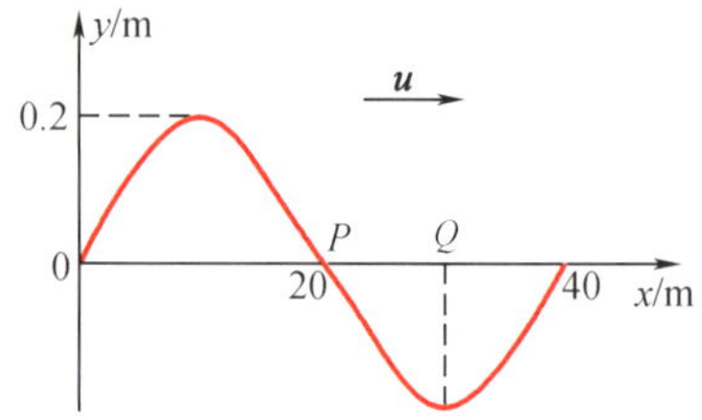

图 2-2-1

2-2-2　如图 2-2-1 所示为一平面简谐波在 $t=0$ 时刻的波形图，已知波速 $u=20$ m/s。试画出 P 处质点与 Q 处质点的振动曲线，然后写出相应的振动方程。

解　依题意有

$$A=0.2\ \mathrm{m},\lambda=40\ \mathrm{m},\varphi=\frac{\pi}{2},T=2\ \mathrm{s}$$

波动方程为

$$y=0.2\cos\left(\pi t-\frac{\pi x}{20}+\frac{\pi}{2}\right)(\mathrm{m})$$

P 点振动方程为

$$y_P=0.2\cos\left(\pi t-\frac{\pi}{2}\right)(\mathrm{m})$$

Q 点振动方程为

$$y_Q=0.2\cos(\pi t-\pi)(\mathrm{m})$$

P，Q 两点的振动曲线为

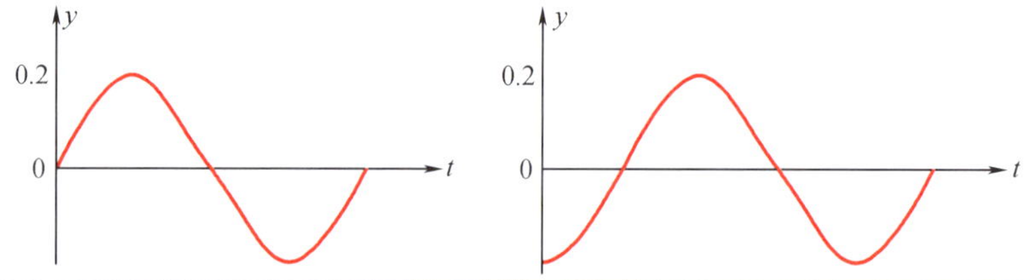

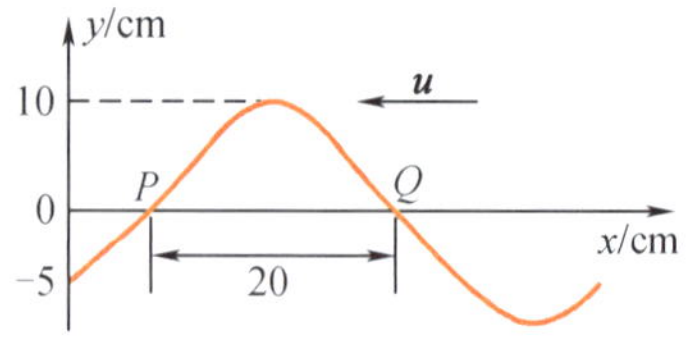

图 2-2-2

2-2-3　已知一沿 x 轴负方向传播的平面余弦波，在 $t=\frac{1}{3}$ s 时的波形如图 2-2-2 所示，且周期 $T=2$ s。(1)写出 O 点的振动方程；(2)写出该波的波动方程；(3)写出 Q 点的振动方程；(4)Q 点离 O 点的距离多大？

解　依题意有

$$\lambda=0.4\ \mathrm{m},A=0.1\ \mathrm{m}$$

(1)设 O 点振动方程为 $y_O=0.1\cos(\pi t+\varphi_O)$，则 $t=\frac{1}{3}$ s 时有

$$\cos\left(\frac{\pi}{3}+\varphi_O\right)=-\frac{1}{2}$$

利用旋转矢量可知

$$\frac{\pi}{3}+\varphi_O=-\frac{2\pi}{3}$$

所以

$$\varphi_O=-\pi$$

O 点振动方程为

$$y_O=0.1\cos(\pi t-\pi)(\mathrm{m})$$

(2)依题意该波波动方程为

$$y=0.1\cos(\pi t+5\pi x-\pi)(\mathrm{m})$$

(3)设 Q 点振动方程为 $y_Q=0.1\cos(\pi t+\varphi_Q)$，则 $t=\dfrac{1}{3}$ s 时有

$$\cos\left(\frac{\pi t}{3}+\varphi_Q\right)=0$$

利用旋转矢量可知

$$\frac{\pi}{3}+\varphi_O=\frac{\pi}{2}$$

所以

$$\varphi_Q=\frac{\pi}{6}$$

Q 点振动方程为　　$y_Q=0.1\cos\left(\pi t+\dfrac{\pi}{6}\right)$(m)

由波动方程可知 $t=0$ 时有

$$5\pi x-\pi=\frac{\pi}{6}$$

$$x=0.233\ \text{m}$$

2-2-4　一平面简谐纵波沿着线圈弹簧传播，设波沿着 x 轴正向传播，弹簧中某圈的最大位移为 3.0 cm，振动频率为 25 Hz，弹簧中相邻两疏部中心的距离为 24 cm，当 $t=0$ 时，在 $x=0$ 处质元的位移为零并向 x 轴正向运动。试写出该波的波动方程。

解　依题意有

$$A=0.03\ \text{m},\nu=25\ \text{Hz},\lambda=0.24\ \text{m},\varphi=\frac{3\pi}{2}$$

波动方程为

$$y=0.03\cos\left(50\pi t-\frac{25\pi x}{3}+\frac{3\pi}{2}\right)(\text{m})$$

2-2-5　一振幅为 10 cm，波长为 200 cm 的一维余弦波。沿 x 轴正方向传播，波速为 100 cm/s，在 $t=0$ 时原点处质点开始从平衡位置沿正位移方向运动。求：(1)原点处质点的振动方程；(2)在 $x=150$ cm 处质点的振动方程。

解　依题意有

$$A=0.01\ \text{m},T=2\ \text{s},\lambda=2\ \text{m},\varphi=\frac{3\pi}{2}$$

波动方程为

$$y=0.01\cos\left(\pi t-\pi x+\frac{3\pi}{2}\right)(\text{m})$$

(1)　　$y=0.01\cos\left(\pi t+\dfrac{3\pi}{2}\right)$(m)

(2)　　$y=0.01\cos(\pi t)$(m)

2-2-6　一弹性波在介质中以速度 $u=10^3$ m/s 传播，振幅 $A=1.0\times10^{-4}$ m，频率 $\nu=10^3$ Hz，若介质的密度为 800 kg/m^3。求：(1)该波的平均能流密度；(2)1 min 内垂直通过面积 $S=4\times10^{-4}$ m^2 的总能量。

解　(1)　　$I=\dfrac{1}{2}\rho A^2\omega^2 u=1.58\times10^5\ \text{J/m}^2\text{s}$

(2)　　$E=ISt=3.79\times10^3$ J

2-2-7　如图 2-2-3 所示，两列平面简谐相干横波，在两种不同的媒质中传播，在分界面上的 P 点相遇。频率 $\nu=100$ Hz，振幅 $A_1=A_2=1.00\times10^{-3}$ m，S_1 的位相比 S_2 的位相超前 $\dfrac{\pi}{2}$，在媒质 1 中波速 $u_1=400$ m/s，在媒质 2 中的波速 $u_2=500$ m/s，$S_1P=r_1=4.00$ m，$S_2P=r_2=3.75$ m，求 P 点的合振幅。

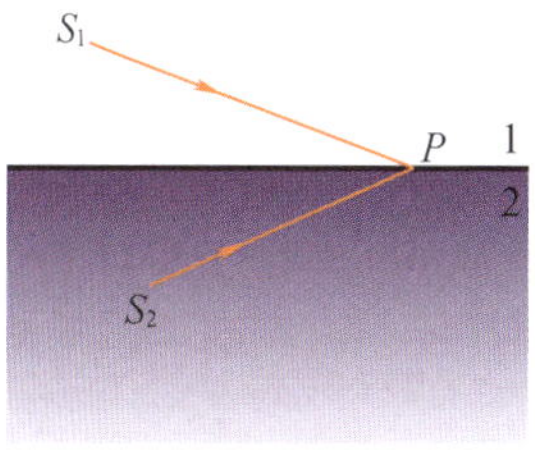

图 2-2-3

解　　$A=\sqrt{A_1^2+A_2^2+2A_1A_2\cos\Delta\varphi}$

$$\Delta\varphi=\varphi_2-\varphi_1-2\pi\nu\left(\frac{r_2}{u_2}-\frac{r_1}{u_1}\right)$$

所以
$$A=2.00\times10^{-3}\ \text{m}$$

2-2-8 如图 2-2-4(a)所示，原点 O 是波源，振动方向垂直于纸面，波长是 λ，AB 为波的反射平面，反射时无相位突变。O 点位于 A 点的正上方，$\overline{AO}=h$，Ox 轴平行于 AB。求 Ox 轴上干涉加强点的坐标(限于 $x\geqslant0$)。

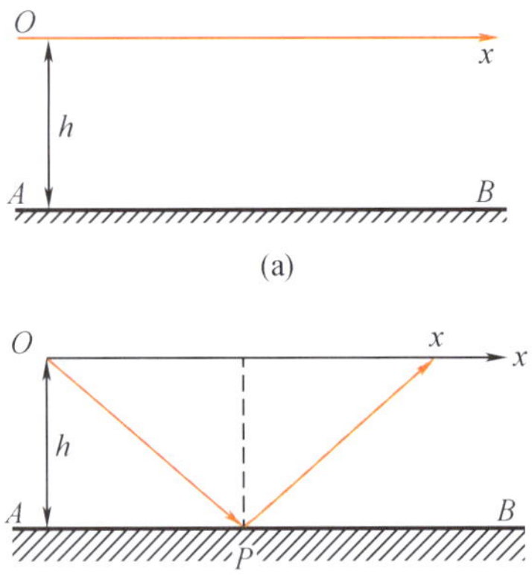

图 2-2-4

解 如图 2-2-4(b)所示，由干涉加强的条件得

$$\delta=2\sqrt{\left(\frac{x}{2}\right)^2+h^2}-x=k\lambda,\quad k=1,2\cdots$$

$$x=\frac{4h^2-k^2\lambda^2}{2k\lambda},\quad k=1,2,\cdots<\frac{2h}{\lambda}$$

2-2-9 在绳上传播的入射波方程为 $y_1=A\cos\left(\omega t+\frac{2\pi x}{\lambda}\right)$，入射波在 $x=0$ 处绳端反射，反射端为固定端，设反射波不衰减，求驻波方程。

解 依题意，反射波动方程为

$$y_2=A\cos\left(\omega t-\frac{2\pi x}{\lambda}+\pi\right)$$

驻波方程为

$$y=y_1+y_2=2A\cos\left(\frac{2\pi x}{\lambda}-\frac{\pi}{2}\right)\cos\left(\omega t+\frac{\pi}{2}\right)$$

2-2-10 如图 2-2-5 所示，一平面简谐波沿 x 轴正方向传播，BC 为波密媒质的反射面。波由 P 点反射，$\overline{OP}=\frac{3\lambda}{4}$，$\overline{DP}=\frac{\lambda}{6}$。在 $t=0$ 时，O 处质点的合振动是经过平衡位置向负方向运动。求 D 点处入射波与反射波的合振动方程(设入射波和反射波的振幅皆为 A，频率为 ν)。

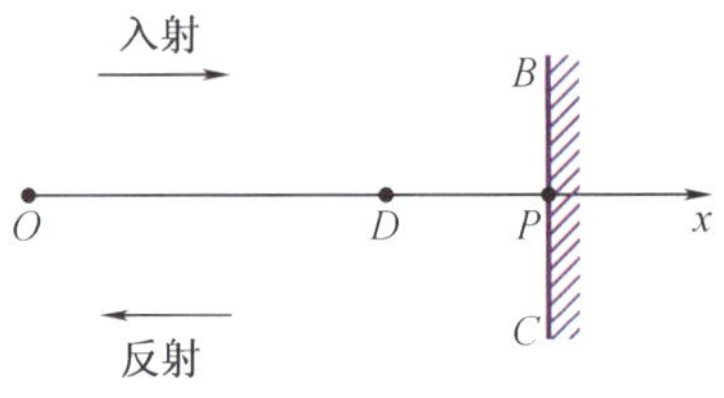

图 2-2-5

解 入射波动方程为

$$y_1=A\cos\left(2\pi\nu t-\frac{2\pi x}{\lambda}+\varphi_0\right)$$

反射波动方程为

$$y_2=A\cos\left[2\pi\nu t+\varphi_0-\frac{2\pi}{\lambda}\overline{OP}+\pi-\frac{2\pi}{\lambda}(\overline{OP}-x)\right]$$
$$=A\cos\left(2\pi\nu t+\frac{2\pi x}{\lambda}+\varphi_0\right)$$

合振动方程为

$$y=y_1+y_2=2A\cos\frac{2\pi x}{\lambda}\cos(2\pi\nu t+\varphi_0)$$

依题意有

$$t=0\ 时，y=0，\frac{\mathrm{d}y}{\mathrm{d}t}<0$$

所以

$$\varphi_0=\frac{\pi}{2}$$

合振动方程为

$$y=2A\cos\frac{2\pi x}{\lambda}\cos\left(2\pi\nu t+\frac{\pi}{2}\right)$$

当 $\overline{DP}=\frac{\lambda}{6}$ 时，$x=\overline{OP}-\overline{DP}=\frac{7\lambda}{12}$，代入合振动方程有

$$y=-\sqrt{3}A\cos\left(2\pi\nu t+\frac{\pi}{2}\right)$$

同步训练题

1. 已知一平面简谐波的表达式为 $y=A\cos\pi(4t+2x)$(SI)。(1) 求该波的波长 λ、频率 ν 和波速 u 的值;(2) 写出 $t=4.2$ s 时刻各波峰位置的坐标表达式,并求出此时离坐标原点最近的那个波峰的位置;(3) 求 $t=4.2$ s 时离坐标原点最近的那个波峰通过坐标原点的时刻 t。

2. 一横波沿绳子传播,其波的表达式为 $y=0.05\cos(100\pi t-2\pi x)$(SI)。求:(1)此波的振幅、波速、频率和波长;(2)绳子上各质点的最大振动速度和最大振动加速度;(3)$x_1=0.2$ m 处和 $x_2=0.7$ m 处二质点振动的相位差。

3. 一波长为 λ 的简谐波沿 Ox 轴正方向传播,在 $x=\frac{1}{2}\lambda$ 的 P 处质点的振动方程是 $y_P=\left(\frac{\sqrt{3}}{2}\sin\omega t-\frac{1}{2}\cos\omega t\right)\times10^{-2}$(SI)。求该简谐波的表达式。

4. 如图 2-2-6 所示,一平面波在介质中以波速 $u=20$ m/s 沿 x 轴负方向传播,已知 A 点的振动方程为 $y=3\times10^{-2}\cos 4\pi t$(SI)。(1) 以 A 点为坐标原点,写出波的表达式;(2) 以距 A 点 5 m 处的 B 点为坐标原点,写出波的表达式。

5. 如图 2-2-7 所示,一平面简谐波沿 Ox 轴的负方向传播,波速大小为 u,若 P 处介质质点的振动方程为 $y_P=A\cos(\omega t+\varphi)$,求:(1) O 处质点的振动方程;(2) 该波的波动表达式;(3) 与 P 处质点振动状态相同的那些点的位置。

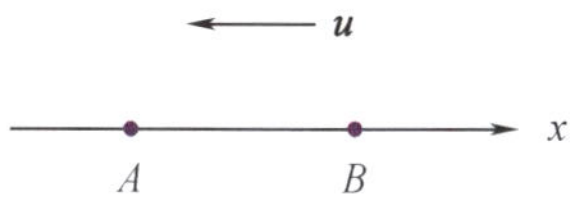

图 2-2-6

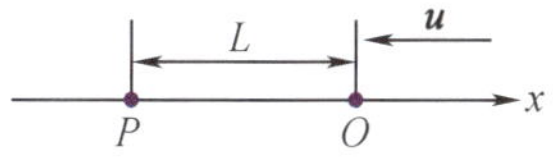

图 2-2-7

6. 如图 2-2-8 所示一平面简谐波在 $t=0$ 时刻的波形图,波的传播速度为 0.08 m/s。求:(1) 该波的波动表达式;(2) P 处质点的振动方程。

7. 如图 2-2-9 所示,两相干波源在 x 轴上的位置为 S_1 和 S_2,其间距为 $d=30$ m,S_1 位于坐标原点 O。设波只沿 x 轴正方向传播,单独传播时强度保持不变。$x_1=9$ m 和 $x_2=12$ m 处的两点是相邻的两个因干涉而静止的点。求两波的波长和两波源间最小相位差。

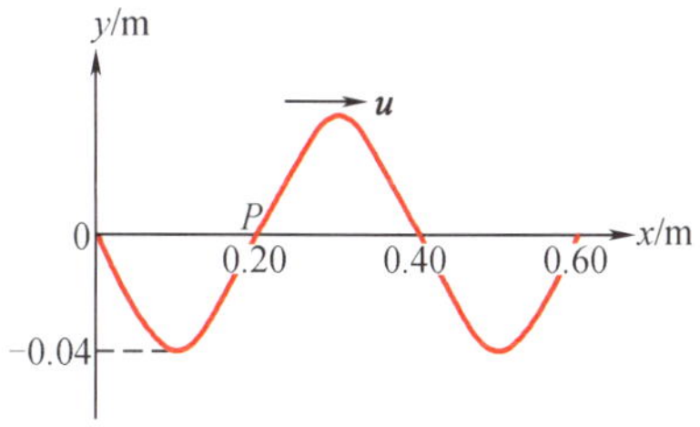

图 2-2-8

图 2-2-9

8. 如图 2-2-10 所示,S_1,S_2 为两平面简谐波相干波源。S_2 的相位比 S_1 的相位超前$\frac{\pi}{4}$,波长 $\lambda=8.00$ m,$r_1=12.0$ m,$r_2=14.0$ m,S_1 在 P 点引起的振动振幅为 0.30 m,S_2 在 P 点引起的振动振幅为 0.20 m,求 P 点的合振幅。

9. 一平面简谐波沿 Ox 轴正方向传播,波的表达式为 $y=A\cos 2\pi\left(\nu t-\frac{x}{\lambda}\right)$,

而另一平面简谐波沿 Ox 轴负方向传播，波的表达式为 $y=2A\cos 2\pi\left(\nu t+\frac{x}{\lambda}\right)$。求：(1)$x=\frac{\lambda}{4}$ 处介质质点的合振动方程；(2)$x=\frac{\lambda}{4}$ 处介质质点的速度表达式。

10. 如图 2-2-11 所示，两列波长均为 λ 的相干简谐波分别通过图中的 O_1 和 O_2 点，通过 O_1 点的简谐波在 M_1M_2 平面反射后，与通过 O_2 点的简谐波在 P 点相遇。假定波在 M_1 M_2 平面反射时有相位突变 π。O_1 和 O_2 两点的振动方程为 $y_{10}=A\cos(\pi t)$ 和 $y_{20}=A\cos(\pi t)$，且 $\overline{O_1 m}+\overline{mP}=8\lambda$，$\overline{O_2 P}=3\lambda$（$\lambda$ 为波长），求：(1)两列波分别在 P 点引起的振动的方程；(2)P 点的合振动方程（假定两列波在传播或反射过程中均不衰减）。

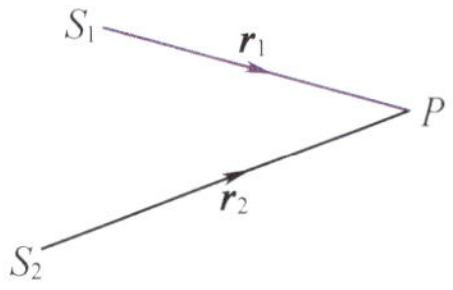

图 2-2-10

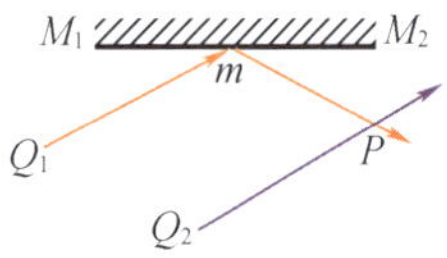

图 2-2-11

同步训练题答案

1. (1)$\lambda=1$，$\nu=2$ Hz，$u=2$ m/s；
 (2)$x=k-8.4$，$k=0,\pm1,\pm2,\cdots$；$x=-0.4$；(3)$t=4$ s

2. (1)$A=0.05$ m，$\nu=50$ Hz，$\lambda=1.0$ m，$u=\lambda\nu=50$ m/s；
 (2)$v_{max}=15.7$ m/s，$a_{max}=4.93\times10^3$ m/s^2；
 (3)$\Delta\varphi=\pi$，二振动反相

3. $y=1\times10^{-2}\cos\left(\omega t+\frac{4}{3}\pi-2\pi\frac{x-\frac{\lambda}{2}}{\lambda}\right)=1\times10^{-2}\cos\left(\omega t-2\pi\frac{x}{\lambda}+\frac{1}{3}\pi\right)$

4. (1)$y=3\times10^{-2}\cos 4\pi\left(t+\frac{x}{20}\right)$(SI)；
 (2)$y=3\times10^{-2}\cos\left[4\pi\left(t+\frac{x}{20}\right)-\pi\right]$(SI)

5. (1)$y_0=A\cos\left[\omega\left(t+\frac{L}{u}\right)+\varphi\right]$；
 (2)$y=A\cos\left[\omega\left(t+\frac{x+L}{u}\right)+\varphi\right]$；
 (3)$x=-L\pm k\frac{2\pi u}{\omega}$，$k=1,2,3,\cdots$

6. (1)$y=0.04\cos\left[2\pi\left(\frac{t}{5}-\frac{x}{0.4}\right)-\frac{\pi}{2}\right]$(SI)；
 (2)$y_P=0.04\cos\left(0.4\pi t-\frac{3\pi}{2}\right)$(SI)

7. $\lambda=6$ m，$\varphi_2-\varphi_1=\pm\pi$

8. $A=0.464$ m

9. (1)$y=A\cos\left(2\pi\nu t+\frac{1}{2}\pi\right)$；(2)$v=\frac{dy}{dt}=-2\pi\nu A\sin\left(2\pi\nu t+\frac{1}{2}\pi\right)$

10. (1)$y_1=A\cos(\pi t-\pi)$，$y_2=A\cos(\pi t)$；(2)$y=0$

第3篇 光 学

第1章　几何光学

知识要点

1.1　光线

光线表示光的传播方向，它是描述光传播的一个抽象的概念。

1.2　光的反射、折射和全反射

1.2.1　光的反射

反射定律(如图 3—1—1 所示)：

$$\theta_i = \theta_r$$

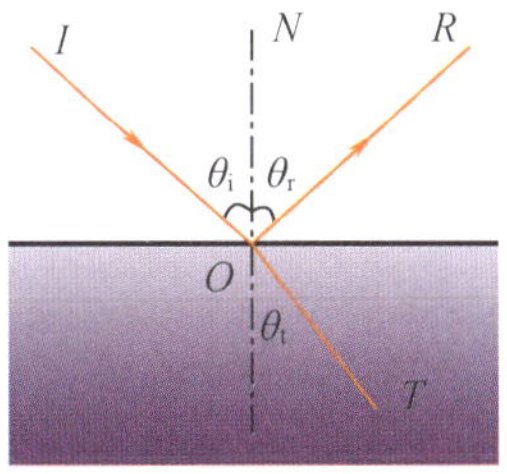

图 3—1—1

1.2.2　光的折射

折射定律(如图 3—1—2 所示)：

$$n_1 \sin\theta_1 = n_2 \sin\theta_2$$

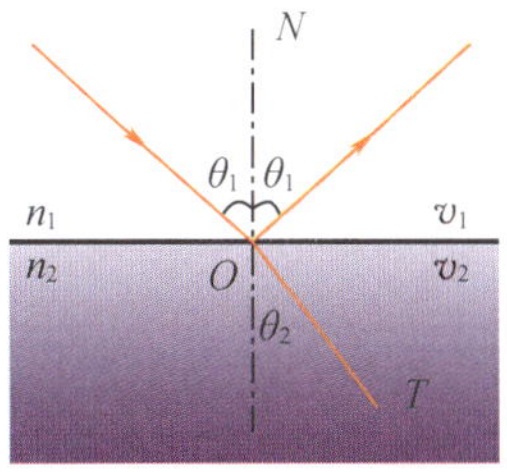

图 3—1—2

1.2.3　光的全反射

临界角(如图 3—1—3 所示)：

$$\theta_c = \arcsin\frac{n_2}{n_1}$$

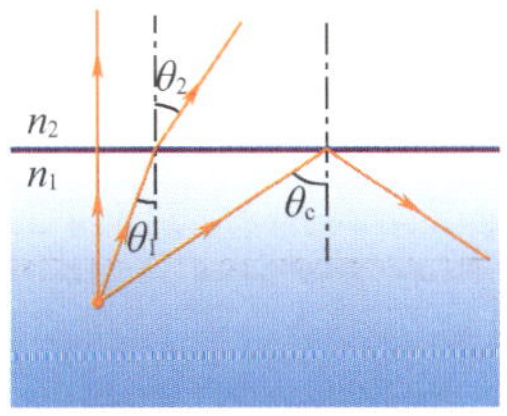

图 3—1—3

1.3　球面反射镜

球面镜焦距公式：　$f = \dfrac{r}{2}$

球面镜公式：　$\dfrac{1}{s} + \dfrac{1}{s'} = \dfrac{1}{f}$

1.4 薄透镜的成像

1.4.1 薄透镜的焦距

薄透镜焦距公式： $\dfrac{n_1}{f}=(n_L-n_1)\left(\dfrac{1}{r_1}+\dfrac{1}{r_2}\right)$

1.4.2 薄透镜的成像

薄透镜公式： $\dfrac{1}{s}+\dfrac{1}{s'}=\dfrac{1}{f}$

1.5 眼　睛

1.5.1 人眼的结构

人眼的结构由眼球壁，眼内腔和内容物，视神经、视路，眼附属器组成。

1.5.2 人眼的光学特性

一般我们用人眼焦距的倒数来标示近视镜，称为视度，单位为屈光度(D)，1 D=1 m^{-1}。通常医院和眼镜店用 1 D 的百分之一作为眼镜的度数。

1.6 助视光学仪器

1.6.1 显微镜

放大率；数值孔径

1.6.2 望远镜

视角放大率： $M=-\dfrac{f_o}{f_e}$

书后习题解答

3—1—1　在 6 cm 焦距的凸透镜前放置一个小物体，如果需要成像于 1 m至无穷远，则物体应放在透镜前多远的距离？

解

$$\frac{1}{s}+\frac{1}{s'}=\frac{1}{f}$$

其中 $f=6$ cm，$s'=100$ cm 和∞，代入上式得

$$s=6.383\ \text{cm}\ 和\ s=6\ \text{cm}$$

故物体应放在透镜前 6 cm 到 6.383 cm 之间。

3－1－2 用一个曲率半径为20 cm的球面玻璃和一个平板玻璃粘合成空气透镜，放置于水中(如图3－1－4所示)，求：此透镜的水中焦距，并分析这是会聚透镜还是发散透镜。忽略玻璃的厚度，空气和水的折射率分别为1和$\frac{4}{3}$。

图3－1－4

解 $$\frac{1}{f}=(n_L-n)\left(\frac{1}{r_1}+\frac{1}{r_2}\right)$$

其中，$r_1=\infty$，$r_2=20$ cm，$n_L=1$，$n=\frac{4}{3}$，代入上式得

$$f=-60\ \text{cm}<0$$

故这是发散透镜。

3－1－3 屏幕放在距物体120 cm处，二者之间放置一个凸透镜。前后移动凸透镜可以发现两个位置可以使物体成像在屏幕上，且二者之间距离为30 cm，求透镜的焦距及两次成像时的物距，并求两次成像的横向放大率及两个放大率的乘积。

解 两次成像均满足薄透镜公式

$$\frac{1}{s}+\frac{1}{s'}=\frac{1}{f}$$

且 $$s+s'=120\ \text{cm}$$

这两个方程等价于一个一元二次方程，即

$$x^2-120x+120f=0$$

方程的两个解既是某一次成像的物距和像距，又是两次成像的物距或两次成像的像距，体现了物像关系的共轭性，则

$$|s'-s|=30\ \text{cm}$$

所以两次成像的物像距分别为

$$s_1=90\ \text{cm},s_1'=30\ \text{cm}$$

或 $$s_2=30\ \text{cm},s_2'=90\ \text{cm}$$

故焦距为 $$f=\frac{ss'}{120}=22.5\ \text{cm}$$

而横向放大率分别为

$$M_1=\frac{s_1'}{s_1}=\frac{1}{3}\text{和}M_2=\frac{s_2'}{s_2}=3$$

故它们之积总为1。

3－1－4 物体位于一薄透镜左侧，其像位于薄透镜右侧30.0 cm的屏幕上。现将透镜向右移动6.00 cm，然后再将屏幕左移6.00 cm，这时又能在屏幕上看到清晰的像。求薄透镜的焦距。

解 设第一次成像时物距为s，根据题意有

$$\frac{1}{s}+\frac{1}{30}=\frac{1}{f}$$

$$\frac{1}{s+6}+\frac{1}{30-12}=\frac{1}{f}$$

解得 $$s=13.70\ \text{cm}$$

或 $$s=-19.70\ \text{cm(舍去)}$$

代入得

$$f=9.41\ \text{cm}$$

3－1－5 数码相机一般具有近拍挡，若不用近拍挡某相机只能拍摄1 m以外的物体，使用近拍挡后，可以拍摄10 cm的物体，请问应该在原镜头前放置一个什么样的近拍镜来实现这一目的(设近拍镜和原镜头密接)？

解 将原镜头密接一个正透镜，这个正透镜能将物方 10 cm 处的物体成像在像方 −1 m 处，即可实现近拍。正透镜的焦距计算公式为

$$\frac{1}{s}+\frac{1}{s'}=\frac{1}{f}$$

则

$$\frac{1}{10}+\frac{1}{-100}=\frac{1}{f}$$

$$f=11.1\ \text{cm}$$

3−1−6 伽利略望远镜是由一块凸透镜和一块凹透镜组合而成，请画出该望远镜的光路图，并分析其成像及放大原理。

解 如图 3−1−5 所示，一无穷远点光源发出一束平行光(实线)，照射到凸透镜上形成汇聚光，指向副焦点 F。由于 F 也是凹透镜的副焦点，故过凹透镜后形成平行光出射，即望远镜把无穷远的物点在无穷远处成一虚像。但这两个无穷远点对眼睛的视角是不同的，实物对眼睛的张角为实线与光轴的夹角，而虚像对眼睛的张角为虚线与光轴的夹角，即视觉放大率为

$$M=\frac{\tan\varphi_o}{\tan\varphi_e}=\frac{f_o}{f_e}$$

式中，φ_e 指用眼睛直接观察时的视角，φ_o 指用望远镜观察时眼睛的视角，f_o 指物镜(凸透镜)的焦距，而 f_e 指目镜(凹透镜)焦距。

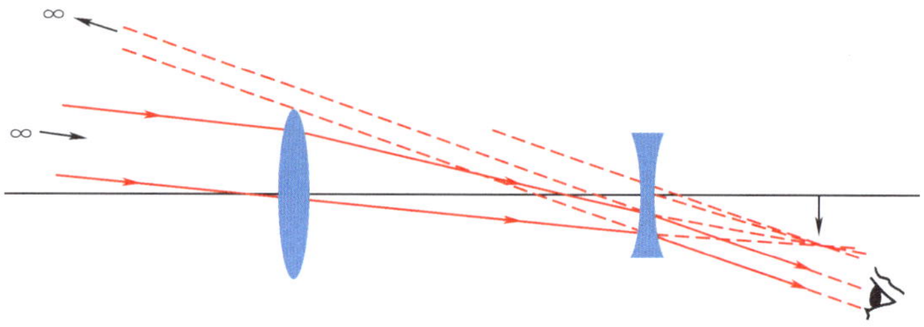

图 3−1−5 伽利略望远镜的成像过程

同步训练题

1. 一同学患有近视，仅能看清前方 25 cm 的物体，若要矫正为正常视力，应佩戴凸透镜还是凹透镜，佩戴的近视镜为多少度？

2. 随着年龄的增长，40 岁以后随着人眼的晶状体逐渐纤维硬化，睫状肌逐渐麻痹，人眼的近点距离由明视距离(25 cm)逐渐增加。若一 60 岁的老年人佩戴 300 度的老花镜才能在明视距离下阅读，则不戴花镜情况下，他需要在多远的距离下阅读？

同步训练题答案

1. 凹透镜，400 度
2. 1 m

第 2 章　光的干涉

知识要点

2.1 光程

光程：折射率 n 和几何路程 L 的乘积 nL 叫做光程，用 Δ 表示，即

$$\Delta=nL$$

光程差：两相干光源到相遇点的光程的差值，称为光程差，即

$$\delta=\Delta_2-\Delta_1$$

透镜不引起附加光程差。光程差和相位差的关系为

$$\Delta\varphi=2\pi\frac{\delta}{\lambda}$$

2.2 光的干涉现象

相干光：若两束光的光矢量满足相干条件，则它们是相干光，相应的光源叫相干光源。

获得相干光的方法：分波阵面法和分振幅法。

2.3 两单色光波的干涉

2.3.1　杨氏双缝干涉

用分波阵面法产生两个相干光源。干涉条纹是等间距、明暗相间的直线条纹。

2.3.2　屏上明暗条纹的位置

明纹位置：　$x_k=\pm k\frac{D\lambda}{nd}$，　$k=0,1,2,\cdots$

暗纹位置：　$x_k=\pm\left(k-\frac{1}{2}\right)\frac{D\lambda}{nd}$，　$k=1,2,\cdots$

条纹间距：

$$\Delta x=\frac{D\lambda}{nd}$$

2.4 分波阵面的双光束干涉

2.4.1 菲涅耳双面镜实验

菲涅耳双面镜由两块彼此夹角很小的反射镜组成，由点光原发出的光经双面镜反射而被分割成两束相干光所形成的干涉。

2.4.2 菲涅耳双棱镜实验

菲涅耳双棱镜由两相同的棱镜组成。由点光源发出的光经双棱镜折射后分成两束光相互叠加而产生的干涉。

2.4.3 劳埃德镜实验

半波损失：当光从折射率小的光疏介质射入折射率大的光密介质时，反射光有半波损失。

2.5 分振幅的双光束干涉

2.5.1 薄膜干涉

入射光在薄膜表面上由于反射和折射而“分振幅”，在上、下表面反射的光为相干光。

薄膜干涉基本公式：

$$\Delta=2e\sqrt{n_2^2-n_1^2\sin^2 i}$$

2.5.2 薄膜干涉中的半波损失

有半波损失的干涉条件：

$$\Delta=2e\sqrt{n_2^2-n_1^2\sin^2 i}+\frac{\lambda}{2}=\begin{cases}k\lambda, & k=1,2,\cdots \quad (\text{加强})\\(2k+1)\dfrac{\lambda}{2}, & k=0,1,2,\cdots \quad (\text{减弱})\end{cases}$$

2.5.3 等倾干涉条纹

若薄膜厚度 e 是绝对均匀的，凡入射角相同的光就形成同一级干涉条纹，通常把这种干涉条纹称为等倾干涉条纹。该条纹是明暗相间不等间距的同心圆环。

2.5.4 等厚干涉

1. 牛顿环

明环半径：
$$r=\sqrt{\left(k-\frac{1}{2}\right)R\lambda},\quad k=1,2,\cdots$$

暗环半径：
$$r=\sqrt{kR\lambda},\quad k=0,1,2,\cdots$$

牛顿环干涉条纹：以接触点为圆心明暗相间不等间距的圆环。

2. 劈尖干涉

劈尖反射光干涉极大(明纹)的条件：

$$2ne+\frac{\lambda}{2}=k\lambda,\quad k=1,2,3,\cdots$$

劈尖反射光干涉极小(暗纹)的条件：

$$2ne+\frac{\lambda}{2}=(2k+1)\frac{\lambda}{2},\quad k=0,1,2,3,\cdots$$

两相邻明纹(或暗纹)处劈尖的厚度差：

$$e_{k+1}-e_k=\frac{\lambda}{2n}$$

劈尖干涉条纹：平行于棱边明暗相间等间距的直条纹。

2.6 平行平板的多光束干涉

2.6.1 多光束干涉的强度分布

反射光强度：
$$I=\frac{4R\sin^2\varphi}{(1-R)^2+4R\sin^2\frac{\varphi}{2}}I_0$$

透射光强度：
$$I=\frac{(1-R)^2}{(1-R)^2+4R\sin^2\frac{\varphi}{2}}I_0$$

2.6.2 干涉图样的特点

1. 平行平板的多光束干涉属于等倾干涉。当透镜的光轴垂直于平板时，条纹是一组同心圆环。

2. 反射率越高，干涉条纹越细锐。

2.7 干涉仪

2.7.1 迈克尔逊干涉仪

利用分振幅法使两个相互垂直的平面镜形成一等效的空气薄膜。

2.7.2 法布里一珀罗干涉仪

利用分振幅法使两个相互平行的高反射率平面镜形成一等效的空气薄膜。

书后习题解答

3-2-1　在杨氏双缝实验中，设两缝之间的距离为 0.2 mm，在距双缝 1 m 远的屏上观察干涉条纹，若入射光是波长为 400 nm 至 760 nm 的白光，问屏上离零级明纹 20 mm 处，哪些波长的光最大限度地加强？

解 由杨氏双缝干涉公式有

$$x_k = k\frac{D}{d}\lambda$$

得

$$k = \frac{x_k d}{\lambda D}$$

式中，$x_k=20$ mm，$d=0.2$ mm，$D=1$ m；$\lambda=0.4$ μm～0.76 μm，故

$$k=5.26 \sim 10$$

由于 k 只能取整数，故 $k=6,7,8,9,10$。

又由

$$\lambda = \frac{x_k d}{kD}$$

得 $\lambda_{k=6}=667$ nm，$\lambda_{k=7}=571$ nm，$\lambda_{k=8}=500$ nm，$\lambda_{k=9}=444$ nm，$\lambda_{k=10}=400$ nm。它们分别是 $k=6,7,8,9,10$ 级明纹。

3-2-2 白色平行光垂直入射到间距为 $a=0.25$ mm 的双缝上，距 $D=50$ cm 处放置屏幕，分别求第一级和第五级明纹彩色带的宽度(设白光的波长范围是从 400 nm 到 760 nm，这里说的"彩色带宽度"指两个极端波长的同级明纹中心之间的距离)。

解 由杨氏双缝干涉公式，即

$$x_k = k\frac{D}{d}\lambda$$

得彩带宽度为

$$\Delta x_k = k\frac{D}{d}(\lambda_M - \lambda_m)$$

其中，$\lambda_M=760$ nm，$\lambda_m=400$ nm，故

$$\Delta x_1 = 0.72\ \text{mm},\quad \Delta x_5 = 3.6\ \text{mm}$$

3-2-3 在双缝干涉实验中，双缝与屏间的距离 $D=1.2$ m，双缝间距 $d=0.45$ mm，若测得屏上干涉条纹相邻明条纹间距为 1.5 mm，求光源发出的单色光的波长。

解 由杨氏双缝干涉公式，即

$$\Delta x_k = \frac{D}{d}\lambda$$

得

$$\lambda = \frac{\Delta x_k d}{D} = 562.5\ \text{nm}$$

3-2-4 薄钢片上有两条紧靠的平行细缝，用波长 $\lambda=546.1$ nm 的平面光波正入射到钢片上。屏幕距双缝的距离为 $D=2.00$ m，测得中央明条纹两侧的第五级明条纹间的距离为 $\Delta x=12.0$ mm。(1) 求两缝间的距离；(2) 从任一明条纹(记作 0)向一边数到第 20 条明条纹，共经过多大距离？(3) 如果使光波斜入射到钢片上，条纹间距将如何改变？

解 (1)由杨氏双缝干涉公式，即

$$x_k = k\frac{D}{d}\lambda$$

得

$$\Delta x = 10\frac{D}{d}\lambda$$

$$d=10\frac{D}{\Delta x}\lambda=0.910\ \text{mm}$$

(2) $$\Delta x'=20\frac{D}{d}\lambda=2\Delta x=24.0\ \text{mm}$$

(3)如果使光波斜入射到钢片上,则在两狭缝间会产生一个初相位差,使0级明纹位置变化,但不改变光程差,因此条纹间距不变。

3-2-5 在折射率 $n=1.50$ 的玻璃上,镀上 $n'=1.35$ 的透明介质薄膜。入射光波垂直于介质膜表面照射,观察反射光的干涉,发现对 $\lambda_1=600$ nm的光波干涉相消,对 $\lambda_2=700$ nm 的光波干涉相长。且在 600 nm 到 700 nm 之间没有别的波长是最大限度相消或相长的情形,求所镀介质膜的厚度。

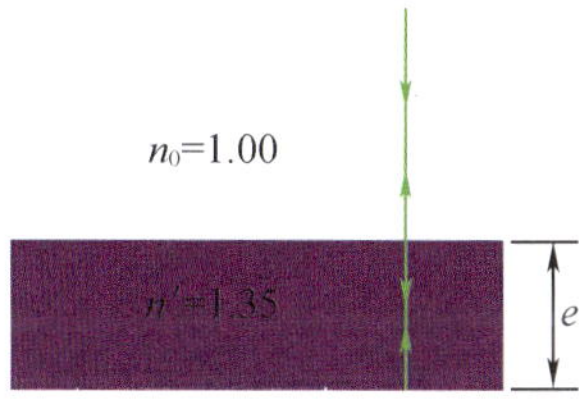

图 3-2-1

解 如图 3-2-1 所示,由于两次反射均为光疏射向光密,因此两束发射光之间没有半波损失。由薄膜干涉公式,即

$$2n'e=\frac{2k+1}{2}\lambda_1=k\lambda_2$$

得

$$k=3,\quad e=778\ \text{nm}$$

3-2-6 用波长为 λ_1 的单色光垂直照射牛顿环装置时,测得中央暗斑外第 1 和第 4 暗环半径之差为 l_1,而用未知单色光垂直照射时,测得第 1 和第 4 暗环半径之差为 l_2,求未知单色光的波长 λ_2。

解 由牛顿环公式,即 $r_k=\sqrt{kR\lambda}$,据题意可得

$$l_1=\sqrt{4R\lambda_1}-\sqrt{R\lambda_1}=\sqrt{R\lambda_1}$$

$$l_2=\sqrt{4R\lambda_2}-\sqrt{R\lambda_2}=\sqrt{R\lambda_2}$$

即

$$\frac{\lambda_2}{\lambda_1}=\frac{l_2^2}{l_1^2}$$

$$\lambda_2=\frac{l_2^2}{l_1^2}\lambda_1$$

3-2-7 如图 3-2-2(a)所示,牛顿环装置的平凸透镜与平板玻璃有一小缝隙 e_0。现用波长为 λ 的单色光垂直照射,已知平凸透镜的曲率半径为 R,求反射光形成的牛顿环的各暗环半径。

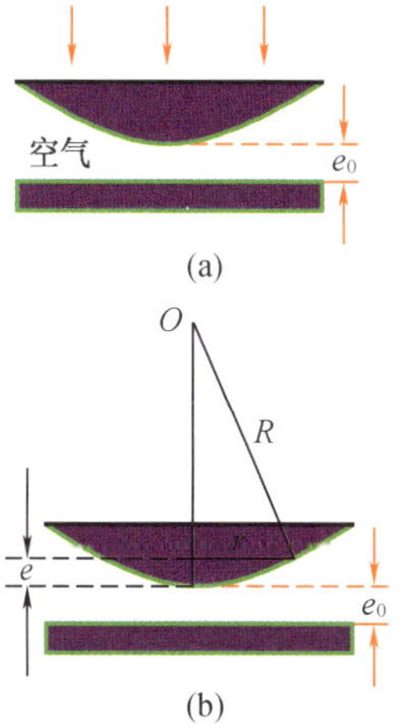

图 3-2-2

解 如图 3-2-2(b)所示,由几何关系得 k 级暗纹半径为

$$r_k^2=R^2-[R-(e_k-e_0)]^2\approx 2R(e_k-e_0)$$

其中,e_k 为 k 级暗纹对应的薄膜厚度,满足 $2e_k=kR\lambda$,所以

$$r_k=\sqrt{kR\lambda-2Re_0}$$

其中,k 取大于等于$\frac{2e_0}{\lambda}$的整数。

3-2-8 在牛顿环装置的平凸透镜和平板玻璃间充以某种透明液体,观测到第 10 个明环的直径由充液前的 14.8 cm 变成充液后的 12.7 cm,求这种液体的折射率 n。

解 由牛顿环公式,即

$$r_k=\sqrt{\left(k-\frac{1}{2}\right)R\lambda},\quad r_k'=\sqrt{\left(k-\frac{1}{2}\right)\frac{R\lambda}{n}}$$

得

$$\frac{d'_k}{d_k}=\sqrt{\frac{1}{n}}$$

所以

$$n=\left(\frac{d_k}{d'_k}\right)^2=1.36$$

3-2-9 用波长为$\lambda=600$ nm的光垂直照射由两块平玻璃板构成的空气劈形膜，劈尖角$\alpha=2\times10^{-4}$ rad；改变劈尖角，相邻两明条纹间距缩小了$\Delta l=1.0$ mm，求劈尖角的改变量。

解 由劈尖公式，即 $$\alpha=\frac{\lambda}{2l}$$

得

$$l=\frac{\lambda}{2\alpha}=1.5\ \text{mm}$$

又因为

$$l'=l-\Delta l=0.5\ \text{mm}$$

所以

$$\alpha'=\frac{\lambda}{2l'}=6\times10^{-4}\ \text{rad}$$

$$\Delta\alpha=\alpha-\alpha'=-4\times10^{-4}\ \text{rad}$$

即劈尖角增大了4×10^{-4} rad。

3-2-10 如图3-2-3所示，用波长为λ_1的单色光照射空气劈形膜，从反射光干涉条纹中观察到劈形膜装置的A点处是暗条纹。若连续改变入射光波长，直到波长变为$\lambda_2(\lambda_2>\lambda_1)$时，$A$点再次变为暗条纹，求$A$点的空气薄膜厚度。

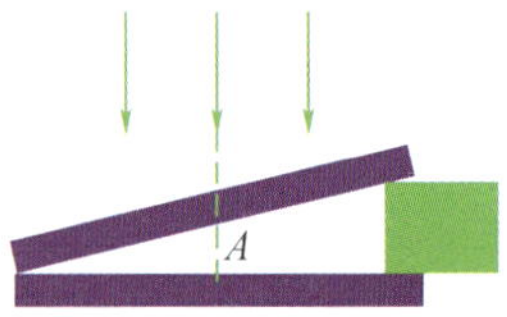

图3-2-3

解 设A点处空气薄膜的厚度为e，由薄膜干涉公式则有

$$2e+\frac{1}{2}\lambda_1=\frac{1}{2}(2k+1)\lambda_1$$

即

$$2e=k\lambda_1$$

改变波长后有

$$2e=(k-1)\lambda_2$$

故

$$k\lambda_1=k\lambda_2-\lambda_2,\ k=\frac{\lambda_2}{\lambda_2-\lambda_1}$$

$$e=\frac{1}{2}k\lambda_1=\frac{\lambda_1\lambda_2}{2(\lambda_2-\lambda_1)}$$

3-2-11 两块长度10 cm的平玻璃片，一端互相接触，另一端用厚度为0.004 mm的纸片隔开，形成空气劈形膜。以波长为500 nm的平行光垂直照射，观察反射光的等厚干涉条纹，在全部10 cm的长度内呈现多少条明纹？

解 由薄膜干涉公式，即

$$2e_k+\frac{\lambda}{2}=k\lambda$$

得

$$k=2\frac{e_k}{\lambda}+\frac{1}{2}$$

由于$0<e_k<4\ 000$ nm，且k只能取整数，故$k=1,2,\cdots,16$，即呈现16条明纹。

3－2－12 在 Si 的平表面上氧化了一层厚度均匀的 SiO_2 薄膜，为了测量薄膜厚度，将它的一部分磨成劈形(如图 3－2－4 中的 AB 段)。现用波长为 600 nm 的平行光垂直照射，观察反射光形成的等厚干涉条纹。在图中 AB 段共有 8 条暗纹，且 B 处恰好是一条暗纹，求薄膜的厚度 (Si 折射率为 3.42，SiO_2 折射率为 1.50)。

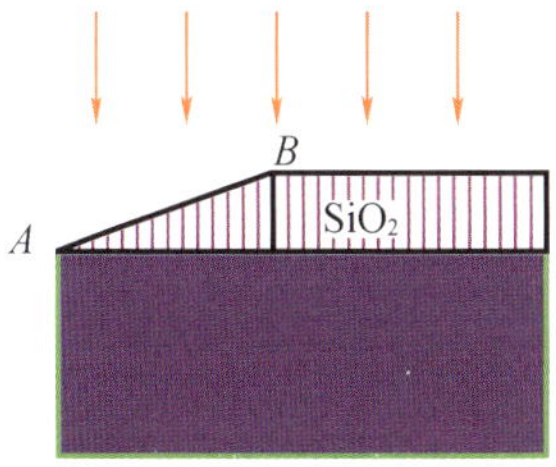

图 3－2－4

解 上下表面反射都有相位突变 π，计算光程差时不必考虑附加的半波长。设膜厚为 e，B 处为暗纹，由薄膜干涉公式有

$$2ne_k=(2k+1)\frac{\lambda}{2}$$

A 处为明纹，B 处第 8 个暗纹，对应上式 $k=7$，则

$$e=\frac{(2k+1)\lambda}{4n}=1.5\times10^{-3}\ \text{mm}$$

3－2－13 利用迈克尔逊干涉仪可以测量波长，如果反射镜移动 0.200 mm，条纹移动 560 次，求被测的光波长。

解 由薄膜干涉公式，即

$$2e_k+\frac{\lambda}{2}=k\lambda$$

得

$$\Delta e=\frac{\lambda}{2}$$

$$\Delta l=k\Delta e=\frac{k\lambda}{2}$$

所以

$$\lambda=\frac{2\Delta l}{k}=714\ \text{nm}$$

3－2－14 利用迈克尔逊干涉仪可以进行精密测长，光源采用 He－Ne 激光器(波长 632.8 nm)，系统的条纹分辨率可以达到十分之一个条纹，则整机长度测量精度是多少?

解 由 $\Delta e=\frac{\lambda}{2}$，说明一个条纹的精度为半个波长，则十分之一个条纹的精度为

$$\Delta l=\frac{\lambda}{20}=30\ \text{nm}$$

3－2－15 如果法布里－珀罗干涉仪两反射镜之间距离为 1.00 cm，则用 500 nm 的绿光进行测量，透射干涉图样的中心正好是一个亮斑，求第十个亮环的角直径。

解 由薄膜干涉公式，即 $2h\cos\theta_k=k\lambda$，得到中心正好是一个亮斑，即 $\theta_k=0$时，$k=\frac{2h}{\lambda}=2\times10^4$。

第十个亮环的级数为 $k-9$，则

$$2h\cos\theta_{k-9}=(k-9)\lambda$$

即

$$\frac{k-9}{k}=\cos\theta_{k-9}$$

由于 $\theta_{k-9}\to0$，可以将 $\cos\theta_{k-9}$ 在 0 附近展开，并只保留二阶小量忽略高阶小量，得 $1-\frac{9}{k}=\cos\theta_{k-9}\approx1-\frac{1}{2}\theta_{k-9}^2$，所以角直径为

$$2\theta_{k-9}=2\frac{3}{\sqrt{\frac{k}{2}}}=0.06\ \text{rad}$$

3－2－16　一个含有两根谱线的光源照射 F－P 标准具，标准具两镜面的间距为 0.25 mm，谱线 1 的干涉图样中第二和第五环半径分别为 2 mm 和 3.8 mm，谱线 2 第二和第五环的半径分别为 2.1 mm 和 3.85 mm，两谱线的平均波长为 500 nm，求两谱线的波长差。

解　设第五和第二环级数分别为 k 和 $k-3$，由薄膜干涉公式

$$2h\cos\theta_k = k\lambda$$

知 $\theta_k \to 0, \theta_{k-3} \to 0$。因此可将上式 $\cos\theta_k$ 在 0 附近展开，并只保留二阶小量忽略高阶小量，得

$$k\frac{\lambda}{2h} = \cos\theta_k \approx 1 - \frac{1}{2}\theta_k^2$$

且由几何光学成像关系，并在 0 附近展开，只保留二阶小量忽略高阶小量，得

$$r_k = f\tan\theta_k \approx f\theta_k$$

联立上两式得

$$k\frac{\lambda}{2h} = 1 - \frac{1}{2}\frac{r_k^2}{f^2}$$

对于 $k-3$ 级，等式改写为

$$(k-3)\frac{\lambda}{2h} = 1 - \frac{1}{2}\frac{r_{k-3}^2}{f^2}$$

将上两式做差得

$$3\frac{\lambda}{2h} = -\frac{1}{2}\frac{r_k^2 - r_{k-3}^2}{f^2}$$

对于波长 λ'，等式改写为

$$3\frac{\lambda'}{2h} = -\frac{1}{2}\frac{r_k'^2 - r_{k-3}'^2}{f^2}$$

将上两式相比，得

$$\frac{\lambda'}{\lambda} = \frac{r_k'^2 - r_{k-3}'^2}{r_k^2 - r_{k-3}^2} = 0.997\ 4$$

再由 $\dfrac{\lambda+\lambda'}{2} = 500$ nm，得

$$\Delta\lambda = \lambda - \lambda' = 1.3\ \text{nm}$$

同步训练题

1. 在双缝干涉实验中，波长 $\lambda=550$ nm 的单色平行光垂直入射到缝间距 $d=2\times10^{-4}$ m 的双缝上，屏到双缝的距离 $D=2$ m。求：(1) 中央明纹两侧的两条第 10 级明纹中心的间距；(2) 用一厚度为 $e=6.6\times10^{-5}$ m，折射率为 $n=1.58$ 的玻璃片覆盖一缝后，零级明纹将移到原来的第几级明纹处（1 nm＝10^{-9} m）？

2. 在如图 3－2－5 所示的双缝干涉实验中，若用薄玻璃片（折射率 $n_1=1.4$）覆盖缝 S_1，用同样厚度的玻璃片（但折射率 $n_2=1.7$）覆盖缝 S_2，将使原来未放玻璃时屏上的中央明条纹处 O 变为第五级明纹。设单色光波长 $\lambda=480$ nm（1 nm＝10^{-9} m），求玻璃片的厚度 d（可认为光线垂直穿过玻璃片）。

3. 用波长 $\lambda=500$ nm（1 nm＝10^{-9} m）的单色光作牛顿环实验，测得第 k

个暗环半径 $r_k=4$ mm，第 $k+10$ 个暗环半径 $r_{k+10}=6$ mm，求平凸透镜凸面的曲率半径 R。

4. 用波长 $\lambda=500$ nm(1 nm$=10^{-9}$ m)的单色光垂直照射在由两块玻璃板(一端刚好接触成为劈棱)构成的空气劈形膜上，劈尖角 $\theta=2\times10^{-4}$ rad。如果劈形膜内充满折射率为 $n=1.40$ 的液体，求从劈棱数起第五个明条纹在充入液体前后移动的距离。

5. 在如图 3－2－6 所示的牛顿环装置中，把玻璃平凸透镜和平面玻璃(设玻璃折射率 $n_1=1.50$)之间的空气($n_2=1.00$)改换成水($n'_2=1.33$)，求第 k 个暗环半径的相对$\frac{r_k-r'_k}{r_k}$。

6. 折射率为 1.60 的两块标准平面玻璃板之间形成一个劈形膜(劈尖角 θ 很小)。用波长 $\lambda=600$ nm (1 nm $=10^{-9}$ m)的单色光垂直入射，产生等厚干涉条纹。假如在劈形膜内充满 $n=1.40$ 的液体时的相邻明纹间距比劈形膜内是空气时的间距缩小 $\Delta l=0.5$ mm，那么劈尖角 θ 应是多少？

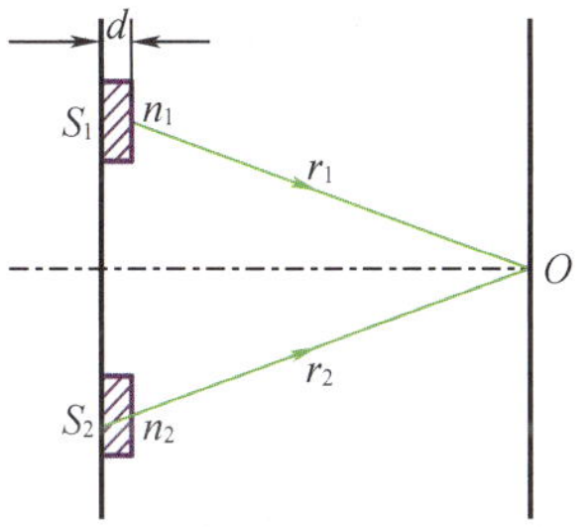

图 3－2－5

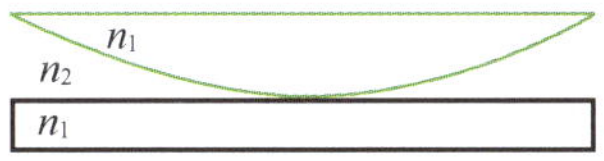

图 3－2－6

7. 波长 $\lambda=650$ nm(1 nm$=10^{-9}$ m)的红光垂直照射到劈形液膜上，膜的折射率 $n=1.33$，液面两侧是同一种媒质，观察反射光的干涉条纹。求：(1) 离开劈形膜棱边的第一条明条纹中心所对应的膜厚度是多少；(2) 若相邻的明条纹间距 $l=6$ mm，上述第一条明纹中心到劈形膜棱边的距离 x 是多少？

同步训练题答案

1. (1)$\Delta x=0.11$ m；(2)零级明纹移到原第 7 级明纹处
2. $d=8.0\times10^{-6}$ m
3. $R=4$ m
4. $\Delta l=1.61$ mm
5. $\frac{r_k-r'_k}{r_k}$—13.3%
6. $\theta=1.7\times10^{-4}$ rad
7. (1)$e_1=1.22\times10^{-4}$ mm；(2) $x=2.25$ mm

第3章　光的衍射

知识要点

3.1　光的衍射现象

光在传播中若遇到尺寸比光的波长大得不多的障碍物时，会传到障碍物的阴影区并形成明暗相间的条纹，这种现象就是光的衍射。

3.2　衍射的基本理论

惠更斯－菲涅耳原理：从同一波阵面上各点发出的子波是相干波，在传播到空间某一点时，各子波进行相干叠加的结果，决定了该处的波振幅，即

$$U(P)=\frac{i}{2\lambda}\int_{\Sigma}U(Q)\,\frac{\mathrm{e}^{-ikr}}{r}(1+\cos\theta)\mathrm{d}S$$

3.3　单缝的夫琅禾费衍射

用半波带法分析。单色光垂直入射时，单缝夫琅禾费衍射各级条纹在接收屏上的位置为

$$x_k=f\tan\theta_k\approx f\sin\theta_k=\begin{cases}0, & \text{中央明纹}\\ \pm k\dfrac{f\lambda}{a}, & \text{暗纹 } k=1,2,\cdots\\ \pm(2k+1)\dfrac{f\lambda}{2a}, & \text{明纹 } k=1,2,\cdots\end{cases}$$

中央明纹的宽度：

$$\Delta x=\frac{f\lambda}{a}$$

中央明纹的半角宽度：

$$\Delta\theta\approx\frac{\lambda}{a}$$

3.4 圆孔衍射与光学仪器分辨本领

3.4.1 圆孔衍射及艾里斑

单色光垂直入射时，中央亮斑(艾里斑)半角宽度为

$$\theta=1.22\frac{\lambda}{D}$$

3.4.2 光学系统的分辨本领

根据圆孔衍射规律和瑞利判据可得

最小分辨角(角分辨率)： $\delta\theta=1.22\frac{\lambda}{D}$

分辨率： $\eta=\frac{1}{\delta\theta}=\frac{D}{1.22\lambda}$

3.5 光栅衍射

3.5.1 光栅的结构与光强

光栅：平行排列的许多等距离、等宽度的狭缝就构成了透射式平面衍射光栅。

衍射条纹：光栅的衍射条纹是衍射和干涉的总效果。

光栅公式：单色光垂直入射时，主极大(明纹)的衍射角满足

$$d\sin\theta=\pm k\lambda,\quad k=0,1,2,\cdots$$

缺级现象：尽管光栅衍射主极大强度是每个通光单缝衍射光强的 N^2 倍，但如果对应方向恰好是单缝衍射的暗纹方向，即衍射光强为零，则对应该方向的光栅衍射主极大的强度也是零，这种现象被称为缺级。缺级的级次为

$$k=\frac{d}{a}k'$$

式中，k，k' 均为整数。

3.5.2 光栅光谱仪

1. 透射光栅光谱仪
2. 反射光栅光谱仪

3.5.3 光栅斜入射衍射及分辨本领

1. 光栅公式：当光线以一定 φ 入射时，有

$$d(\sin\varphi\pm\sin\theta)=k\lambda$$

2. 光栅分辨本领： $A=\frac{\lambda}{\delta\lambda}=kN$

3.6 X射线衍射

布拉格公式： $2d\sin\theta=k\lambda,\quad k=1,2,\cdots$

书后习题解答

3－3－1 用氦氖激光器发射的单色光($\lambda=632.8$ nm)垂直照射到单缝上，所得夫琅禾费衍射图样中第一级暗条纹的衍射角为5°，求缝宽度。

解 由单缝衍射公式，即

$$a\sin\theta_k=k\lambda$$

得

$$a=\frac{\lambda}{\sin\theta_1}\approx\frac{\lambda}{\theta_1}=7.26\ \mu\text{m}$$

3－3－2 单缝的宽度 $a=0.10$ mm，在其后放一焦距为50 cm的会聚透镜，用平行绿光($\lambda=546$ nm)垂直照射到单缝上，试求位于透镜焦平面处的屏幕上中央明条纹宽度。

解 由单缝衍射公式，即

$$x_k=f\tan\theta_k\approx kf\frac{\lambda}{a}$$

得中央明条纹宽度为

$$\Delta x_0=2x_1=2f\frac{\lambda}{a}=5.46\ \text{mm}$$

3－3－3 用波长 $\lambda=632.8$ nm的平行光垂直入射在单缝上，缝后用焦距 $f=40$ cm的凸透镜把衍射光会聚于焦平面上，测得中央明条纹的宽度为3.4 mm，单缝的宽度是多少？

解 由单缝衍射公式，即

$$\Delta x_0=2f\frac{\lambda}{a}$$

得

$$a=2f\frac{\lambda}{\Delta x_0}=0.15\ \text{mm}$$

3－3－4 在单缝的夫琅禾费衍射中，缝宽 $a=0.100$ mm，平行光垂直入射在单缝上，波长 $\lambda=500$ nm，会聚透镜的焦距 $f=1.00$ m。求中央亮纹旁的第一个亮纹的宽度 Δx。

解 由单缝衍射公式，即

$$x_k=f\tan\theta_k\approx kf\frac{\lambda}{a}$$

得一级亮纹的宽度为

$$\Delta x=x_2-x_1=f\frac{\lambda}{a}=5\ \text{mm}$$

3－3－5 在单缝夫琅禾费衍射实验中，垂直入射的光有两种波长，$\lambda_1=400$ nm，$\lambda_2=760$ nm。已知单缝宽度 $a=1.0\times10^{-2}$ cm，透镜焦距 $f=50$ cm。求：(1)两种光第一级衍射明纹中心之间的距离；(2) 若用光栅常数 $d=1.0\times10^{-3}$ cm的光栅替换单缝，其他条件和上一问相同，求两种光第一级主极大之间的距离。

解　(1)由单缝衍射公式,即

$$a\sin\theta=\pm(2k+1)\frac{\lambda}{2},\quad k=1,2,\cdots$$

$$x=\frac{3}{2}f\frac{\lambda}{a}$$

得一级明纹中心之间的距离为

$$\Delta x=x_2-x_1=\frac{3}{2}f\frac{\lambda_2-\lambda_1}{a}=2.7\ \text{mm}$$

(2)由光栅衍射公式,即

$$d\sin\theta=\pm k\lambda,\quad k=0,1,2,\cdots$$

$$x=f\frac{\lambda}{d}$$

得一级明纹中心之间的距离为

$$\Delta x=x_2-x_1=f\frac{\lambda_2-\lambda_1}{d}=18\ \text{mm}$$

3—3—6　如图 3—3—1(a)所示,设波长为 λ 的平面波沿与单缝平面法线成 θ 角的方向入射,单缝 AB 的宽度为 a,观察夫琅禾费衍射,试求出各极小值(即各暗条纹)的衍射角 φ。

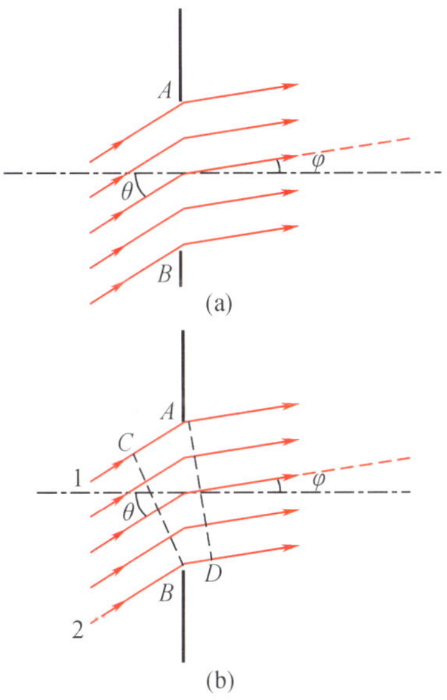

图 3—3—1

解　1,2 两光线的光程差,在如图 3—3—1(b)所示的情况下为

$$\delta=\overline{CA}-\overline{BD}=a\sin\theta-a\sin\varphi$$

由单缝衍射极小值条件,即

$$a(\sin\theta-\sin\varphi)=\pm k\lambda,\quad k=1,2,\cdots$$

得

$$\varphi=\arcsin(\pm k\lambda/a+\sin\theta),\quad k=1,2,\cdots$$

3—2—7　波长范围在 450～650 nm 之间的复色平行光垂直照射在每厘米有 5 000 条刻线的光栅上,屏幕放在透镜的焦面处,屏上第二级光谱各色光在屏上所占范围的宽度为 36.1 cm,求透镜的焦距 f。

解　由光栅衍射公式,即

$$x_k=kf\frac{\lambda}{d}$$

得

$$\Delta x_2=2f\frac{\Delta\lambda}{d}$$

式中,$\Delta\lambda=650-450=200$ nm,$d=\frac{1}{5\ 000}$ cm$=2\ 000$ nm,$\Delta x_2=0.361$ m。

所以,焦距为

$$f=1.81\ \text{m}$$

3—2—8　设光栅平面和透镜都与屏幕平行,在平面透射光栅上每厘米有 5000 条刻线,用它来观察钠黄光($\lambda=589$ nm)的光谱线。(1)当光线垂直入射到光栅上时,能看到的光谱线的最高级次 k_m 是多少;(2)当光线以 30°的入射角(入射线与光栅平面的法线的夹角)斜入射到光栅上时,能看到的光谱线的最高级次 k_m 是多少?

解　(1)由光栅衍射公式,即

$$\sin\theta_k=k\frac{\lambda}{d}$$

知
$$-1<k\frac{\lambda}{d}<1$$
式中，$\lambda=589\ \text{nm}$，$d=\frac{1}{5\ 000}\ \text{cm}=2\ 000\ \text{nm}$，$k$ 取整数。故最高级次 $k_m=\pm3$，即最高为 3 级。

(2)当光线以 30°的入射角斜入射到光栅上时，光栅衍射公式变为
$$\sin\theta_k-\sin 30°=k\frac{\lambda}{d}$$
知
$$-\frac{3}{2}<k\frac{\lambda}{d}<\frac{1}{2}$$
故最高级次 $k'_m=-5$ 或 $k'_m=1$，即最高为 5 级。

3－2－9 某种单色光垂直入射到每厘米有 8 000 条刻线的光栅上，如果第一级谱线的衍射角为 30°，那么入射光的波长是多少？能不能观察到第二级谱线？

解 (1)由光栅衍射公式，即
$$k\lambda=d\sin\theta_k$$
得
$$\lambda=d\sin\theta_1=625\ \text{nm}$$
当 $k=2$ 时
$$\theta_2=90°$$
故不能观察到第二级谱线。

同步训练题

1. 波长为 600 nm 的单色光垂直入射到宽度为 $a=0.10$ mm的单缝上，观察夫琅禾费衍射图样，透镜焦距 $f=1.0$ m，屏在透镜的焦平面处。求：(1) 中央衍射明条纹的宽度 Δx_0；(2) 第二级暗纹离透镜焦点的距离 x_2。

2. 用波长 $\lambda=632.8$ nm 的平行光垂直照射单缝，缝宽$a=0.15$ mm，缝后用凸透镜把衍射光会聚在焦平面上，测得第二级与第三级暗条纹之间的距离为 1.7 mm，求此透镜的焦距。

3. 在某个单缝衍射实验中，光源发出的光含有两种波长 λ_1 和 λ_2，垂直入射于单缝上。假如 λ_1 的第一级衍射极小与 λ_2 的第二级衍射极小相重合，试问：(1)这两种波长之间有何关系；(2)在这两种波长的光所形成的衍射图样中，是否还有其他极小相重合？

4. 在夫琅禾费单缝衍射实验中，如果缝宽 a 与入射光波长 λ 的比值分别为 1，10，100，试分别计算中央明条纹边缘的衍射角，再讨论计算结果说明什么问题。

5. 一束具有两种波长 λ_1 和 λ_2 的平行光垂直照射到一衍射光栅上，测得波长 λ_1 的第三级主极大衍射角和 λ_2 的第四级主极大衍射角均为 30°。已知 $\lambda_1=560$ nm，试求：(1)光栅常数 $a+b$；(2)波长 λ_2。

6. 以波长 400～760 nm 的白光垂直照射在光栅上，在它的衍射光谱中，第二级和第三级发生重叠，求第二级光谱被重叠的波长范围。

7. 波长为 600 nm 的单色光垂直入射到一光栅上，测得第二级主极大的

衍射角为 30°，且第三级是缺级。求：(1)光栅常数 $a+b$ 等于多少；(2)透光缝可能的最小宽度 a 等于多少；(3)在选定了上述 $a+b$ 和 a 之后，求在衍射角 $-\frac{1}{2}\pi<\varphi<\frac{1}{2}\pi$ 范围内可能观察到的全部主极大的级次。

8. 一衍射光栅，每厘米 200 条透光缝，每条透光缝宽为 $a=2\times10^{-3}$ cm，在光栅后放一焦距 $f=1$ m 的凸透镜，现以 $\lambda=600$ nm(1 nm$=10^{-9}$ m)的单色平行光垂直照射光栅，求：(1)透光缝 a 的单缝衍射中央明条纹宽度为多少；(2)在该宽度内，有几个光栅衍射主极大？

同步训练题答案

1. (1)$\Delta x_0=1.2$ cm；(2)$x_2=1.2$ cm
2. $f\approx400$ mm
3. (1)$\lambda_1=2\lambda_2$；(2)λ_1 的任一 k_1 级极小都有 λ_2 的 $2k_1$ 级极小与之重合
4. (1)$\varphi=90°$；(2)$\varphi=5°44'$；(3)$\varphi=34'$

   这说明，比值 $\frac{\lambda}{a}$ 变小的时候，所求的衍射角变小，中央明纹变窄(其他明纹也相应地变为更靠近中心点)，衍射效应越来越不明显。$\frac{\lambda}{a}\to0$ 的极限情形即几何光学的情形：光线沿直线传播，无衍射效应。
5. (1)$a+b=3.36\times10^{-4}$ cm；(2)$\lambda_2=420$ nm
6. 第二级光谱被重叠的波长范围是 600～760 nm
7. (1)$a+b=2.4\times10^{-4}$ cm；(2)$a=0.8\times10^{-4}$ cm；(3)实际呈现 $k=0,\pm1,\pm2$ 级明纹。
8. (1)$\Delta x=0.06$ m；(2)共有 $k'=0,\pm1,\pm2$ 等 5 个主极大

第4章 光的偏振

知识要点

4.1 光的偏振现象 马吕斯定律

4.1.1 自然光与偏振光

自然光：一束光中包含各个方向的光矢量，没有哪一个方向占优势。

线偏振光（完全偏振光）：光矢量的振动只在某一固定方向上的光。

部分偏振光：某一方向的光振动比与之相垂直方向上的光振动占优势。

偏振面：光矢量方向与光的传播方向组成的平面。

4.1.2 偏振片 马吕斯定律

偏振片：选择性地吸收某一方向的光振动，而允许与之相垂直的光振动通过，这种透明薄片称为偏振片。

马吕斯定律：若入射偏振片的偏振光的光强为 I_0，则偏振片射出的光强为

$$I = I_0 \cos^2 \alpha$$

4.2 反射和折射的偏振效应

布儒斯特定律：自然光以 i_0 入射到两种介质的分界面上时，反射光为线偏振光，i_0 满足 $\tan i_0 = \frac{n_2}{n_1}$，入射角 i_0 称为布儒斯特角，且反射光线和折射光线相互垂直。

4.3 光的双折射

4.3.1 寻常光和非常光

双折射现象：自然光射入晶体后分作 o 光和 e 光两束，且两者均为线偏振光。

寻常光线(或o光):遵从折射定律的那束折射光线。

非常光线(或e光):不遵从折射定律的那束折射光线,且一般不在入射面内。

4.3.2　单轴双折射晶体中的光传播

正单轴晶体,负单轴晶体;波晶片

4.3.3　晶体偏振器件

$\frac{1}{4}$波片:若晶片的厚度d使o光和e光产生的相位差$\Delta\varphi=\frac{2\pi}{\lambda}(n_0-n_e)d=\frac{\pi}{2}$,这时的晶片称为$\frac{1}{4}$波片。

半波片:若晶片的厚度d使o光和e光产生的相位差$\Delta\varphi=\frac{2\pi}{\lambda}(n_0-n_e)d=\pi$,这时的晶片称为半波片。

4.3.4　人为双折射

人为双折射:有些非晶体,例如塑料、玻璃、环氧树脂等通常是各向同性的,没有双折射现象,但在外力或不均匀温度场的作用下,就会变成各向异性而显示出双折射性质;也有些液体(如硝基苯$C_6H_5NO_2$)放在玻璃盒内,通常也没有双折射现象,但在电场的作用下,液体变成类似于晶体的物质而显示出双折射现象。这类双折射现象都是在外界条件(或人为条件)影响下产生的,所以称为人为双折射。

4.3.5　旋光现象

旋光现象:偏振光通过某些物质后,其振动面将以光的传播方向为轴线转过一定的角度,这种现象叫做旋光现象。

当入射的单色光波长一定时,振动面的旋转角为

$$\Delta\varphi=al\rho$$

式中,l为旋光物质的透光长度,ρ为旋光物质的浓度,a为一个与旋光物质有关的常数。

书后习题解答

3-4-1　两个偏振片叠在一起,在它们的偏振化方向成$\theta_1=30°$时,观测一束单色自然光。又在$\theta_2=45°$时,观测另一束单色自然光。若两次所测得的透射光强度相等,求两次入射自然光的强度之比。

解　设两次入射的光强分别为I_1和I_2,由马吕斯定律得

$$\frac{1}{2}I_1\cos^2 30°=\frac{1}{2}I_2\cos^2 45°$$

所以

$$I_1:I_2=2:3$$

3－4－2　将两个偏振片叠放在一起，此两偏振片的偏振化方向之间的夹角为 60°，一束光强为 I_0 的线偏振光垂直入射到偏振片上，该光束的光矢量振动方向与两偏振片的偏振化方向皆成 30°角。求：(1) 透过每个偏振片后的光束强度；(2) 若将原入射光束换为强度相同的自然光，求透过每个偏振片后的光束强度。

解　(1) 由马吕斯定律得

$$I_1=I_0\cos^2 30°=\frac{3}{4}I_0$$

$$I_2=I_1\cos^2 60°=\frac{3}{16}I_0$$

(2) 由马吕斯定律得

$$I_1=\frac{1}{2}I_0$$

$$I_2=I_1\cos^2 60°=\frac{1}{8}I_0$$

3－4－3　一束光强为 I_0 的自然光垂直入射在三个叠在一起的偏振片 P_1，P_2，P_3 上，已知 P_1 与 P_3 的偏振化方向相互垂直。求：(1) P_2 与 P_3 的偏振化方向之间夹角为多大时，穿过第三个偏振片的透射光强为 $\frac{I_0}{8}$；(2) 若以入射光方向为轴转动 P_2，当 P_2 转过多大角度时，穿过第三个偏振片的透射光强由原来的 $\frac{I_0}{8}$ 单调减小到 $\frac{I_0}{16}$；此时 P_2，P_1 偏振化方向之间的夹角多大？

解　(1) 由马吕斯定律得

$$\frac{1}{2}I_0\sin^2\theta\cos^2\theta=\frac{I_0}{8}$$

解得

$$\theta=45°$$

(2) 由马吕斯定律得

$$\frac{1}{2}I_0\sin^2\theta\cos^2\theta=\frac{I_0}{16}$$

解得

$$\theta=67.5° \text{或} \theta=22.5°$$

即 P_2 转过 ±22.5°，此时 P_2，P_1 的偏振化方向之间的夹角为 22.5°或 67.5°。

3－4－4　在水(折射率 $n_1=1.33$)和一种玻璃(折射率 $n_2=1.56$)的交界面上，自然光从水中射向玻璃，求起偏角 i_0。若自然光从玻璃中射向水，再求此时的起偏角 i'_0。

解　由布儒斯特角公式，即

$$\tan i_0=\frac{n_2}{n_1}$$

得

$$i_0=\arctan\frac{n_2}{n_1}=0.865\ \text{rad}=49.6°$$

由

$$i_0+i'_0=90°$$

得

$$i'_0=0.706\ \text{rad}=40.4°$$

3－4－5 如图3－4－1所示的三种透光媒质Ⅰ，Ⅱ，Ⅲ，其折射率分别为$n_1=1.33$，$n_2=1.50$，$n_3=1$。两个交界面相互平行。一束自然光自介质Ⅰ中入射到Ⅰ与Ⅱ的交界面上，若反射光为线偏振光，求：(1) 入射角i；(2)介质Ⅱ，Ⅲ界面上的反射光是不是线偏振光？为什么？

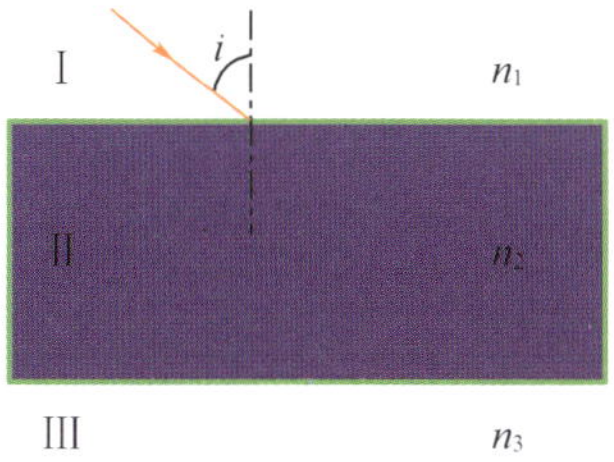

图3－4－1

解 (1)由布儒斯特角公式，即

$$\tan i=\frac{n_2}{n_1}$$

得

$$i=\arctan\frac{n_2}{n_1}=0.845\ \text{rad}=48.4^\circ$$

(2) 令介质Ⅱ中的折射角为r，则

$$r=0.5\pi-i=41.56^\circ$$

此r在数值上等于在Ⅱ，Ⅲ界面上的入射角。

若Ⅱ，Ⅲ界面上的反射光是线偏振光，则必满足布儒斯特定律，即

$$\tan i_0=\frac{n_3}{n_2}=\frac{1}{1.5},i_0=33.69^\circ$$

因为$r\neq i_0$，故Ⅱ，Ⅲ界面上的反射光不是线偏振光。

3－4－6 有一平面玻璃板放在水中，板面与水面夹角为θ，如图3－4－2所示。设水和玻璃的折射率分别为1.333和1.517，已知图中水面的反射光是完全偏振光，欲使玻璃板面的反射光也是完全偏振光，θ角应是多大？

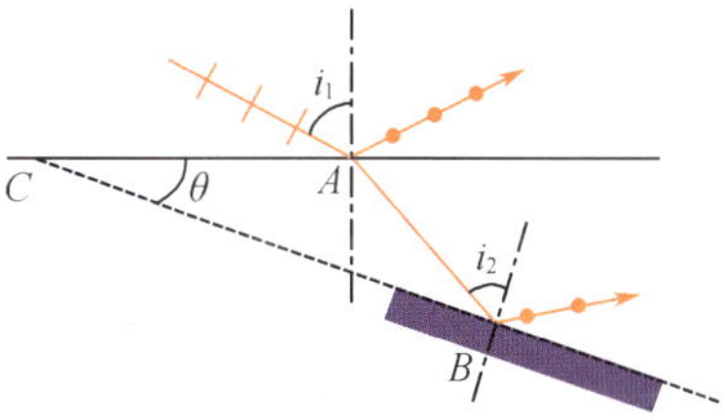

图3－4－2

解 由布儒斯特角公式，得

$$\tan i_1=\frac{n_2}{n_1},\quad \tan i_2=\frac{n_3}{n_2}$$

其中，$n_1=1$，$n_2=1.333$，$n_3=1.517$。

又由关系式$i_1+\gamma_1=90^\circ$(或折射定律$n_1\sin i_1=n_2\sin\gamma_1$)及布儒斯特角公式得

$$\tan\gamma_1=\frac{n_1}{n_2}$$

其中，γ_1为第一次折射时的折射角。

最后由几何关系得

$$\theta=(i_2+90^\circ)-(\gamma_1+90^\circ)$$

$$=\arctan\frac{n_3}{n_2}-\arctan\frac{n_1}{n_2}=0.206\ \text{rad}=11.8^\circ$$

同步训练题

1. 要使一束线偏振光通过偏振片之后振动方向转过90°，至少需要让这束光通过几块理想偏振片？在此情况下，透射光强最大是原来光强的多少倍？

2. 两个偏振片叠放在一起，强度为I_0的自然光垂直入射其上，若通过两个偏振片后的光强为$\frac{I_0}{8}$，则此两偏振片的偏振化方向间的夹角(取锐角)是多

少？若在两片之间再插入一片偏振片，其偏振化方向与前后两片的偏振化方向的夹角(取锐角)相等，则通过三个偏振片后的透射光强度为多少？

3. 用相互平行的一束自然光和一束线偏振光构成的混合光垂直照射在一偏振片上，以光的传播方向为轴旋转偏振片时，发现透射光强的最大值为最小值的 5 倍，则入射光中，自然光强与线偏振光强之比为多少？

4. 一束自然光通过两个偏振片，若两偏振片的偏振化方向间夹角由 α_1 转到 α_2，则转动前后透射光强度之比为多少？试分别计算中央明条纹边缘的衍射角，再讨论计算结果说明什么问题。

5. 三个偏振片 P_1，P_2 与 P_3 堆叠在一起，P_1 与 P_3 的偏振化方向相互垂直，P_2 与 P_1 的偏振化方向间的夹角为 30°。强度为 I_0 的自然光垂直入射于偏振片 P_1，并依次透过偏振片 P_1，P_2 与 P_3，则通过三个偏振片后的光强为多少？

6. 某种透明介质对于空气的临界角(指全反射)等于 45°，光从空气射向此介质时的布儒斯特角是多少？

7. 一束自然光自水(折射率为 1.33)中入射到玻璃表面上(如图 3-4-3 所示)。当入射角 $\theta=49.5°$时，反射光为线偏振光，求玻璃的折射率。

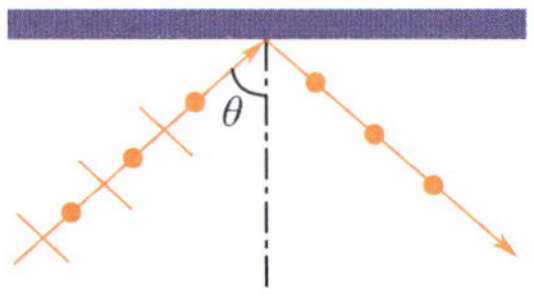

图 3-4-3

同步训练题答案

1. (1)2 块；(2)$\frac{1}{4}$

2. (1)$\frac{\pi}{3}$；(2)$\frac{9I_0}{32}$

3. $\frac{1}{2}$

4. $\frac{\cos^2\alpha_1}{\cos^2\alpha_2}$

5. $\frac{3I_0}{32}$

6. 54.7°

7. $n_2=1.56$

第4篇　静电学

第1章 静 电 场

知识要点

1.1 电荷

1.1.1 两种电荷

正电荷和负电荷。

1.1.2 电荷守恒定律

在孤立系统中，电荷的代数和保持不变。

1.1.3 电荷量子化

电荷只能取离散的、不连续的量值。

$$Q=ne$$

其中，$n=\pm1,\pm2,\cdots$；$e=1.602\times10^{-19}\ \mathrm{C}$

1.1.4 电荷的相对论不变性

在不同参考系内观察，同一带电粒子的电荷量不变。

1.2 库仑定律

1.2.1 库仑定律

在真空中，两个静止的点电荷之间的相互作用力，其大小与它们电荷电量的乘积成正比，与它们之间距离的二次方成反比；作用力的方向沿着两点电荷的连线，同号电荷相斥，异号电荷相吸，即

$$\boldsymbol{F}_{12}=\frac{1}{4\pi\varepsilon_0}\frac{q_1q_2}{r_{12}^2}\boldsymbol{e}_{12}=-\boldsymbol{F}_{21}$$

1.2.2 叠加原理

点电荷系所受的库仑力等于其他每一电荷对它施加的库仑力的矢量和，即

$$F=\sum_{i=1}^{n}F_i$$

1.3 电场　电场强度

1.3.1 电场

静电场：静止电荷周围产生的一种物质场。

1.3.2 电场强度的定义

电场强度：电场中某点处的电场强度 $\boldsymbol{E}$ 等于位于该点处的单位试验电荷所受的力，即

$$\boldsymbol{E}=\frac{\boldsymbol{F}}{q_0}$$

其方向为正电荷受力方向。

1.3.3 电场强度叠加原理

点电荷系所激发的电场中某点处的电场强度等于各个点电荷单独存在时对该点所激发的电场强度的矢量和，即

$$\boldsymbol{E}=\sum_{i=1}^{n}\boldsymbol{E}_i$$

1.3.4 电场强度的计算

点电荷电场中的电场强度：

$$\boldsymbol{E}=\frac{q}{4\pi\varepsilon_0 r^2}\boldsymbol{e}_r$$

点电荷系电场中的电场强度：

$$\boldsymbol{E}=\frac{1}{4\pi\varepsilon_0}\sum_{i=1}^{n}\frac{q_i}{r_i^2}\boldsymbol{e}_i$$

电荷连续分布的带电体电场中的电场强度：

$$\boldsymbol{E}=\begin{cases}\displaystyle\int_l \frac{1}{4\pi\varepsilon_0}\frac{\lambda \mathrm{d}l}{r^2}\boldsymbol{e}_r\\ \displaystyle\iint_S \frac{1}{4\pi\varepsilon_0}\frac{\sigma \mathrm{d}S}{r^2}\boldsymbol{e}_r\\ \displaystyle\iiint_V \frac{1}{4\pi\varepsilon_0}\frac{\rho \mathrm{d}V}{r^2}\boldsymbol{e}_r\end{cases}$$

1.4 高斯定理

1.4.1 电场线

为了形象地描述电场在空间的分布，在电场中画出一系列假想的曲线：曲线上每一点的切线方向表示该点场强的方向，垂直电场方向曲线的面密度

表示该点场强的大小。

(1) 电场线起始于正电荷(或来自于无穷远),止于负电荷(或伸向无穷远);

(2) 电场线是非闭合曲线;

(3) 任何两条电场线在无电荷处都不相交。

1.4.2 电场强度通量($\boldsymbol{E}$ 通量)

与通过电场中某一个面的电场线根数成正比,即

$$\Phi_e = \iint_S \boldsymbol{E} \cdot d\boldsymbol{S}$$

1.4.3 高斯定理

真空中的高斯定理:在真空中,通过任一闭合曲面的电场强度通量,等于该曲面所包围的所有电荷的代数之和除以 ε_0,与面外电荷无关,闭合曲面称为高斯面。其数学形式为

$$\Phi_e = \oint\!\!\oint_S \boldsymbol{E} \cdot d\boldsymbol{S} = \frac{1}{\varepsilon_0}\sum_{i=1}^{n} q_i$$

1.5 高斯定理的应用

根据电荷分布的对称性,适当选取高斯面。

1.6 静电场的安培环路定理　电势

1.6.1 静电场的环路定理

静电场力所做的功:

$$A = \int_A^B q_0 \boldsymbol{E} \cdot d\boldsymbol{l}$$

一试验电荷 q_0 在静电场中从一点沿任意路径运动到另一点时,静电场力对它所做的功仅与试验电荷 q_0 及路径的起点和终点的位置有关,而与该路径的形状无关,说明静电力为保守力。

静电场的环路定理:在静电场中,电场强度沿任意闭合路径的线积分为零,即

$$\oint_l \boldsymbol{E} \cdot d\boldsymbol{l} = 0$$

1.6.2 电势能

试验电荷 q_0 在电场中某点处的电势能,在数值上等于把它从该点移到零势能处静电场力所做的功,即

$$E_{pA} = q_0 \int_A^B \boldsymbol{E} \cdot d\boldsymbol{l} \quad (设\ E_{pB} = 0)$$

1.6.3 电势与电势差

电势：电场中某一点的电势，在数值上等于把单位正试验电荷从 A 点移到电势为零点时，静电场力所做的功，即

$$U_A = \int_A^B \boldsymbol{E} \cdot \mathrm{d}\boldsymbol{l} \quad (V_B = 0)$$

电势差：电场中 A,B 两点之间的电势，在数值上等于把单位正试验电荷从 A 点移到 B 点时，静电场力所做的功，即

$$U_{AB} = \int_A^B \boldsymbol{E} \cdot \mathrm{d}\boldsymbol{l}$$

1.6.4 电势的计算

点电荷电场的电势：

$$U = \frac{q}{4\pi\varepsilon_0 r}$$

电势的叠加原理：点电荷系所激发的电场中某点的电势等于各个点电荷单独存在时在该点电势的代数之和，即

$$U = \sum_{i=1}^{n} U_i$$

连续分布电荷电场中的电势：

$$U = \int \frac{\mathrm{d}q}{4\pi\varepsilon_0 r}$$

1.7 等势面　电势梯度

1.7.1 等势面

等势面：电场中电势相等的点所构成的曲面。

等势面的特点：

(1) 等势面与电场线处处正交；

(2) 沿等势面移动电荷，电场力不做功。

1.7.2 电场强度与电势梯度的关系

电场强度与电势梯度的关系：

$$\boldsymbol{E} = -\nabla U = -\mathrm{grad}\, U$$

书后习题解答

4-1-1 如果你在干燥的一天从地毯上走过，然后伸出手到金属门把或某人脖子的后面，就可能引起火花。火花为什么发生(如果你伸出的是手指或突出端向前的金属钥匙，则你能增大火花的亮度和声音)?

解 你在干燥的一天从地毯上走过的过程，由于摩擦使你带电，当你接

触导体(金属、人体)会出现放电现象,就会产生火花。导体表面的曲率半径越小,放电效应越显著。

4—1—2　两个带有等量异号电荷的粒子保持相距 15 cm,电荷的大小为 2.0×10^{-7} C。在这两个电荷之间中点处 E 的大小及方向如何?

解
$$E_+=E_-=\frac{q}{4\pi\varepsilon_0\left(\frac{a}{2}\right)^2}=\frac{q}{\pi\varepsilon_0 a^2}$$

$$E=2\frac{q}{\pi\varepsilon_0 a^2}=6.40\times10^5\ \text{N/C}$$

方向如图 4—1—1 所示。

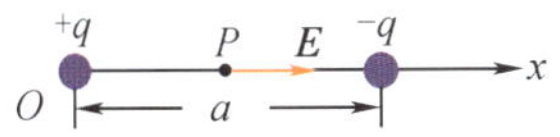

图 4—1—1

4—1—3　如图 4—1—2 所示,两个点电荷 $q_1=2.1\times10^{-8}$ C 及 $q_2=-4.0q_1$,它们被固定在相距 50 cm 处。找出在这两个电荷连线上电场为零的点。

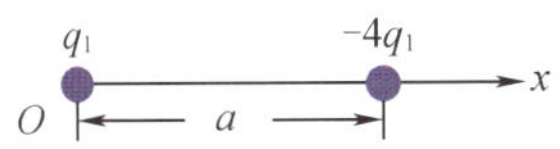

图 4—1—2

解　由场的方向,在 $0\leqslant x\leqslant a$ 区间内没有电场为零的点。根据两电荷带电量及到场点的距离,故在 $x>a$ 的区间内没有电场为零的点。只考虑在 $x<0$ 的区间,有

$$\frac{q_1}{4\pi\varepsilon_0|x|^2}=\frac{4q_1}{4\pi\varepsilon_0(|x|+a)^2}$$

因此,$x=-a$ 处电场强度为零。

4—1—4　计算在图 4—1—3 中在 P 点由 3 个点电荷所引起的电场的电场强度。

解
$$E_1=E_3=\frac{q}{4\pi\varepsilon_0 a^2}$$

$$E_2=\frac{2q}{4\pi\varepsilon_0(\sqrt{2}a)^2}=\frac{q}{4\pi\varepsilon_0 a^2}$$

方向如图 4—1—3 所示。

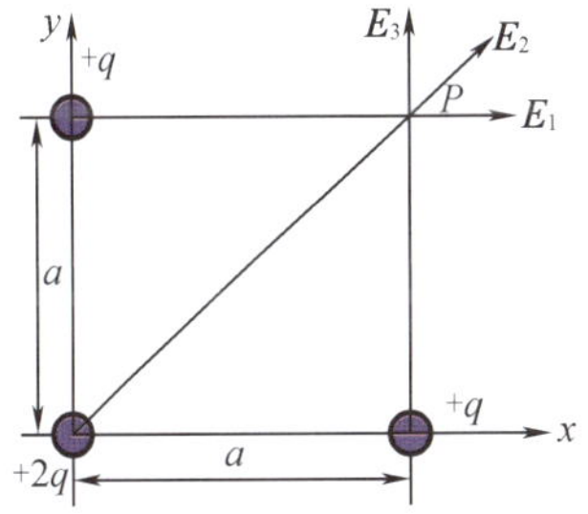

图 4—1—3

选取如图 4—1—3 所示的坐标,有

$$E_x=E_1+E_2\cos 45^\circ$$
$$E_y=E_3+E_2\sin 45^\circ$$

$$E_x=E_y=\frac{q}{4\pi\varepsilon_0 a^2}\left(1+\frac{\sqrt{2}}{2}\right),\boldsymbol{E}=E_x\boldsymbol{i}+E_y\boldsymbol{j}$$

4—1—5　一环形薄片由细绳悬吊着,环的外半径为 R,内半径为 $R/2$,并有电荷 Q 均匀分布在环面上。细绳长 $3R$,也有电荷 Q 均匀分布在绳上,如图 4—1—4 所示。试求圆环中心 O 处的电场强度(圆环中心在细绳延长线上)。

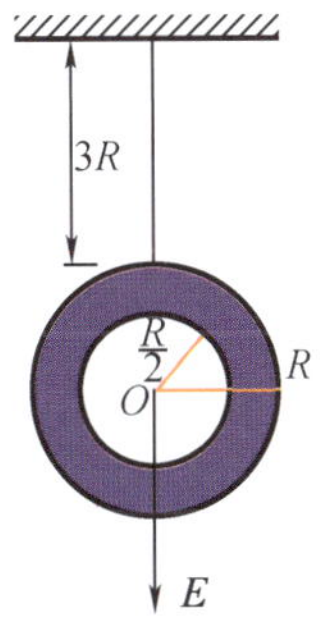

图 4—1—4

解　先计算细绳上的电荷在 O 点产生的场强。选环心作为坐标原点 O,x 轴向下为正。在 x 处取一电荷元,即

$$\mathrm{d}q=\lambda\mathrm{d}x=\frac{Q\mathrm{d}x}{3R}$$

它在环心处的场强为

$$\mathrm{d}E_1=\frac{\mathrm{d}q}{4\pi\varepsilon_0 x^2}=\frac{Q\mathrm{d}x}{12\pi\varepsilon_0 R x^2}$$

整个细绳上的电荷在环心处的场强为

$$E_1=\frac{Q}{12\pi\varepsilon_0 R}\int_{-4R}^{-R}\frac{\mathrm{d}x}{x^2}=\frac{Q}{16\pi\varepsilon_0 R^2}$$

圆环上的电荷分布对环心对称，它在环心处的场强 $E_2=0$。由此，合场强为

$$\boldsymbol{E}=E_1\boldsymbol{i}=\frac{Q}{16\pi\varepsilon_0 R^2}\boldsymbol{i}$$

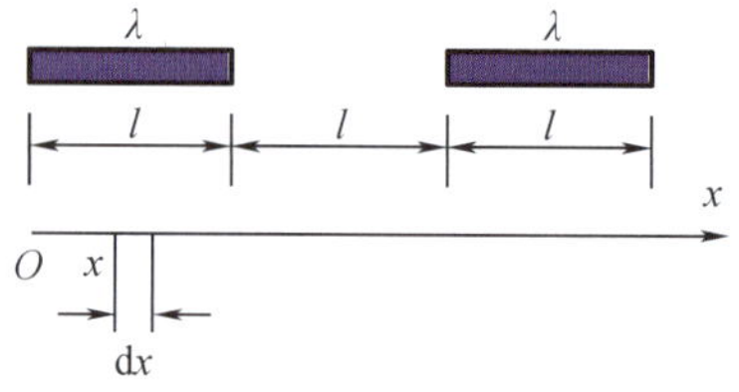

图 4－1－5

4－1－6　两根相同的均匀带电细棒，长为 l，电荷线密度为 λ，沿同一条直线放置。两细棒间最近距离也为 l，如图 4－1－5 所示。假设棒上的电荷是不能自由移动的，试求：两棒间的静电相互作用力。

解　选左棒的左端为坐标原点 O，x 轴沿棒方向向右，在左棒上 x 处取线元 dx，其电荷为 $dq=\lambda dx$，它在右棒的 x' 处产生的场强为

$$dE=\frac{\lambda dx}{4\pi\varepsilon_0(x'-x)^2}$$

整个左棒在 x' 处产生的场强为

$$E=\int_0^l\frac{\lambda dx}{4\pi\varepsilon_0(x'-x)^2}=\frac{\lambda}{4\pi\varepsilon_0}\left(\frac{1}{x'-l}-\frac{1}{x'}\right)$$

右棒 x' 处的电荷元 dx' 在电场中受力为

$$dF=E\lambda dx'=\frac{\lambda^2}{4\pi\varepsilon_0}\left(\frac{1}{x'-l}-\frac{1}{x'}\right)dx'$$

整个右棒在电场中受力为

$$F=\frac{\lambda^2}{4\pi\varepsilon_0}\int_{2l}^{3l}\left(\frac{1}{x'-l}-\frac{1}{x'}\right)dx'=\frac{\lambda^2}{4\pi\varepsilon_0}\ln\frac{4}{3},\quad \text{方向沿 } x \text{ 轴正向}$$

左棒受力为

$$F'=-F$$

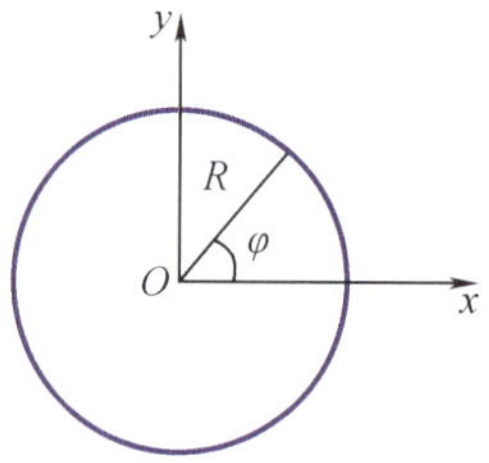

图 4－1－6

4－1－7　半径为 R 的带电细圆环，其电荷线密度为 $\lambda=\lambda_0\sin\varphi$，式中 λ_0 为一常数，φ 为半径 R 与 x 轴所成的夹角，如图 4－1－6 所示。试求环心 O 处的电场强度。

解　在任意角 φ 处取微小电量 $dq=\lambda dl$，它在 O 点产生的场强为

$$dE=\frac{\lambda dl}{4\pi\varepsilon_0 R^2}=\frac{\lambda_0\sin\varphi d\varphi}{4\pi\varepsilon_0 R}$$

环心 O 处的电场强度分量分别为

$$E_x=\frac{\lambda_0}{4\pi\varepsilon_0 R}\int_0^{2\pi}\sin\varphi\cos\varphi d\varphi=0$$

$$E_y=-\frac{\lambda_0}{4\pi\varepsilon_0 R}\int_0^{2\pi}\sin^2\varphi d\varphi=-\frac{\lambda_0}{4\varepsilon_0 R}$$

环心 O 处的电场强度为

$$\boldsymbol{E}=E_y\boldsymbol{j}=-\frac{\lambda_0}{4\varepsilon_0 R}\boldsymbol{j}$$

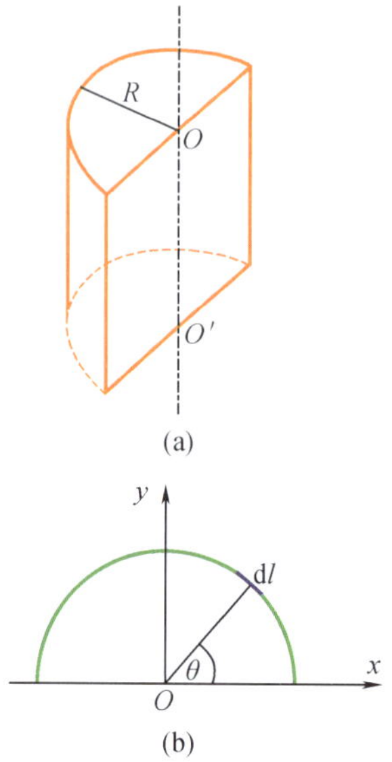

图 4－1－7

4－1－8　如图 4－1－7(a)所示，“无限长”均匀带电的半圆柱面，半径为 R，设半圆柱面沿轴线 OO' 单位长度上的电荷为 λ，试求轴线上一点的电场强度。

解　选取坐标系如图 4－1－7(b)所示。将半圆柱面划分成许多窄条，dl 宽的窄条的电荷线密度为

$$d\lambda=\frac{\lambda}{\pi R}dl=\frac{\lambda}{\pi}d\theta$$

形成的电场强度微元为

$$dE=\frac{d\lambda}{2\pi\varepsilon_0 R}=\frac{\lambda}{2\pi^2\varepsilon_0 R}d\theta$$

电场强度分量为

$$E_x = 0$$

$$E_y = -\frac{\lambda}{2\pi^2\varepsilon_0 R}\int_0^{\pi}\sin\theta d\theta = -\frac{\lambda}{\pi^2\varepsilon_0 R}$$

电场强度为

$$\boldsymbol{E} = E_x\boldsymbol{i} + E_y\boldsymbol{j} = -\frac{\lambda}{\pi^2\varepsilon_0 R}\boldsymbol{j}$$

4—1—9 如图 4—1—8 所示，一半径为 R，长度为 L 的均匀带电圆柱面，总电荷为 Q。试求端面处轴线上 P 点的电场强度。

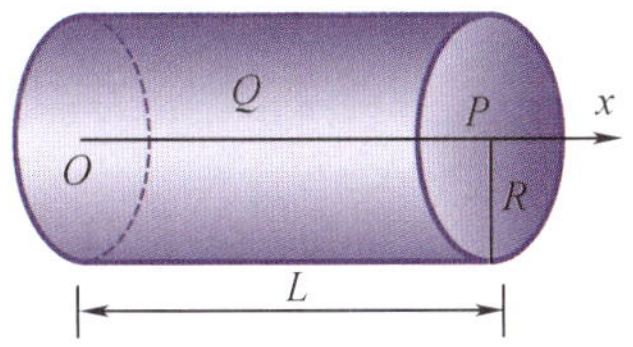

图 4—1—8

解 以左端面处为坐标原点，x 轴沿轴线向右为正。在距 O 点为 x 处取宽 dx 的圆环，其上电荷 $dq = \frac{Qdx}{L}$ 小圆环在 P 点产生的电场强度为

$$dE = \frac{dq(L-x)}{4\pi\varepsilon_0[R^2 + (L-x)^2]^{\frac{3}{2}}}$$

$$= \frac{Q(L-x)dx}{4\pi\varepsilon_0 L[R^2+(L-x)^2]^{\frac{3}{2}}}$$

$$= -\frac{Q}{8\pi\varepsilon_0 L}\frac{d[R^2+(L-x)^2]}{[R^2+(L-x)^2]^{\frac{3}{2}}}$$

总场强为

$$E = \int dE$$

$$= -\frac{Q}{8\pi\varepsilon_0 L}\int_0^L \frac{d[R^2+(L-x)^2]}{[R^2+(L-x)^2]^{3/2}}$$

$$= \frac{Q}{4\pi\varepsilon_0 L}\left[\frac{1}{R} - \frac{1}{\sqrt{R^2+L^2}}\right]$$

方向沿 x 轴正向。

4—1—10 如图 4—1—9(a)所示，一厚为 b 的“无限大”带电平板，其电荷体密度分布为 $\rho = kx\ (0 \leqslant x \leqslant b)$，式中 k 为一正的常量。求：(1) 平板外两侧任一点 P_1 和 P_2 处的电场强度大小；(2) 平板内任一点 P 处的电场强度；(3) 场强为零的点在何处？

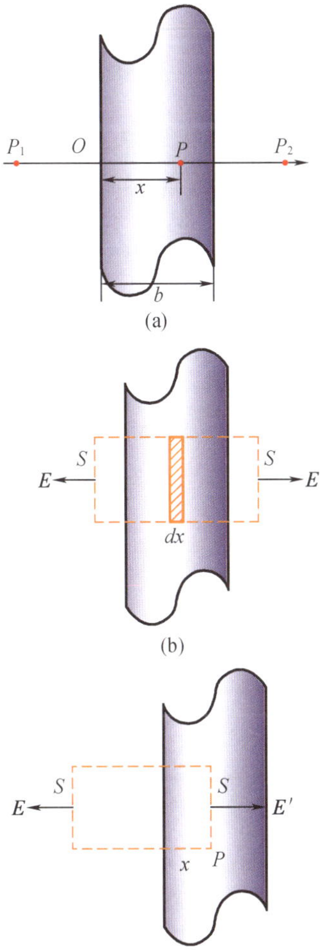

图 4—1—9

解 由对称分析知，平板外两侧场强大小处处相等，方向垂直于平面且背离平面。

(1) 设场强大小为 E。作一柱形高斯面垂直于平面，其底面大小为 S，如图 4—1—9(b)所示。按高斯定理 $\oiint_S \boldsymbol{E}\cdot d\boldsymbol{S} = \sum\frac{q}{\varepsilon_0}$，即

$$2SE = \frac{1}{\varepsilon_0}\int_0^b \rho S dx = \frac{kS}{\varepsilon_0}\int_0^b x dx = \frac{kSb^2}{2\varepsilon_0}$$

得

$$E = \frac{kb^2}{4\varepsilon_0},\quad 平板外两侧$$

(2)作一柱形高斯面，底面为 S。设该处场强为 E'，如图 4—1—9(c)所示。按高斯定理有

$$(E' + E)S = \frac{kS}{\varepsilon_0}\int_0^x x dx = \frac{kSx^2}{2\varepsilon_0}$$

得

$$E' = \frac{k}{2\varepsilon_0}\left(x^2 - \frac{b^2}{2}\right),\quad 0 \leqslant x \leqslant b$$

(3)$E'=0$,必须是 $x^2-\frac{b^2}{2}=0$,得 $x=\frac{b}{\sqrt{2}}$

4—1—11 设电荷体密度沿 x 轴方向按余弦规律 $\rho=\rho_0\cos x$,分布在整个空间,式中 ρ 为电荷体密度,ρ_0 为其幅值。试求空间的场强分布。

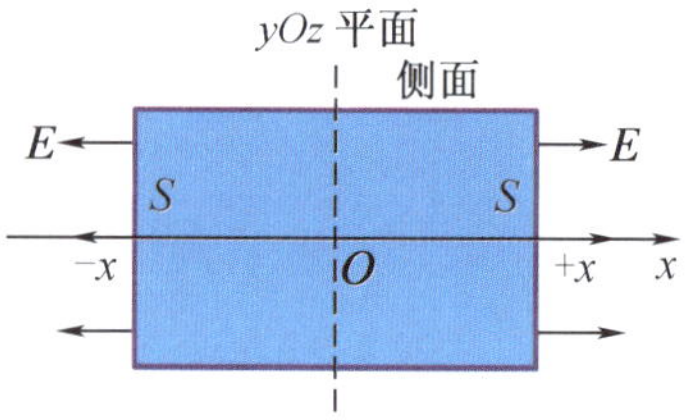

图 4—1—10

解 由题意知,电荷沿 x 轴方向按余弦规律变化,可以判断场强 $\boldsymbol{E}$ 的方向必沿 x 轴方向,且 $\boldsymbol{E}$ 相对 yOz 平面对称分布。在 $\pm x$ 处作与 x 轴垂直的两个相同的平面 S,用与 x 轴平行的侧面将其封闭为高斯面,如图 4—1—10 所示。

由高斯定理 $\oint\!\!\oint_S \boldsymbol{E}\cdot d\boldsymbol{S}=\frac{1}{\varepsilon_0}\iiint_V \rho dV$ 得

$$2SE=\frac{S\rho_0}{\varepsilon_0}\int_{-x}^{x}\cos x dx$$

$$2SE=2\frac{S\rho_0}{\varepsilon_0}\sin x$$

由此得 $E=\rho_0\sin\frac{x}{\varepsilon_0}$,方向沿 x 轴正向。

4—1—12 一半径为 R 的"无限长"圆柱形带电体,其电荷体密度为 $\rho=Ar\ (r\leqslant R)$,式中 A 为常量。试求:(1) 圆柱体内、外各点场强大小分布;(2) 选与圆柱轴线的距离为 $l\ (l>R)$ 处为电势零点,计算圆柱体内、外各点的电势分布。

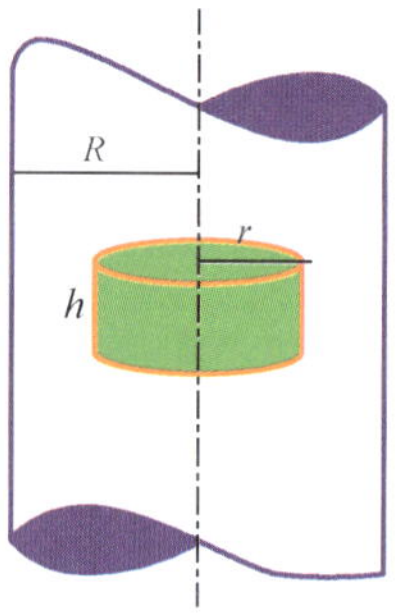

图 4—1—11

解 (1)取半径为 r,高为 h 的高斯圆柱面(如图 4—1—11 所示)。面上各点场强大小为 E 并垂直于柱面,则穿过该柱面的电场强度通量为

$$\oint\!\!\oint_S \boldsymbol{E}\cdot d\boldsymbol{S}=2\pi rhE$$

为求高斯面内的电荷,$r<R$ 时,取一半径为 r',厚为 dr',高为 h 的薄圆筒,其电荷为

$$\rho dV=2\pi Ahr'^2dr'$$

则包围在高斯面内的总电荷为

$$\iiint_V \rho dV=\int_0^r 2\pi Ahr'^2dr'=\frac{2\pi Ahr^3}{3}$$

由高斯定理得

$$2\pi rhE=\frac{2\pi Ahr^3}{3\varepsilon_0}$$

解出

$$E=\frac{Ar^2}{3\varepsilon_0},\quad r\leqslant R$$

当 $r>R$ 时,包围在高斯面内总电荷为

$$\iiint_V \rho dV=\int_0^R 2\pi Ahr'^2dr'=\frac{2\pi AhR^3}{3}$$

由高斯定理得

$$2\pi rhE=\frac{2\pi AhR^3}{3\varepsilon_0}$$

解出

$$E=\frac{AR^3}{3\varepsilon_0 r},\quad r>R$$

(2)计算电势分布,$r\leqslant R$ 时有

$$U=\int_r^l E\mathrm{d}r=\int_r^R \frac{A}{3\varepsilon_0}r^2\mathrm{d}r+\int_R^l \frac{AR^3}{3\varepsilon_0}\cdot\frac{\mathrm{d}r}{r}$$

$$=\frac{A}{9\varepsilon_0}(R^3-r^3)+\frac{AR^3}{3\varepsilon_0}\ln\frac{l}{R}$$

$r>R$ 时有

$$U=\int_r^l E\mathrm{d}r=\int_r^l \frac{AR^3}{3\varepsilon_0}\cdot\frac{\mathrm{d}r}{r}=\frac{AR^3}{3\varepsilon_0}\ln\frac{l}{r}$$

4－1－13　如图4－1－12(a)所示为一沿 x 轴放置的长度为 l 的不均匀带电细棒，其电荷线密度为 $\lambda=\lambda_0(x-a)$，λ_0 为一常量，取无穷远处为电势零点，求坐标原点 O 处的电势。

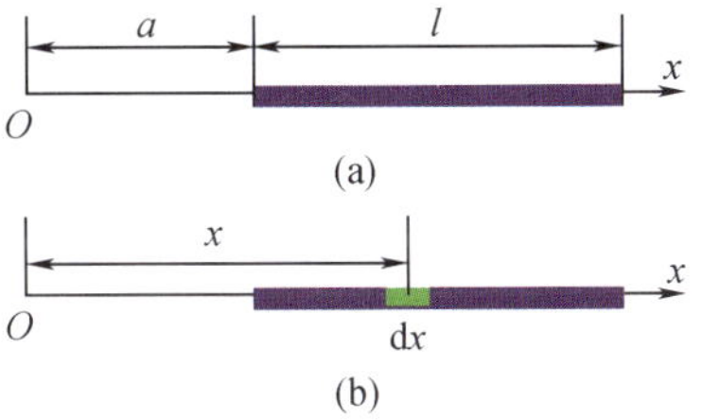

图 4－1－12

解　在任意位置 x 处取长度元 $\mathrm{d}x$(如图4－1－12(b)所示)，其上带有电荷 $\mathrm{d}q=\lambda_0(x-a)\mathrm{d}x$，它在 O 点产生的电势为

$$\mathrm{d}U=\frac{\lambda_0(x-a)\mathrm{d}x}{4\pi\varepsilon_0 x}$$

O 点总电势为

$$U=\int\mathrm{d}U=\frac{\lambda_0}{4\pi\varepsilon_0}\left(\int_a^{a+l}\mathrm{d}x-a\int_a^{a+l}\frac{\mathrm{d}x}{x}\right)=\frac{\lambda_0}{4\pi\varepsilon_0}\left(l-a\ln\frac{a+l}{a}\right)$$

4－1－14　一半径为 R 的均匀带电圆盘，电荷面密度为 σ。设无穷远处为电势零点，计算圆盘中心 O 点电势。

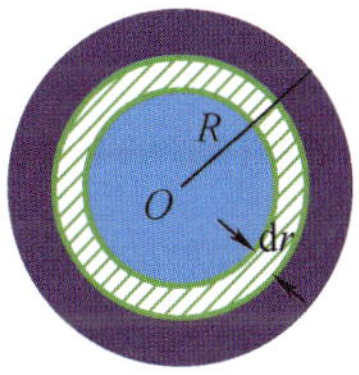

图 4－1－13

解　在圆盘上取一半径为 $r\to r+\mathrm{d}r$ 范围的同心圆环(如图4－1－13所示)，其面积为 $\mathrm{d}S=2\pi r\mathrm{d}r$。其上电荷为 $\mathrm{d}q=2\pi\sigma r\mathrm{d}r$，它在 O 点产生的电势为

$$\mathrm{d}U=\frac{\mathrm{d}q}{4\pi\varepsilon_0 r}=\frac{\sigma\mathrm{d}r}{2\varepsilon_0}$$

总电势为

$$U=\int_S\mathrm{d}U=\frac{\sigma}{2\varepsilon_0}\int_0^R\mathrm{d}r=\frac{\sigma R}{2\varepsilon_0}$$

4－1－15　如图4－1－14所示为一个均匀带电的球层，其电荷体密度为 ρ，球层内表面半径为 R_1，外表面半径为 R_2。设无穷远处为电势零点，求空腔内任一点的电势。

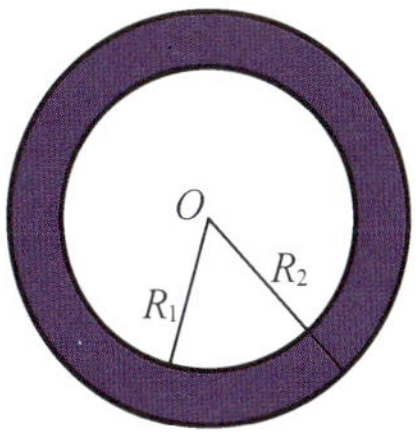

图 4－1－14

解　由高斯定理可知空腔内 $E=0$，故带电球层的空腔是等势区，各点电势均为 U。在球层内取半径为 $r\to r+\mathrm{d}r$ 的薄球层，其电荷为 $\mathrm{d}q=\rho 4\pi r^2\mathrm{d}r$。该薄层电荷在球心处产生的电势为

$$\mathrm{d}U=\frac{\mathrm{d}q}{4\pi\varepsilon_0 r}=\frac{\rho r\mathrm{d}r}{\varepsilon_0}$$

整个带电球层在球心处产生的电势为

$$U_0=\int\mathrm{d}U_0=\frac{\rho}{\varepsilon_0}\int_{R_1}^{R_2}r\mathrm{d}r=\frac{\rho}{2\varepsilon_0}(R_2^2-R_1^2)$$

因为空腔内为等势区，所以空腔内任一点的电势为

$$U=U_0=\frac{\rho}{2\varepsilon_0}(R_2^2-R_1^2)$$

4－1－16　有两根半径都是 R 的"无限长"直导线，彼此平行放置，两者轴线的距离是 $d(d\geqslant 2R)$，沿轴线方向单位长度上分别带有 $+\lambda$ 和 $-\lambda$ 的电荷，如图4－1－15(a)所示。设两带电导线之间的相互作用不影响它们的电荷分布，试求两导线间的电势差。

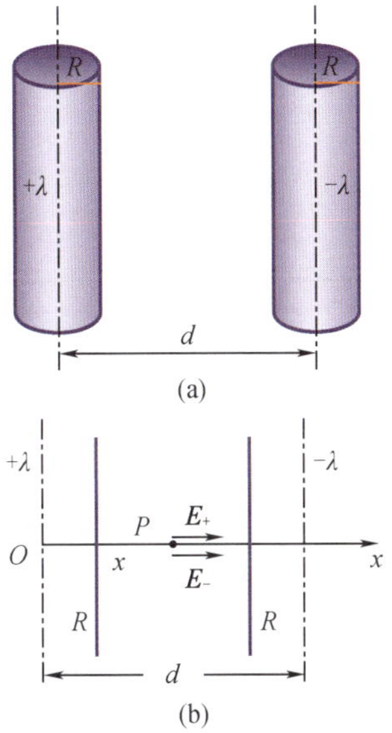

图 4－1－15

解　设原点 O 在左边导线的轴线上，x 轴通过两导线轴线并与之垂直，如图4－1－15(b)所示。在两轴线组成的平面上，$R<x<(d-R)$ 区域内，离

原点距离 x 处的 P 点场强为

$$E=E_{+}+E_{-}=\frac{\lambda}{2\pi\varepsilon_0 x}+\frac{\lambda}{2\pi\varepsilon_0(d-x)}$$

则两导线间的电势差为

$$\begin{aligned}U&=\int_R^{d-R}E\mathrm{d}x\\&=\frac{\lambda}{2\pi\varepsilon_0}\int_R^{d-R}\left(\frac{1}{x}+\frac{1}{d-x}\right)\mathrm{d}x\\&=\frac{\lambda}{\pi\varepsilon_0}\ln\frac{d-R}{R}\end{aligned}$$

4—1—17 如图 4—1—16(a)所示，半径为 R 的均匀带电球面，带有电荷 q。沿某一半径方向上有一均匀带电细线，电荷线密度为 λ，长度为 l，细线左端离球心距离为 r_0。设球和线上的电荷分布不受相互作用影响，试求细线所受球面电荷的电场力和细线在该电场中的电势能(设无穷远处的电势为零)。

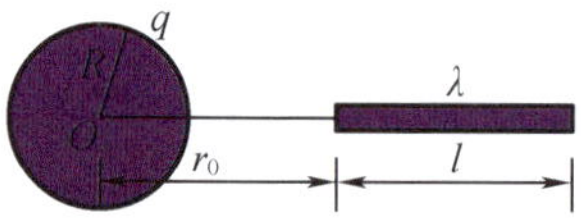

(a)

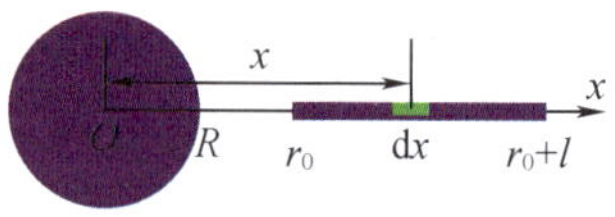

(b)

图 4—1—16

解 设 x 轴沿细线方向，原点在球心处，在 x 处取线元 $\mathrm{d}x$，其上电荷为 $\mathrm{d}q'=\lambda\mathrm{d}x$，如图 4—1—16(b)所示。该线元在带电球面的电场中所受电场力为

$$\mathrm{d}F=\frac{q\lambda\mathrm{d}x}{4\pi\varepsilon_0 x^2}$$

整个细线所受电场力为

$$F=\frac{q\lambda}{4\pi\varepsilon_0}\int_{r_0}^{r_0+l}\frac{\mathrm{d}x}{x^2}=\frac{q\lambda l}{4\pi\varepsilon_0 r_0(r_0+l)},\quad \text{方向沿 } x \text{ 正方向}$$

电荷元在球面电荷电场中具有的电势能为

$$\mathrm{d}E_{\mathrm{p}}=\frac{q\lambda\mathrm{d}x}{4\pi\varepsilon_0 x}$$

整个线电荷在电场中具有的电势能为

$$E_{\mathrm{p}}=\frac{q\lambda}{4\pi\varepsilon_0}\int_{r_0}^{r_0+l}\frac{\mathrm{d}x}{x}=\frac{q\lambda}{4\pi\varepsilon_0}\ln\left(\frac{r_0+l}{r_0}\right)$$

同步训练题

1. 如图 4—1—17 所示为一沿 x 轴放置的“无限长”分段均匀带电直线，电荷线密度分别为 $+\lambda(x<0)$ 和 $-\lambda(x>0)$，求 Oxy 坐标平面上点 $(0,a)$ 处的电场场强。

2. 真空中有一半径为 R 的圆平面，在通过圆心 O 与平面垂直的轴线上一点 P 处，有一电荷为 q 的点电荷。O，P 间距离为 h，如图 4—1—18 所示，试求通过该圆平面的电场强度通量。

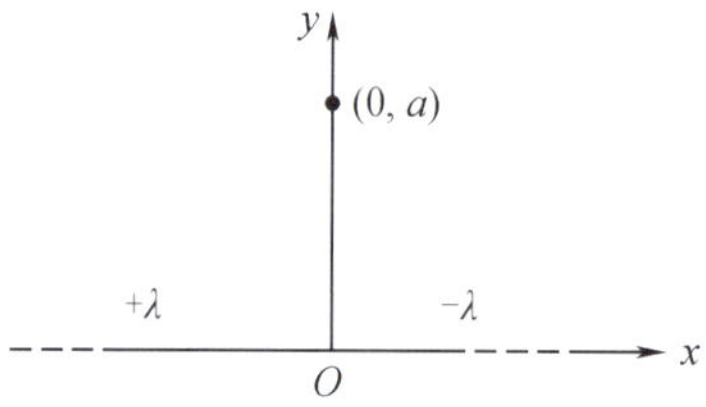

图 4—1—17

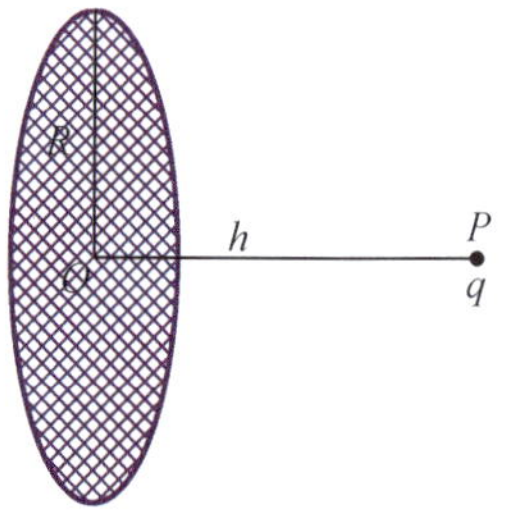

图 4—1—18

3. 一半径为 R 的带电球体，其电荷体密度分布为

$$\begin{cases}\rho=\dfrac{qr}{\pi R^4}, & r\leqslant R, q \text{ 为一正的常量} \\ \rho=0, & r>R\end{cases}$$

试求：(1) 带电球体的总电荷；(2) 球内、外各点的电场强度；(3) 球内、外各点的电势。

4. 如图 4－1－19 所示，一锥顶角为 θ 的圆台，上下底面半径分别为 R_1 和 R_2，在它的侧面上均匀带电，电荷面密度为 σ，求顶点 O 的电势（以无穷远处为电势零点）。

5. 真空中一均匀带电细直杆，长度为 $2a$，总电荷为 $+Q$，沿 Ox 轴固定放置（如图 4－1－20 所示）。一运动粒子质量为 m，带有电荷 $+q$，在经过 x 轴上的 C 点时，速率为 v。试求：(1) 粒子在经过 C 点时，它与杆之间的相互作用电势能（设无穷远处为电势零点）；(2) 粒子在电场力作用下运动到无穷远处的速率 v_∞（设 v_∞ 远小于光速）。

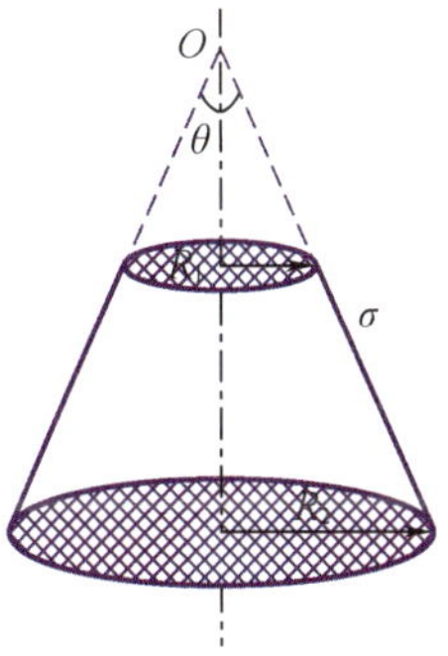

图 4－1－19

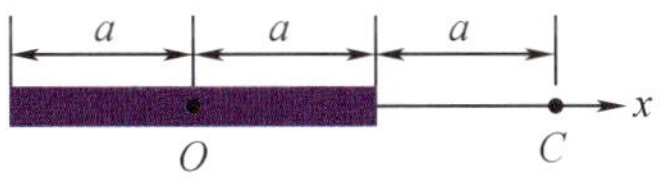

图 4－1－20

6. 两"无限长"同轴均匀带电圆柱面，外圆柱面单位长度带正电荷 λ，内圆柱面单位长度带等量负电荷。两圆柱面间为真空，其中有一质量为 m 并带正电荷 q 的质点在垂直于轴线的平面内绕轴作圆周运动，试求此质点的速率。

7. 两块竖直平行放置的均匀带电大平板，面积都是 S，分别带有电荷 $+Q$ 和 $-Q$。在两板中间有一长为 L 的带电细棒，棒上的电荷线密度一半为 $+\lambda$ 另一半为 $-\lambda$。棒的方向与水平方向成 θ 角，如图 4－1－21 所示。求棒所受的电场力矩。

8. 如图 4－1－22 所示两个半径均为 R 的非导体球壳，表面上均匀带电，电荷分别为 $+Q$ 和 $-Q$，两球心相距为 d（$d\gg 2R$）。求两球心间的电势差。

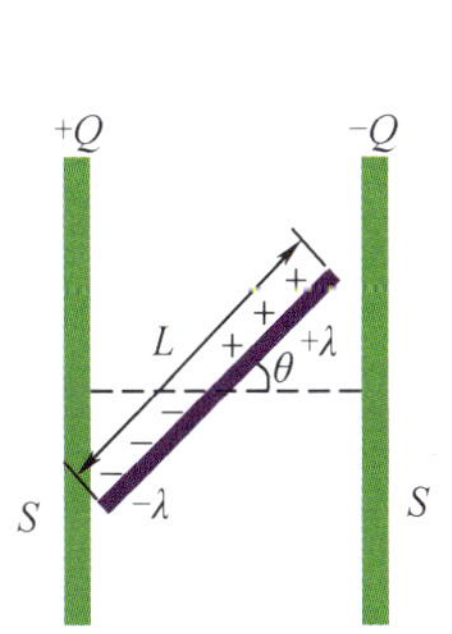

图 4－1－21

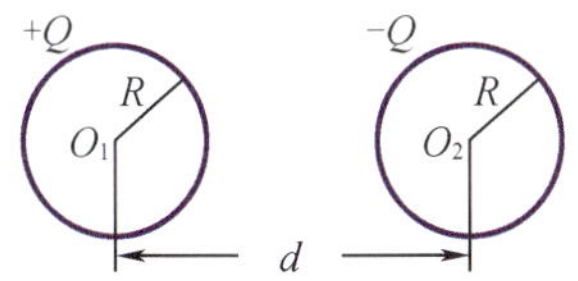

图 4－1－22

9. 一半径为 R 的均匀带电细圆环，其电荷线密度为 λ，水平放置。今有一质量为 m，电荷为 q 的粒子沿圆环轴线自上而下向圆环的中心运动（如

图 4－1－23所示）。已知该粒子在通过距环心高为 h 的一点时的速率为 v_1，求该粒子到达环心时的速率。

10. 半径为 R，电荷线密度为 λ_1 的一个均匀带电圆环，在其轴线上放一长为 l，电荷线密度为 λ_2 的均匀带电直线段，该线段的一端处于圆环中心处，如图 4－1－24 所示。求该直线段受到的电场力。

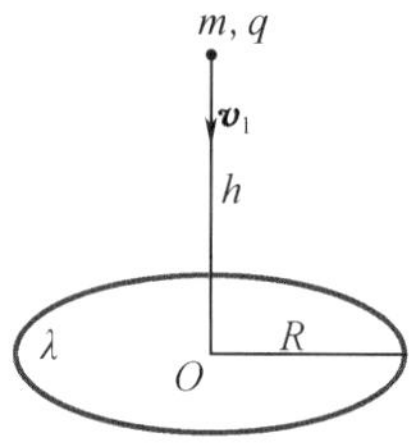

图 4－1－23

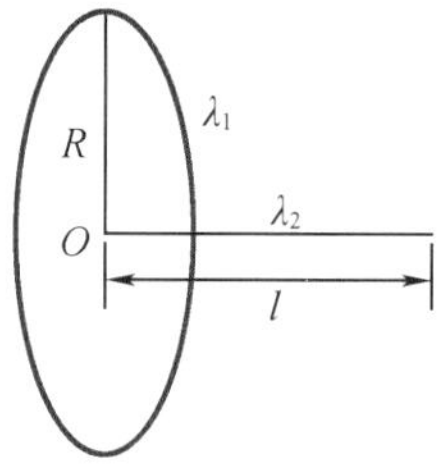

图 4－1－24

同步训练题答案

1. $\boldsymbol{E}=\dfrac{\lambda}{2\pi\varepsilon_0 a}\boldsymbol{i}$

2. $\Phi_e=\dfrac{q}{2\varepsilon_0}\left(1-\dfrac{h}{\sqrt{R^2+h^2}}\right)$

3. (1) q；

(2) $E=\begin{cases}\dfrac{qr^2}{4\pi\varepsilon_0 R^4}, & r\leqslant R, \boldsymbol{E}\text{ 方向沿半径向外}\\ \dfrac{q}{4\pi\varepsilon_0 r^2}, & r>R, \boldsymbol{E}\text{ 的方向沿半径向外}\end{cases}$

(3) $U=\begin{cases}\dfrac{q}{12\pi\varepsilon_0 R}\left(4-\dfrac{r^3}{R^3}\right), & r\leqslant R\\ \dfrac{q}{4\pi\varepsilon_0 r}, & r>R\end{cases}$

4. $U=\dfrac{\sigma(R_2-R_1)}{2\varepsilon_0}$

5. (1) $U=\dfrac{Q}{8\pi\varepsilon_0}\ln 3$；(2) $v_\infty=\sqrt{\dfrac{qQ}{4\pi\varepsilon_0 am}+v^2}$

6. $v=\sqrt{\dfrac{q\lambda}{2\pi\varepsilon_0 m}}$

7. $M=\dfrac{Q\lambda L^2\sin\theta}{4\varepsilon_0 S}$

8. $\dfrac{Q}{2\pi\varepsilon_0}\left(\dfrac{1}{R}-\dfrac{1}{d}\right)=\dfrac{Q(d-R)}{2\pi\varepsilon_0 Rd}$

9. $\left[v_1^2+2gh-\dfrac{\lambda qR}{m\varepsilon_0}\left(\dfrac{1}{R}-\dfrac{1}{\sqrt{h^2+R^2}}\right)\right]^{\frac{1}{2}}$

10. $\dfrac{\lambda_1\lambda_2 R}{2\varepsilon_0}\left[\dfrac{1}{R}-\dfrac{1}{(l^2+R^2)^{\frac{1}{2}}}\right]$

第2章　静电场中的导体和电介质

知识要点

2.1 静电场中的导体

2.1.1　导体的静电平衡

静电感应：因外电场作用，引起导体电荷重新分布的现象。

静电平衡：当导体内部和表面都无电荷定向移动的状态。

静电平衡条件：

(1) 导体内部任何一点处的电场强度为零；

(2) 导体表面处电场强度的方向都与导体表面垂直。

2.1.2　静电平衡时导体上的电荷分布

实心导体和腔内无带电体的导体：其内部各处净余电荷为零；电荷只能分布在导体的外表面。

腔内有带电体的导体：若腔内的带电体的电量为 q，导体的带电量为 Q，则导体内表面所带电量为 $-q$，外表面所带电量为 $q+Q$。

2.1.3　导体表面的电场

静电平衡下的导体的性质：

(1) 导体是个等势体；

(2) 导体表面处的电场强度的大小为：

$$E=\frac{\sigma}{\varepsilon_0}$$

2.1.4　导体静电平衡的应用

尖端放电：导体尖端部位场强大，容易使周围空气电离。

静电屏蔽：空腔导体(无论接地与否)将使腔内空间不受外电场的影响；而接地空腔导体将使外部空间不受空腔内的电场的影响。

2.1.5　有导体存在时静电场的计算

根据静电场的基本规律、电荷守恒以及静电平衡条件加以分析和计算。

2.2 电容 电容器

2.2.1 孤立导体的电容

孤立导体的电容：孤立导体所带的电量 Q 与其电势 V 的比值，即

$$C=\frac{Q}{U}$$

2.2.2 电容器及其电容

电容器：两个能够带有等量而异号的导体所组成的系统。

电容器电容：两导体中任何一导体所带的电量 Q 与两导体间电势差 U 的比值，即

$$C=\frac{Q}{U}$$

2.2.3 电容的计算

基本步骤：

(1)假定在两个极板上分别带有等量异号电荷 $\pm Q$；

(2)应用高斯定理根据此电荷计算两极板之间的电场 $\boldsymbol{E}$；

(3)再根据 $U=\int_a^b \boldsymbol{E}\cdot \mathrm{d}\boldsymbol{l}$ 计算极板之间的电势差 U_{ab}；

(4)根据教材中式(4.2.3)计算电容 C。

2.2.4 电容器的串联和并联

电容器的并联： $C=C_1+C_2+\cdots\cdots+C_i$

电容器的串联： $\frac{1}{C}=\frac{1}{C_1}+\frac{1}{C_2}+\cdots\cdots+\frac{1}{C_i}$

2.3 静电场中的电介质

2.3.1 电介质对电场的影响

若在两导体间充满均匀的各向同性的电介质，则有

$$C=\varepsilon_r C_0$$

相对电容率： $\varepsilon_r=\frac{C}{C_0}$

电介质中场强和电势差： $\boldsymbol{E}=\frac{\boldsymbol{E}_0}{\varepsilon_r}, U=\frac{U_0}{\varepsilon_r}$

2.3.2 电介质的电结构

无极分子：无外电场时，正、负电荷中心重合的分子。

有极分子：无外电场时，正、负电荷中心不重合的分子。

2.3.3　电介质的极化

极化现象：在外电场作用下介质表面产生极化电荷的现象。

2.3.4　极化强度

电极化强度：
$$P = \lim_{\Delta V \to 0} \frac{\sum p}{\Delta V}$$
极化强度与极化电荷的关系：
$$\oint\!\!\!\oint_S P \cdot dS = -Q'$$
极化强度与电场强度的关系：
$$P = \chi_e \varepsilon_0 E$$

2.3.5　电介质中的高斯定理

在静电场中，通过任意闭合曲面的电位移通量等于该闭合曲面内所包围的自由电荷电量的代数和，即
$$\oint\!\!\!\oint_S D \cdot dS = \sum_{i=1}^{n} Q_i$$
式中，D 称为电位移矢量，$D = \varepsilon_0 E + P$。

2.3.6　有电介质存在时静电场的计算

基本步骤：
(1)根据已知的自由电荷分布，计算出电位移矢量；
(2)根据电介质特性，计算出介质中的场强；
(3)计算电极化强度；
(4)计算束缚电荷面密度。

2.3.7　铁电、压电与电致伸缩

铁电体；压电效应；电致伸缩；驻极体

2.4　静电场的能量

电容器的电能：$W_e = \frac{1}{2}\frac{Q^2}{C} = \frac{1}{2}CU^2 = \frac{1}{2}QU$

静电场的能量密度：$w_e = \frac{1}{2} D \cdot E$

静电场的能量：$W_e = \iiint_V w_e dV$

书后习题解答

4－2－1　半径分别为 R_1 和 R_2($R_2 > R_1$)的两个同心导体薄球壳，分别带有电荷 Q_1 和 Q_2，今将内球壳用细导线与远处半径为 r 的导体球相连，如图 4－2－1 所示，导体球原来不带电，试求：相连后导体球所带电荷 q。

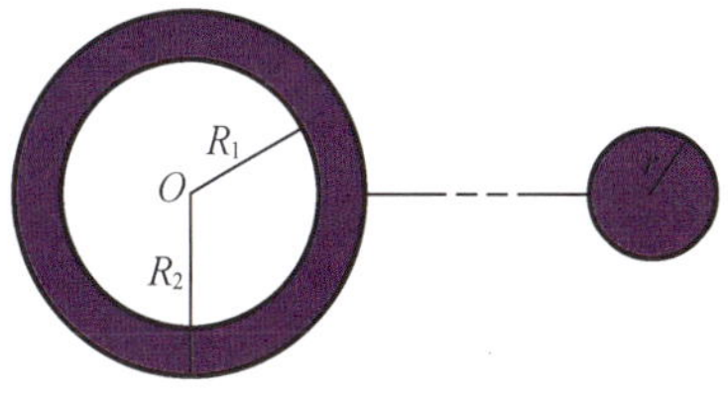

图 4－2－1

解　设导体球带电 q，取无穷远处为电势零点，则导体球电势为

$$U_0=\frac{q}{4\pi\varepsilon_0 r}$$

内球壳电势为

$$U_1=\frac{Q_1-q}{4\pi\varepsilon_0 R_1}+\frac{Q_2}{4\pi\varepsilon_0 R_2}$$

二者等电势，即

$$\frac{q}{4\pi\varepsilon_0 r}=\frac{Q_1-q}{4\pi\varepsilon_0 R_1}+\frac{Q_2}{4\pi\varepsilon_0 R_2}$$

解得

$$q=\frac{r(R_2Q_1+R_1Q_2)}{R_2(R_1+r)}$$

4－2－2　一圆柱形电容器，外柱的直径为 4 cm，内柱的直径可以适当选择，若其间充满各向同性的均匀电介质，该介质的击穿电场强度的大小为 $E_0=200$ KV/cm。试求：该电容器可能承受的最高电压（自然对数的底$e=2.718\ 3$）。

解　设圆柱形电容器单位长度上带有电荷为 λ，则电容器两极板之间的场强分布为

$$E=\frac{\lambda}{2\pi\varepsilon r}$$

设电容器内外两极板半径分别为 r_0，R，则极板间电压为

$$U=\int_{r_0}^{R}\boldsymbol{E}\cdot\mathrm{d}\boldsymbol{r}=\int_{r_0}^{R}\frac{\lambda}{2\pi\varepsilon r}\mathrm{d}r=\frac{\lambda}{2\pi\varepsilon}\ln\frac{R}{r_0}$$

电介质中场强最大处在内柱面上，当这里场强达到 E_0 时电容器击穿，这时应有

$$\lambda=2\pi\varepsilon r_0E_0$$

$$U=r_0E_0\ln\frac{R}{r_0}$$

适当选择 r_0 的值，可使 U 有极大值，即令

$$\frac{\mathrm{d}U}{\mathrm{d}r_0}=E_0\ln\frac{R}{r_0}-E_0=0$$

得

$$r_0=\frac{R}{e}$$

显然有$\frac{\mathrm{d}^2U}{\mathrm{d}r_0^2}<0$，故当 $r_0=\frac{R}{e}$时电容器可承受最高的电压为

$$U_{\max}=\frac{RE_0}{e}=147\ \mathrm{kV}$$

4－2－3　一导体球外充满相对介电常量为 ε_r 的均匀电介质，若测得导体表面附近场强为 E，试求导体球面上的自由电荷面密度 σ。

解　由高斯定理 $\oint\!\!\oint_S\boldsymbol{D}\cdot\mathrm{d}\boldsymbol{S}=\sum_S q$，有

$$DS=\sigma S$$

由 $D=\varepsilon_0\varepsilon_rE$ 有

$$\sigma=\varepsilon_0\varepsilon_rE$$

4－2－4　一平行板电容器始终与端电压一定的电源相连。当电容器两极板间为真空时，电场强度为 $\boldsymbol{E}_0$，电位移为 $\boldsymbol{D}_0$，而当两极板间充满相对介电常量为 ε_r 的各向同性均匀电介质时，试求电场强度 $\boldsymbol{E}$，电位移 $\boldsymbol{D}$。

解　设极板间距为 d，利用 $U=Ed$ 及真空与充满介质电压 U 不变，有

$$\boldsymbol{E}=\boldsymbol{E}_0$$

由 $D=\varepsilon_0\varepsilon_rE$ 有

$$\boldsymbol{D}=\varepsilon_r\boldsymbol{D}_0$$

4－2－5　一个带电荷 q，半径为 R 的金属球壳，壳内是真空，壳外是介电常量为 ε 的无限大各向同性均匀电介质，求此球壳的电势。

解　由高斯定理 $\oiint_S \boldsymbol{D}\cdot\mathrm{d}\boldsymbol{S}=\sum_S q$，得

$$D=\frac{q}{4\pi r^2}$$

由 $D=\varepsilon E$ 有

$$E=\frac{q}{4\pi\varepsilon r^2}$$

由电势定义，得

$$U=\int_R^{\infty}\boldsymbol{E}\cdot\mathrm{d}\boldsymbol{r}=\frac{q}{4\pi\varepsilon_r R}$$

4－2－6　设雷雨云位于地面以上 500 m 的高度，其面积为 $10^7\ \mathrm{m}^2$，为了估算，把它与地面看作一个平行板电容器，此雷雨云与地面间的电场强度为 $10^4\ \mathrm{V/m}$，若一次雷电即把雷雨云的电能全部释放完，则此能量相当于质量为多少的物体从 500 m 高空落到地面所释放的能量。

解　由 $W_e=\frac{1}{2}\varepsilon_0E^2V$，$E_p=mgh$，且根据题意 $W_e=E_p$，得

$$m=\frac{\varepsilon_0E^2S}{2g}=4.52\times10^2\ \mathrm{kg}$$

4－2－7　一绝缘金属物体，在真空中充电达某一电势值，其电场总能量为 W_0。若断开电源，使其上所带电荷保持不变，并把它浸没在相对介电常量为 ε_r 的无限大的各向同性均匀液态电介质中，问：这时电场总能量有多大？

解　因为所带电荷保持不变，故电场中各点的电位移矢量 $\boldsymbol{D}$ 保持不变。又因为

$$W=\frac{1}{2}DE=\frac{1}{2\varepsilon_0\varepsilon_r}D^2=\frac{1}{\varepsilon_r}\frac{1}{2\varepsilon_0}D_0^2=\frac{W_0}{\varepsilon_r}$$

介质均匀，所以电场总能量为

$$W=\frac{W_0}{\varepsilon_r}$$

同步训练题

1. 如图 4－2－2 所示，一厚度为 d 的“无限大”均匀带电导体板，电荷面密度为 σ，求板的两侧离板面距离均为 h 的两点 a，b 之间的电势差。

2. 如图 4－2－3 所示，一内半径为 a，外半径为 b 的金属球壳，带有电荷 Q，在球壳空腔内距离球心 r 处有一点电荷 q。设无限远处为电势零点，求：(1) 球壳内外表面上的电荷；(2) 球心 O 点处，由球壳内表面上电荷产生的电势；(3) 球心 O 点处的总电势。

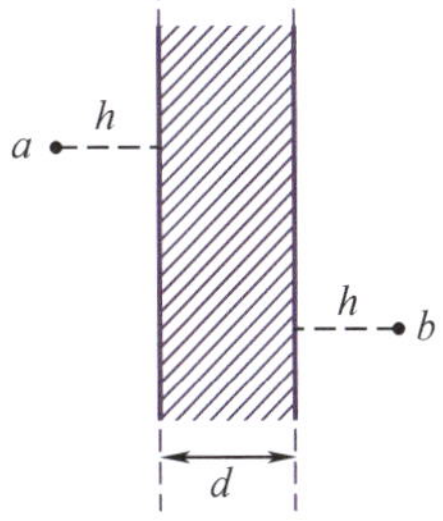

图 4－2－2

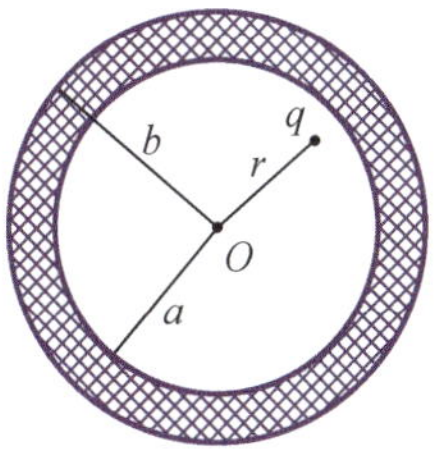

图 4－2－3

3. 假想从无限远处陆续移来微量电荷使一半径为 R 的导体球带电。求:(1) 当球上已带有电荷 q 时,再将一个电荷元 $\mathrm{d}q$ 从无限远处移到球上的过程中,外力做多少功;(2) 使球上电荷从零开始增加到 Q 的过程中,外力共做多少功?

4. 试证明静电平衡条件下导体表面单位面积受的力为 $\boldsymbol{f}=\dfrac{\sigma^2}{2\varepsilon_0}\boldsymbol{e}_n$,其中 σ 为电荷密度,$\boldsymbol{e}_n$ 为表面的外法线的单位矢量。此力方向与电荷的符号无关,总是指向导体外部。

5. 一电容器由两个很长的同轴薄圆筒组成,内、外圆筒半径分别为 $R_1=2$ cm,$R_2=5$ cm,其间充满相对介电常量为 ε_r 的各向同性、均匀电介质。电容器接在电压 $U=32$ V 的电源上(如图 4－2－4 所示),试求距离轴线 $R=3.5$ cm 处的 A 点的电场强度和 A 点与外筒间的电势差。

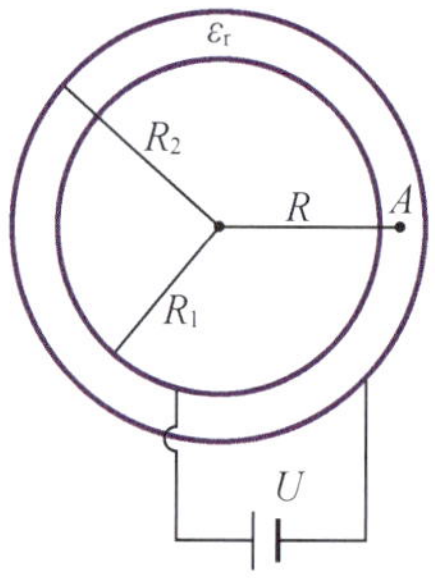

图 4－2－4

6. 两金属球的半径之比为 1 : 4,带等量的同号电荷。当两者的距离远大于两球半径时,有一定的电势能。若将两球接触一下再移回原处,则电势能变为原来的多少倍?

7. 一绝缘金属物体,在真空中充电达某一电势值,其电场总能量为 W_0。若断开电源,使其上所带电荷保持不变,并把它浸没在相对介电常量为 ε_r 的无限大的各向同性均匀液态电介质中,问这时电场总能量有多大?

同步训练题答案

1. 0

2. (1)金属球壳的内表面上有感生电荷 $-q$,外表面上带电荷 $q+Q$;
(2)$U=\dfrac{-q}{4\pi\varepsilon_0 a}$;(3)$U=\dfrac{q}{4\pi\varepsilon_0}\left(\dfrac{1}{r}-\dfrac{1}{a}+\dfrac{1}{b}\right)+\dfrac{Q}{4\pi\varepsilon_0 b}$

3. (1)$\mathrm{d}A=\dfrac{q}{4\pi\varepsilon_0 R}\mathrm{d}q$;(2)$A=\dfrac{Q^2}{8\pi\varepsilon_0 R}$

4. 略

5. $E_A=\dfrac{U}{R\ln\dfrac{R_2}{R_1}}=998\ \mathrm{V/m}$,$U'=\dfrac{U}{\ln\dfrac{R_2}{R_1}}\ln\dfrac{R_2}{R}=12.5\ \mathrm{V}$

6. 当返回原处时,电势能为 $W=\dfrac{Q_1Q_2}{4\pi\varepsilon_0 d}=\dfrac{16}{25}W_0$

7. $W=\dfrac{W_0}{\varepsilon_r}$

第5篇 磁 学

第1章　恒定磁场

知识要点

1.1　电流　电流密度

1.1.1　电流

电流强度：单位时间内通过导体任一截面的电量，即

$$I=\frac{\mathrm{d}q}{\mathrm{d}t}$$

1.1.2　电流密度

电流密度 $\boldsymbol{j}$：单位时间内通过该点附近垂直于正电荷运动方向的单位面积的电荷，其方向为该点正电荷的运动方向，即

$$I=\iint_S \boldsymbol{j}\cdot\mathrm{d}\boldsymbol{S}$$

1.1.3　电流的连续方程 恒定电流

电流的连续性方程：　$\oint\!\!\oint_S \boldsymbol{j}\cdot\mathrm{d}\boldsymbol{S}=-\dfrac{\mathrm{d}Q_i}{\mathrm{d}t}$；

恒定电流条件：　$\oint\!\!\oint_S \boldsymbol{j}\cdot\mathrm{d}\boldsymbol{S}=0$

1.1.4　欧姆定律的微分形式

欧姆定律的微分形式：通过导体中任一点的电流密度与电场强度成正比，两者方向相同，即

$$\boldsymbol{j}=\frac{1}{\rho}\boldsymbol{E}=\gamma\boldsymbol{E}$$

式中，ρ 为导体的电阻率；γ 为导体的电导率。

1.2　电源　电动势

1.2.1　电源

电源：能够提供非静电场力的装置。

1.2.2 电动势

电源的电动势：单位正电荷绕闭合回路一周时，非静电场力所做的功，即

$$\varepsilon = \oint \boldsymbol{E}_{\mathrm{k}} \cdot \mathrm{d}\boldsymbol{l}$$

1.3 磁场 磁感应强度

1.3.1 磁的基本现象及其本质

磁性；磁极；安培假说

1.3.2 磁场 磁感应强度

磁场：运动电荷在其周围所激发的物质场。

磁感强度：大小为电荷沿与磁场垂直方向运动时所受的力与其电量和速率乘积的比值，即

$$B=\frac{F_{\perp}}{qv}$$

方向为电荷在磁场中运动不受力时速度的方向。

1.4 毕奥-萨伐尔定律

1.4.1 毕奥—萨伐尔定律

毕奥—沙伐尔定律： $\mathrm{d}\boldsymbol{B}=\frac{\mu_0}{4\pi}\cdot\frac{I\mathrm{d}\boldsymbol{l}\times\boldsymbol{r}}{r^3}$

1.4.2 毕奥—萨伐尔定律应用举例

载流直电流的磁场：

$$B=\frac{\mu_0 I}{4\pi r_0}(\cos\theta_1-\cos\theta_2),$$ **B** 的方向满足右手定则

圆电流的磁场：

$$B=\frac{\mu_0 IR^2}{2(R^2+x^2)^{\frac{3}{2}}},$$ **B** 的方向满足右手定则

1.4.3 运动电荷的磁场

运动电荷的磁场： $\boldsymbol{B}=\frac{\mu_0}{4\pi}\cdot\frac{q\boldsymbol{v}\times\boldsymbol{r}}{r^3}$

1.5 磁通量 磁场的高斯定理

1.5.1 磁感应线

磁感线：为了形象地描述磁场在空间的分布，在磁场中画出一系列假想

的曲线。曲线上每一点的切线方向表示该点磁场的方向，曲线的疏密表示场强的大小。

磁感线特性：

(1) 磁感线不会相交；

(2) 磁感线是闭合曲线；

(3) 磁感线与电流的流向相互满足右手螺旋定则。

1.5.2　磁通量　磁场的高斯定理

磁通量：与通过磁场中某一曲面的磁感线数成正比，即

$$\Phi_m = \iint_S \boldsymbol{B} \cdot d\boldsymbol{S}$$

磁场的高斯定理：通过任意闭合曲面的磁通量必等于零（故磁场是无源的），即

$$\oiint_S \boldsymbol{B} \cdot d\boldsymbol{S} = 0$$

1.6　磁场的安培环路定理

1.6.1　安培环路定理

在真空的稳恒磁场中，磁感强度 $\boldsymbol{B}$ 沿任一闭合路径的积分的值，等于 μ_0 乘以穿过该闭合路径的各电流的代数和（与闭合路径外的电流无关），即

$$\oint_l \boldsymbol{B} \cdot d\boldsymbol{l} = \mu_0 \sum_{i=1}^{n} I_i$$

1.6.2　安培环路定理的应用举例

载流长直螺线管的磁场：

$$B=\mu_0 nI$$

载流螺绕环内的磁场：

$$B=\frac{\mu_0 NI}{2\pi r}$$

无限长载流圆柱体的磁场：

$$B=\begin{cases} \dfrac{\mu_0 Ir}{2\pi R^2}, & r<R \\ \dfrac{\mu_0 I}{2\pi r}, & r>R \end{cases}$$

书后习题解答

5－1－1　在真空中，几种载流导线在同一平面内，如图 5－1－1 所示，几种载流导线在平面内分布，电流均为 I，求它们在 O 点的磁感应强度。

解　(1)如图 5－1－1(a)所示，长直导线在 O 点产生的磁感应强度为

零，则 O 点处的总磁感应强度为 $\frac{1}{4}$ 圆弧所激发，故有

$$B_0=\frac{\mu_0 I}{2R}\cdot\frac{\theta}{2\pi}=\frac{\mu_0 I}{8R}$$

方向垂直纸面向外。

(2) 如图 5-1-1(b) 所示，将载流导线看作圆电流和长直电流，由叠加原理可得

$$B_0=\frac{\mu_0 I}{2R}-\frac{\mu_0 I}{2\pi R}$$

方向垂直纸面向里。

(3) 如图 5-1-1(c) 所示，将载流导线看作 $\frac{1}{2}$ 圆电流和两段半无限长直电流，由叠加原理可得

$$B_0=\frac{\mu_0 I}{4R}+\frac{\mu_0 I}{4\pi R}+\frac{\mu_0 I}{4\pi R}=\frac{\mu_0 I}{4R}+\frac{\mu_0 I}{2\pi R}$$

方向垂直纸面向外。

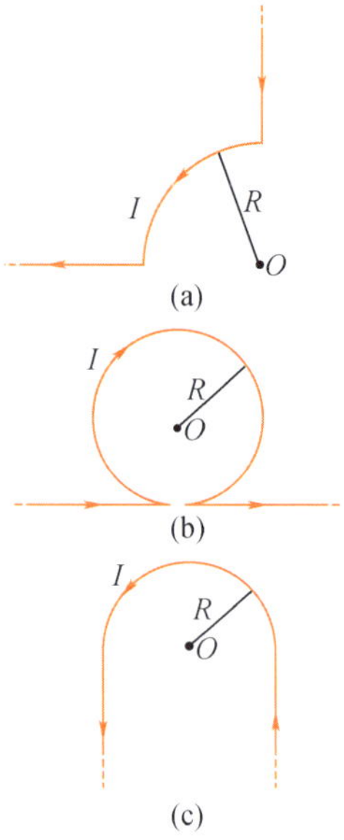

图 5-1-1

5-1-2 如图 5-1-2(a) 所示，半径为 R 的木球上绕有密集的细导线，线圈平面彼此平行，且以单层线圈覆盖半个球面，设线圈的总匝数为 N，通过线圈的电流为 I。求：球心 O 处的磁感应强度。

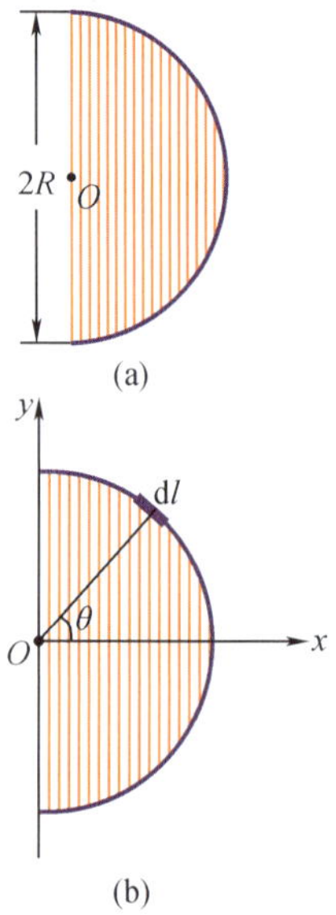

图 5-1-2

解 选取如图 5-1-2(b) 所示微元，此微元等效于一个圆电流。沿圆周单位长度的线圈匝数为 $\frac{N}{\frac{1}{2}\pi R}$，通过微元的电流为

$$\mathrm{d}I=I\mathrm{d}N=\frac{2N}{\pi R}\cdot R\mathrm{d}\theta\cdot I$$

圆电流在球心 O 处激发的磁感应强度为

$$\mathrm{d}B=\frac{\mu_0}{2}\cdot\frac{y^2}{(x^2+y^2)^{\frac{3}{2}}}\mathrm{d}I$$

总磁感应强度为

$$B=\int_0^{\frac{\pi}{2}}\frac{\mu_0}{2}\cdot\frac{y^2 I}{(x^2+y^2)^{\frac{3}{2}}}\cdot\frac{2N}{\pi R}R\,\mathrm{d}\theta$$

由图知 $x=R\cos\theta, y=R\sin\theta$。将它们代入上式得

$$B=\int_0^{\frac{\pi}{2}}\frac{\mu_0 NI}{\pi R}\sin^2\theta\mathrm{d}\theta=\frac{\mu_0 NI}{4R}$$

磁感应强度方向可根据电流的流向由右手定则确定。

5-1-3 如图 5-1-3(a) 所示，一半径为 $R=1.0$ cm 的无限长 1/4 圆柱形金属薄片，沿轴向通以电流 $I=10.0$ A 的电流，设电流在金属片上均匀分布，试求：圆柱轴线上任意一点 P 的磁感应强度。

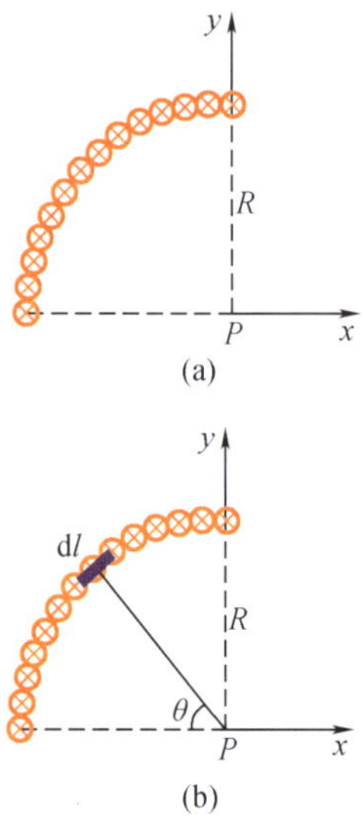

图 5-1-3

解 选坐标如图 5-1-3(b) 所示，取 $\mathrm{d}l$ 段，其中电流为

$$\mathrm{d}I=\frac{I\mathrm{d}l}{\frac{1}{2}\pi R}=\frac{2IR\mathrm{d}\theta}{\pi R}=\frac{2I\mathrm{d}\theta}{\pi}$$

在 P 点，有

$$\mathrm{d}B=\frac{\mu_0\mathrm{d}I}{2\pi R}=\frac{\mu_0}{2\pi R}\cdot\frac{2I}{\pi}\mathrm{d}\theta=\frac{\mu_0 I}{\pi^2 R}\mathrm{d}\theta$$

则

$$\mathrm{d}B_x=\frac{-\mu_0 I\sin\theta\mathrm{d}\theta}{\pi^2 R},\mathrm{d}B_y=\frac{-\mu_0 I\cos\theta\mathrm{d}\theta}{\pi^2 R}$$

$$B_x=\frac{-\mu_0 I}{\pi^2 R}\int_0^{\frac{\pi}{2}}\sin\theta\mathrm{d}\theta=\frac{-\mu_0 I}{\pi^2 R}$$

$$B_y=\frac{-\mu_0 I}{\pi^2 R}\int_0^{\frac{\pi}{2}}\cos\theta\mathrm{d}\theta=\frac{-\mu_0 I}{\pi^2 R}$$

$$B=(B_x^2+B_y^2)^{\frac{1}{2}}=\frac{\mu_0 I\sqrt{2}}{\pi^2 R}=1.8\times10^{-4}\ \mathrm{T}$$

方向为 $\tan\alpha=\frac{B_y}{B_x}=1$，$\alpha=225°$，$\alpha$ 为 $\boldsymbol{B}$ 与 x 轴正向的夹角。

5－1－4 三根平行长直导线在同一平面内，1，2 和 2，3 之间距离都是 $d=3$ cm，其中电流 $I_1=I_2$，$I_3=-(I_1+I_2)$，方向如图 5－1－4(a)所示。求在该平面内 $B=0$ 的直线的位置。

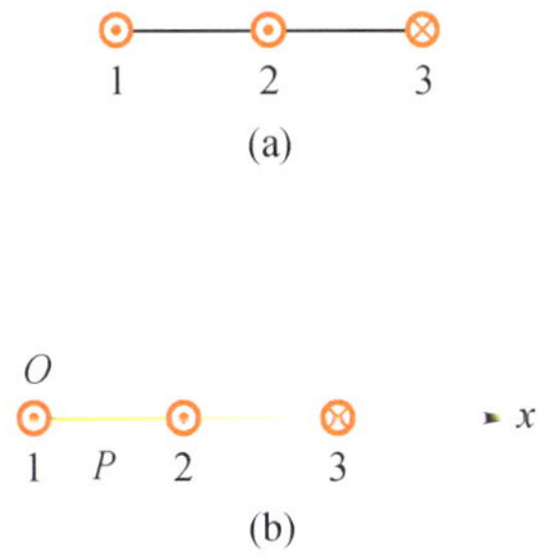

图 5－1－4

解 建立坐标系，Ox 如图 5－1－4(b)所示，设 Ox 轴上一点 P 为 $B=0$ 的位置，其坐标为 x，在 P 点 $\boldsymbol{B}_1$ 向上，$\boldsymbol{B}_2$ 向下，$\boldsymbol{B}_3$ 向上，故有

$$\frac{\mu_0 I}{2\pi x}+\frac{2\mu_0 I}{2\pi(2d-x)}-\frac{\mu_0 I}{2\pi(d-x)}$$

$$\frac{1}{x}+\frac{2}{2d-x}=\frac{1}{d-x}$$

代入解得 $x=2$ cm

故 $B=0$ 的线在 1，2 连线间，距 1 导线 2 cm 处，且与 1，2，3 平行（在同一平面内）。

5－1－5 如图 5－1－5(a)所示，均匀带电刚性细杆 AB，线电荷密度为 λ，绕垂直于直线的轴 O 以 ω 角速度匀速转动（O 点在细杆 AB 延长线上）。求：(1) O 点的磁感强度 $\boldsymbol{B}_O$；(2) 系统的磁矩 $\boldsymbol{m}$；(3) 若 $a\gg b$，求 $\boldsymbol{B}_O$ 及 $\boldsymbol{m}$。

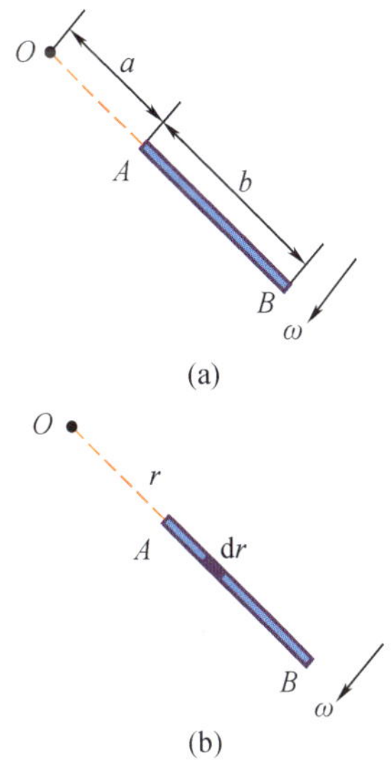

图 5－1－5

解 (1) 如图 5－1－5(b)所示，对 $r\sim r+\mathrm{d}r$ 段，电荷 $\mathrm{d}q=\lambda\mathrm{d}r$，旋转形成圆电流，则

$$\mathrm{d}I=\frac{\mathrm{d}q\omega}{2\pi}=\frac{\lambda\omega}{2\pi}\mathrm{d}r$$

它在 O 点的磁感强度为

$$\mathrm{d}B_O=\frac{\mu_0\mathrm{d}I}{2r}=\frac{\lambda\omega\mu_0}{4\pi}\cdot\frac{\mathrm{d}r}{r}$$

$$B_O=\int\mathrm{d}B_O=\frac{\lambda\omega\mu_0}{4\pi}\int_a^{a+b}\frac{\mathrm{d}r}{r}=\frac{\lambda\omega\mu_0}{4\pi}\ln\frac{a+b}{a}$$

方向垂直纸面向内。

(2)
$$\mathrm{d}m=\pi r^2\mathrm{d}I=\frac{1}{2}\lambda\omega r^2\mathrm{d}r$$

$$m=\int\mathrm{d}m=\int_a^{a+b}\frac{1}{2}\lambda\omega r^2\mathrm{d}r=\lambda\omega\frac{(a+b)^3-a^3}{6}$$

方向垂直纸面向内。

(3) 在 $a\gg b$ 时，$\ln\frac{a+b}{a}\approx\frac{b}{a}$，则

$$B_0=\frac{\mu_0\omega}{4\pi}\cdot\frac{\lambda b}{a}=\frac{\omega\mu_0 q}{4\pi a}$$

过渡到点电荷运动时的情况。

同理在 $a\gg b$ 时，$(a+b)^3\approx a^3(1+\frac{3b}{a})$，则

$$m=\frac{\lambda\omega}{6}a^3\cdot\frac{3b}{a}=\frac{1}{2}q\omega a^2$$

也与点电荷运动时的磁矩相同。

5－1－6 如图 5－1－6(a)所示，两个共面的带电圆环，其内外径分别为 R_1，R_2 和 R_2，R_3，外面的圆环以每秒钟 n_2 转的转速顺时针转动，里面的圆环以每秒钟 n_1 转的转速反时针转动，若二者电荷面密度均为 σ，求 n_1 和 n_2 的比值多大时，圆心处磁感应强度为零。

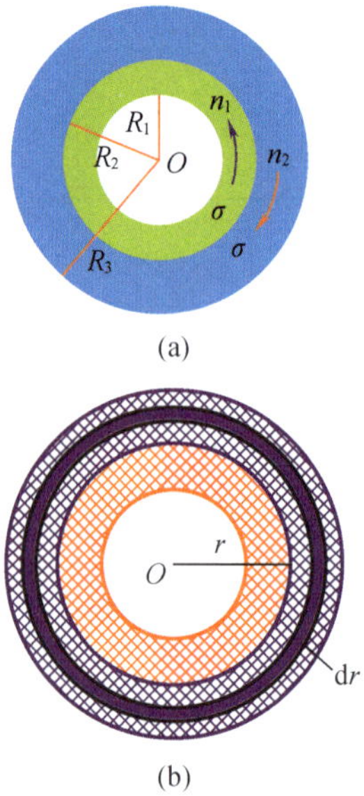

图 5－1－6

解 如图 5－1－6(b)所示，在内圆环上取半径为 r 宽度为 dr 的细圆环，其电荷为 $\mathrm{d}q=2\pi\sigma r\mathrm{d}r$，由于转动而形成的电流为

$$\mathrm{d}I=n_1\mathrm{d}q=2\pi r n_1\sigma\mathrm{d}r$$

微元 dI 在 O 点产生的磁感强度为

$$\mathrm{d}B_1=\frac{\mu_0\mathrm{d}I}{2r}=\mu_0\pi n_1\sigma\mathrm{d}r$$

其方向垂直纸面向外。

整个内圆环在 O 点产生的磁感强度为

$$B_1=\int\mathrm{d}B_1=\pi\mu_0 n_1\sigma\int_{R_1}^{R_2}\mathrm{d}r=\pi\mu_0 n_1\sigma(R_2-R_1)$$

其方向垂直纸面向外。

同理得外圆环在 O 点产生的磁感强度为

$$B_3=\pi\mu_0 n_2\sigma(R_3-R_2)$$

其方向垂直纸面向里。

为使 O 点的磁感应强度为零，B_1 和 B_2 的量值必须相等，即

$$\pi\mu_0 n_1\sigma(R_2-R_1)=\pi\mu_0 n_2\sigma(R_3-R_2)$$

于是求得 n_1 和 n_2 之比为

$$\frac{n_2}{n_1}=\frac{R_3-R_2}{R_2-R_1}$$

5－1－7 如图 5－1－7 所示，一无限长载流平板宽度为 a，线电流密度(即沿 x 方向单位长度上的电流)为 δ，求与平板共面且距一边为 b 的任意点 P 的磁感强度。

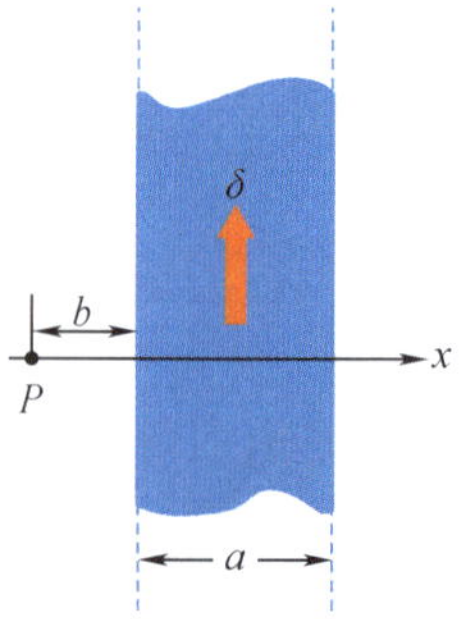

图 5－1－7

解 取距 P 点 x，宽为 dx 的无限长载流细条，电流为 $\mathrm{d}i=\delta\mathrm{d}x$。此载流细条在 P 点产生的磁感应强度为

$$\mathrm{d}B=\frac{\mu_0\mathrm{d}i}{2\pi x}=\frac{\mu_0\delta\mathrm{d}x}{2\pi x}$$

方向垂直纸面向里。

所有载流长条在 P 点产生的磁感强度的方向都相同，所以载流平板在 P 点产生的磁感强度为

$$B=\int\mathrm{d}B=\frac{\mu_0\delta}{2\pi}\int_b^{a+b}\frac{\mathrm{d}x}{x}=\frac{\mu_0\delta}{2\pi}\ln\frac{a+b}{b}$$

方向垂直纸面向外。

5－1－8 在半径为 R 的长直圆柱形导体内部，与轴线平行地挖成一半径为 r 的长直圆柱形空腔，两轴间距离为 a，且 $a>r$，横截面如图 5－1－8 所示。现在电流 I 沿导体管流动，电流均匀分布在管的横截面上，而电流方向与管的轴线平行。求：(1) 圆柱轴线上的磁感应强度的大小；(2) 空心部分轴线上的磁感应强度的大小。

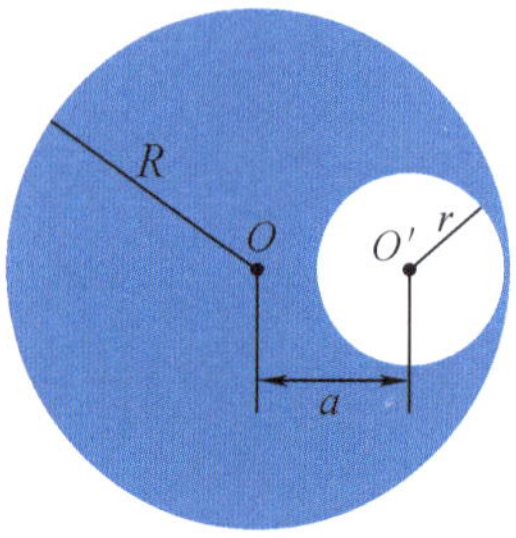

图 5－1－8

解 电流密度为 $J=\dfrac{I}{\pi(R^2-r^2)}$，设其方向垂直纸面向上。磁感应强度为

$$\boldsymbol{B}_O=\boldsymbol{B}_1-\boldsymbol{B}_2$$

式中，B_1 为半径为 R 的实心导体(J 不变)在 O 点产生的磁感强度，B_2 为半径为 r 的实心导体(J 不变)在 O 点产生的磁感强度。由安培环路定理得

$$B=\begin{cases}\dfrac{\mu_0 J}{2}r, & r<R\\[2mm] \dfrac{\mu_0 R^2 J}{2r}, & r>R\end{cases}$$

(1) $$B_1=0,\quad B_2=\frac{\mu_0 J}{2a}r^2,\quad B_O=-\frac{\mu_0 J}{2a}r^2$$

方向垂直 OO' 连线向上。

(2) $$B_1=\frac{\mu_0 J}{2}a,\quad B_2=0,\quad B_{O'}=\frac{\mu_0 J}{2}a$$

方向垂直 OO' 连线向上。

5-1-9　如图 5-1-9(a)所示为两条穿过 y 轴且垂直于 xOy 平面的平行长直导线的正视图，两条导线皆通有电流 I，但方向相反，它们到 x 轴的距离皆为 a。(1) 推导出 x 轴上 P 点处的磁感强度 B 的表达式；(2) 求 P 点在 x 轴上何处时，该点的 B 取得最大值。

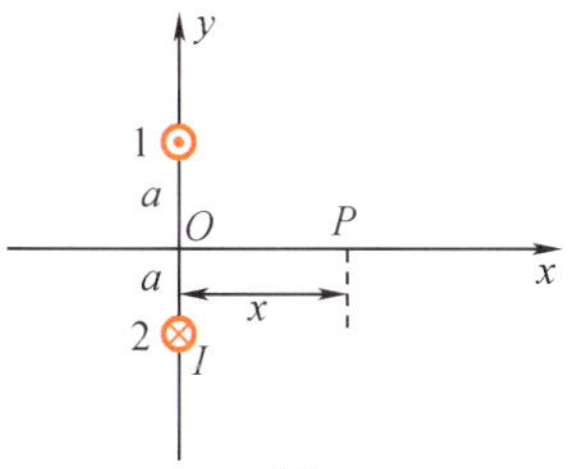

(a)

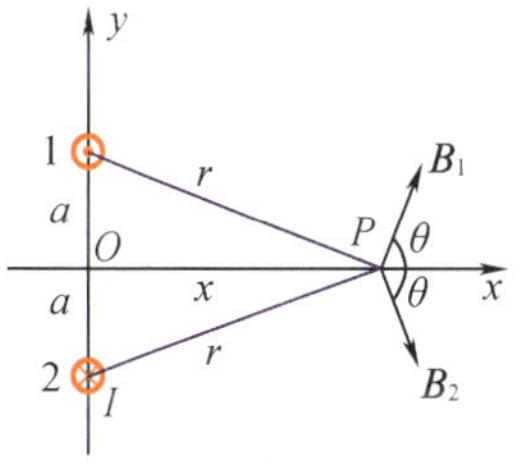

(b)

图 5-1-9

解　(1) 利用安培环路定理可求得导线 1 在 P 点产生的磁感强度的大小为

$$B_1=\frac{\mu_0 I}{2\pi r}=\frac{\mu_0 I}{2\pi}\cdot\frac{1}{(a^2+x^2)^{\frac{1}{2}}}$$

同理，导线 2 在 P 点产生的磁感强度的大小为

$$B_2=\frac{\mu_0 I}{2\pi r}=\frac{\mu_0 I}{2\pi}\cdot\frac{1}{(a^2+x^2)^{\frac{1}{2}}}$$

$\boldsymbol{B}_1$，$\boldsymbol{B}_2$ 的方向如图 5-1-9(b)所示。

P 点总场为

$$B_x=B_{1x}+B_{2x}=B_1\cos\theta+B_2\cos\theta$$

$$B_y=B_{1y}+B_{2y}=0$$

$$B(x)=\frac{\mu_0 Ia}{\pi(a^2+x^2)}$$

$$\boldsymbol{B}(x)=\frac{\mu_0 Ia}{\pi(a^2+x^2)}\boldsymbol{i}$$

(2) 当$\dfrac{\mathrm{d}B(x)}{\mathrm{d}x}=0$，$\dfrac{\mathrm{d}^2B(x)}{\mathrm{d}x^2}<0$ 时，$B(x)$最大。

由此可得，$x=0$ 处，B 有最大值。

5-1-10　在真空中，有两根互相平行的无限长直导线 L_1 和 L_2，相距 0.1 m，通有方向相反的电流，$I_1=20$ A，$I_2=10$ A，如图 5-1-10(a)所示。A，B 两点与导线在同一平面内。这两点与导线 L_2 的距离均为 5.0 cm。试求 A，B 两点处的磁感应强度，以及磁感应强度为零的点的位置。

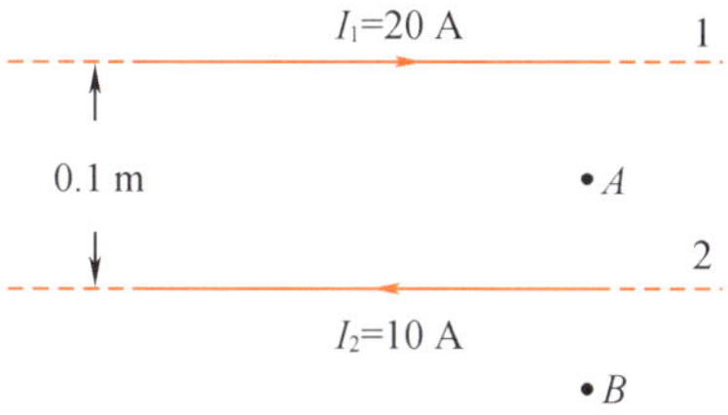

(a)

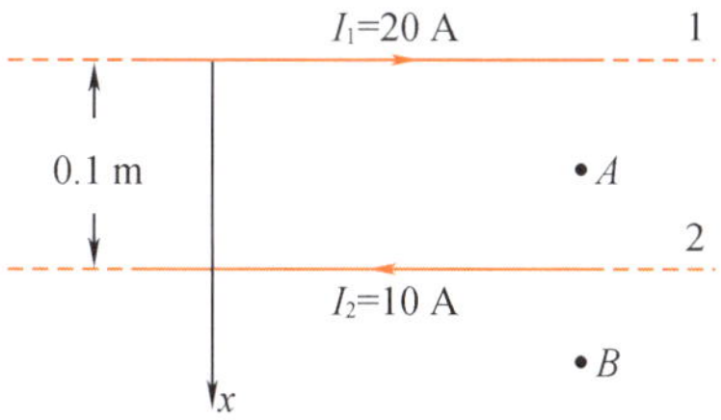

(b)

图 5-1-10

解　长直导线产生的磁感应强度为 $B=\dfrac{\mu_0 I}{2\pi r}$，导线 1 在 A 点产生的磁感强度为

$$B_1=\frac{\mu_0 I_1}{2\pi r},\quad 方向为\otimes$$

导线 2 在 A 点产生的磁感强度为

$$B_2=\frac{\mu_0 I_2}{2\pi r},\quad 方向为\otimes$$

则 A 点处的磁感强度的大小为

$$B_A=\frac{\mu_0(I_1+I_2)}{2\pi r}=1.2\times10^{-4}\ \mathrm{T},\quad 方向为\otimes$$

同理，利用长直导线在某点产生的磁感应强度公式 $B=\dfrac{\mu_0 I}{2\pi r}$，选坐标垂直

于导线，坐标原点与导线 1 重合，如图 5－1－10(b)所示，得

$$B_B=\frac{\mu_0 I_1}{2\pi x}-\frac{\mu_0 I_2}{2\pi(x-d)},\quad \text{方向为}\otimes$$

式中，$d=0.1$ m 为两导线的垂直距离。

当 $x=5\times10^{-2}$ m 时，有

$$B_B=\frac{\mu_0 I_1}{2\pi x}-\frac{\mu_0 I_2}{2\pi(x-d)}=-1.33\times10^{-5}\ \text{T}$$

若使 $B=0$，须 $x=2d=0.2$ m

5－1－11 氢原子处在基态时，它的电子可看作是在半径 $a=0.52\times10^{-8}$ cm 的轨道上作匀速圆周运动，速率 $v=2.2\times10^{8}$ cm/s。求电子在轨道中心所产生的磁感应强度和电子磁矩的值。

解

$$B=\frac{\mu_0 I}{2a}=\frac{\mu_0 ev}{4\pi a^2}=13\ \text{T}$$

$$p_m=IS=\frac{e\times v}{2\pi a}\times\pi a^2=\frac{ave}{2}=9.2\times10^{-24}\ \text{A}\cdot\text{m}^2$$

5－1－12 一长度为 1.30 m 的直径为 2.60 cm 的螺线管载有 18.0 A 的电流。螺线管的内部的磁场为 23.0 mT，求此螺线管的总匝数。

解 由螺线管公式 $B=\mu_0 nI$，得

$$N=\frac{BL}{\mu_0 I}=2.38\times10^4\ \text{匝}$$

5－1－13 如图 5－1－11 所示，一半径为 R 的均匀带电无限长直圆筒，电荷面密度为 σ，该筒以角速度 ω 绕其轴线匀速旋转。试求圆筒内部的磁感应强度。

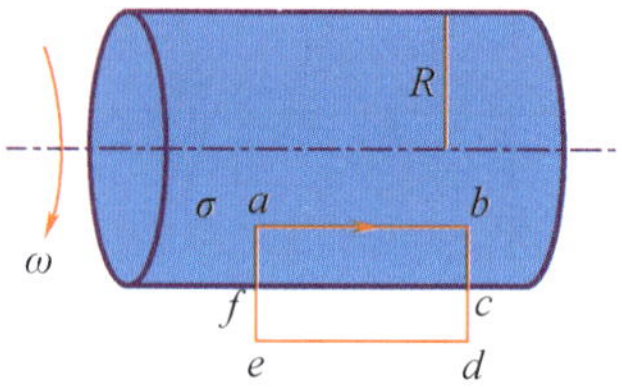

图 5－1－11

解 如图 5－1－11 所示，圆筒旋转时相当于圆筒上具有同向的面电流密度，即

$$i=\frac{2\pi R\sigma\omega}{2\pi}=R\sigma\omega$$

作矩形有向闭合环路如图 5－1－11 所示。从电流分布的对称性分析可知，在 $\overline{ab}$ 上各点 $\boldsymbol{B}$ 的大小和方向均相同，而且 $\boldsymbol{B}$ 的方向平行于 $\overline{ab}$，在 $\overline{bc}$ 和 $\overline{fa}$ 上各点 $\boldsymbol{B}$ 的方向与线元垂直，在 $\overline{de}$，$\overline{fe}$，$\overline{cd}$ 上各点 $\boldsymbol{B}=0$。应用安培环路定理 $\oint\boldsymbol{B}\cdot d\boldsymbol{l}=\mu_0\sum I$ 可得

$$B\,\overline{ab}=\mu_0 i\,\overline{ab}$$

$$B=\mu_0 i=\mu_0 R\sigma\omega$$

圆筒内部为均匀磁场，磁感强度的大小为 $B=\mu_0 I=\mu_0 R\sigma\omega$，方向平行于轴线朝右。

5－1－14 一无限长圆柱形铜导体，半径为 R，通以均匀分布的 I，今取一矩形平面 S(长为 L，宽为 $2R$)，位置如图 5－1－12 所示，求通过该矩形平面的磁通量。

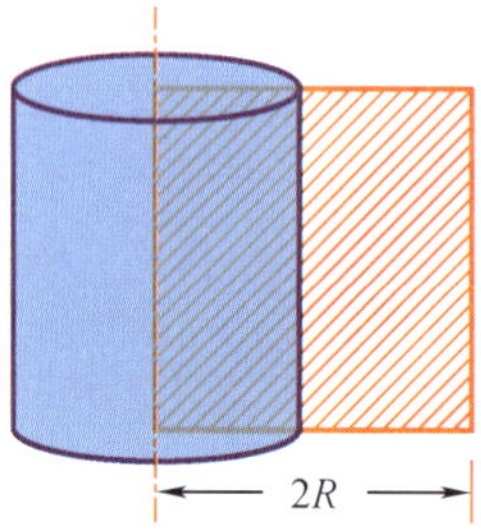

图 5－1－12

解 由安培环路定律可得，在圆柱体内部与磁感强度的大小为

$$B=\frac{\mu_0 I}{2\pi R^2}r,\quad r\leqslant R$$

因此，穿过导体内画斜线部分平面的磁通为

$$\Phi_1=\iint\boldsymbol{B}\cdot d\boldsymbol{S}=\iint BdS=\int_0^R\frac{\mu_0 I}{2\pi R^2}Lr\,dr=\frac{\mu_0 IL}{4\pi}$$

在圆形导体外，磁感强度大小为

$$B=\frac{\mu_0 I}{2\pi r},\quad r>R$$

因此，穿过导体外画斜线部分平面的磁通为

$$\Phi_2=\iint\boldsymbol{B}\cdot d\boldsymbol{S}=\int_R^{2R}\frac{\mu_0 IL}{2\pi r}dr=\frac{\mu_0 IL}{2\pi}\ln2$$

穿过整个矩形平面的磁通量为

$$\Phi=\Phi_1+\Phi_2=\frac{\mu_0 IL}{4\pi}+\frac{\mu_0 IL}{2\pi}\ln 2$$

同步训练题

1. 将通有电流 I 的导线在同一平面内弯成如图 5－1－13 所示的形状，求 D 点的磁感强度 $\boldsymbol{B}$ 的大小。

2. 如图 5－1－14 所示，一多层密绕螺线管的内半径为 R_1，外半径为 R_2，长为 $2L$，设总匝数为 N，导线很细，其中通过的电流为 I，求螺线管中心 O 点的磁感强度(积分公式为 $\int\frac{\mathrm{d}x}{\sqrt{x^2+a^2}}=\ln(x+\sqrt{x^2+a^2})$)。

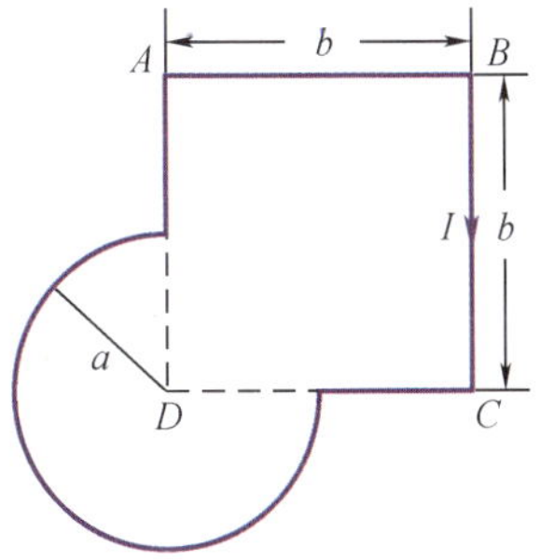

图 5－1－13

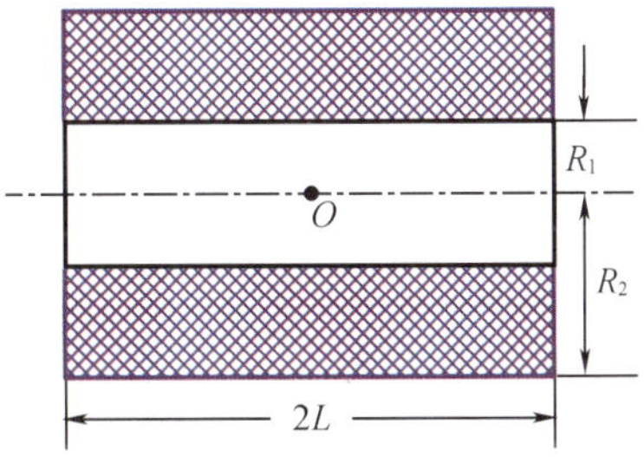

图 5－1－14

3. 半径为 R 的无限长圆筒上有一层均匀分布的面电流，这些电流环绕着轴线沿螺旋线流动并与轴线方向成 α 角。设面电流密度(沿筒面垂直电流方向单位长度的电流)为 i，求轴线上的磁感强度。

4. 两平行直导线相距 $d=40$ cm，每根导线载有电流 $I_1=I_2=20$ A，如图 5－1－15所示。求：(1) 两导线所在平面内与该两导线等距离的一点处的磁感应强度；(2) 通过图中斜线所示面积的磁通量(设 $r_1=r_2=10$ cm，$l=25$ cm)。

5. 如图 5－1－16 所示，有两根平行放置的长直载流导线。它们的直径为 a，反向流过相同大小的电流 I，电流在导线内均匀分布。试在图示的坐标系中求出 x 轴上两导线之间区域$[\frac{a}{2},\frac{5a}{2}]$内磁感强度的分布。

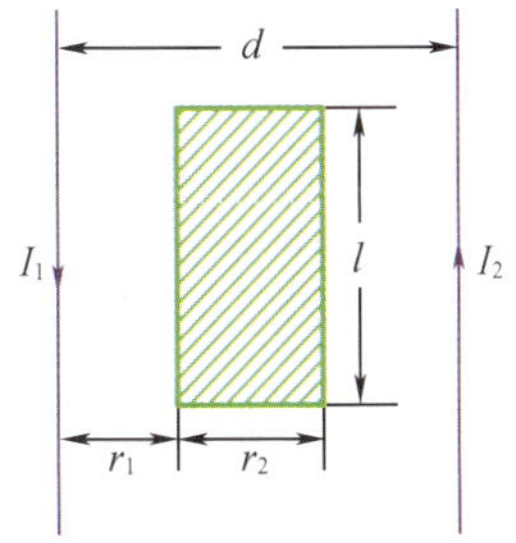

图 5－1－15

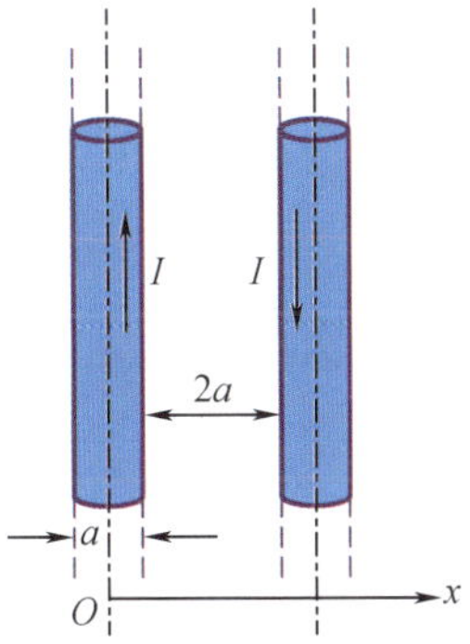

图 5－1－16

6. 如图 5－1－17 所示，两共轴线圈，半径分别为 R_1，R_2，电流为 I_1，I_2。电流的方向相反，求轴线上相距中点 O 为 x 处的 P 点的磁感强度。

7. 如图 5－1－18 所示，绕铅直轴作匀角速度转动的圆锥摆，摆长为 l，摆球所带电荷为 q。求角速度 ω 为何值时，该带电摆球在轴上悬点为 l 处的 O 点产生的磁感强度沿竖直方向的分量值最大。

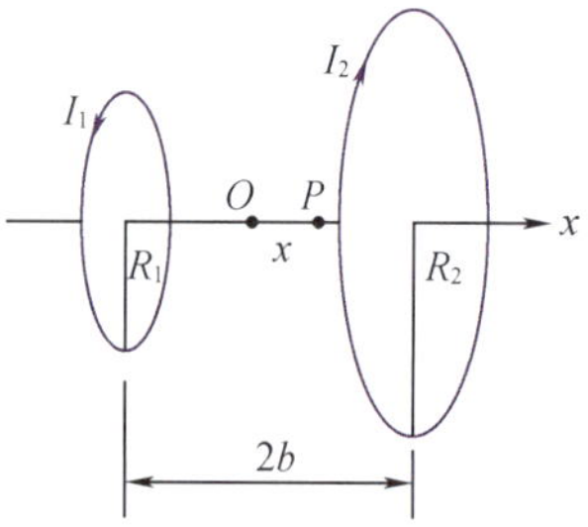

图 5—1—17

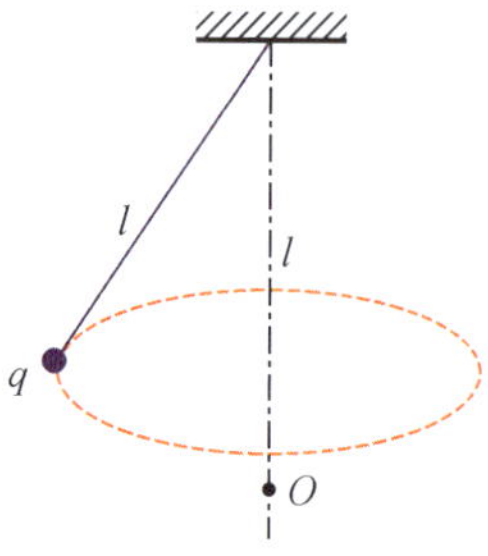

图 5—1—18

8. 有一闭合回路由半径为 a 和 b 的两个同心共面半圆连接而成，如图 5—1—19所示。其上均匀分布线密度为 λ 的电荷，当回路以匀角速度 ω 绕过 O 点垂直于回路平面的轴转动时，求圆心 O 点处的磁感强度的大小。

9. 如图 5—1—20 所示，弯成半圆形的细导线紧密排列，可认为电流连续分布，在半径方向单位长度内导线的根数为 n，每根导线内通过的电流为 I，求 O 点的磁感强度。

10. 如图 5—1—21 所示，电流从内部开始沿第一根导线顺时针通过后，紧挨着沿第二根逆时针返回，如此由内到外往返。最后一根导线中的电流沿顺时针方向，设导线中的电流强度为 I，R 远大于导线的直径。求 O 点处的磁感强度 $\boldsymbol{B}$ 的大小与方向。

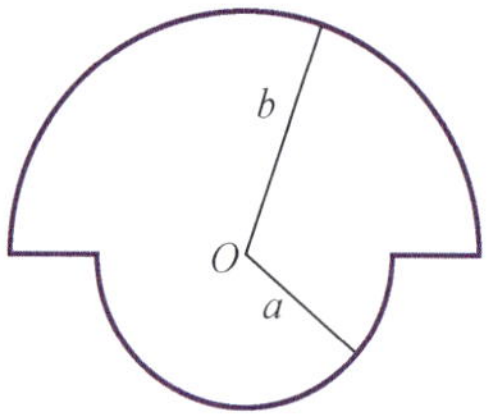

图 5—1—19

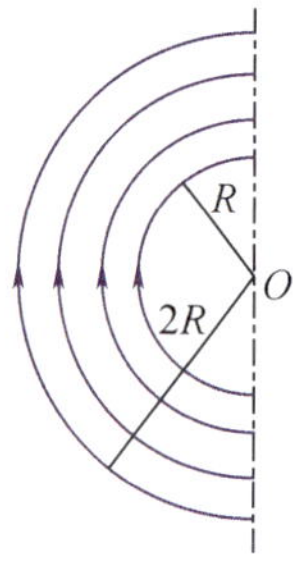

图 5—1—20

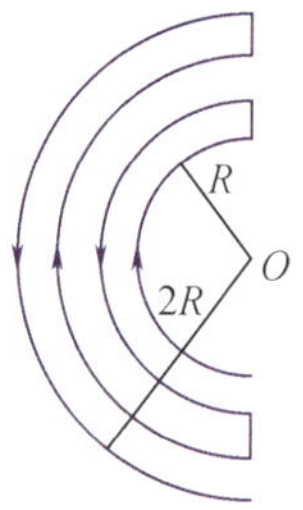

图 5—1—21

同步训练题答案

1. $B=\dfrac{\mu_0 I}{4\pi}\left(\dfrac{3\pi}{2a}+\dfrac{\sqrt{2}}{b}\right)$

2. $B=\dfrac{\mu_0 NI}{2(R_2-R_1)}\ln\dfrac{R_2+\sqrt{R_2^2+L^2}}{R_1+\sqrt{R_1^2+L^2}}$

3. $B=B_y=\dfrac{0.285\mu_0 I}{R}$

4. (1)$B_0=4.0\times10^{-5}$ T;(2)$\Phi_m=2.2\times10^{-6}$ Wb

5. $B=\dfrac{\mu_0 I}{2\pi x}+\dfrac{\mu_0 I}{2\pi(3a-x)}$，$\dfrac{a}{2}\leqslant x\leqslant\dfrac{5}{2}a$，$\boldsymbol{B}$ 的方向垂直 x 轴及图面向里

6. $\dfrac{\mu_0}{2}\left\{\dfrac{R_1^2 I_1}{[R_1^2+(b+x)^2]^{\frac{3}{2}}}-\dfrac{R_2^2 I_2}{[R_2^2+(b-x)^2]^{\frac{3}{2}}}\right\}$

7. $\omega=\dfrac{\sqrt{3g}}{\sqrt{l}}$

8. $\dfrac{\mu_0\lambda\omega}{2\pi}\left(\pi+\ln\dfrac{b}{a}\right)$

9. $\dfrac{\mu_0 nI}{4}\ln2$，方向垂直纸面向里

10. $\dfrac{3\mu_0 I}{16R}$，方向垂直纸面向里

第 2 章　磁　　力

知识要点

2.1 磁场对载流导线的作用

2.1.1 安培定律

安培力：$$\mathrm{d}\boldsymbol{F}=I\mathrm{d}\boldsymbol{l}\times\boldsymbol{B}$$

有限长载流导线所受力：$$\boldsymbol{F}=\int\mathrm{d}\boldsymbol{F}=\int I\mathrm{d}\boldsymbol{l}\times\boldsymbol{B}$$

2.1.2 两根无限长平行载流直导线间的相互作用力　电力单位“安培”的定义

在真空中，两条无限长载流导线单位长度上的作用力为

$$F_0=\frac{\mu_0 I_1 I_2}{2\pi a}$$

“安培”的定义：真空中相距为 1 m 的两根平行长直导线，各通有相等的稳恒电流，当导线在每米长度上受力为 2×10^{-7} N 时，则定义每根导线中通有的电流强度为 1 安培(A)。

2.2 磁场对载流线圈的作用

2.2.1 均匀磁场对矩形载流线圈的作用

载流线圈在匀强磁场中所受的磁力矩：

$$\boldsymbol{M}=\boldsymbol{P}_{\mathrm{m}}\times\boldsymbol{B}$$

2.2.2 磁场对载流线圈的作用

当载流线圈处于非均匀磁场中时，它不但受到磁力矩的作用，还将受到不为零的合力作用。

2.3 磁力的功

2.3.1 载流导线在磁场中运动时磁力所做的功

磁力所做的功： $A=\int_{\Phi_1}^{\Phi_2} I\mathrm{d}\Phi = I\Delta\Phi$

2.3.2 载流线圈在磁场中转动时磁力矩所做的功

磁力矩所做的功： $A=\int_{\Phi_1}^{\Phi_2} I\mathrm{d}\Phi = I\Delta\Phi$

2.4 电磁场对运动电荷的作用

2.4.1 洛伦兹力

洛伦兹力： $\boldsymbol{f}=q\boldsymbol{v}\times\boldsymbol{B}$

洛伦兹力的性质：只改变速度的方向，永远不做功。

2.4.2 洛伦兹力与安培力的关系

区别：洛伦兹力永远不做功，安培力可以做功。

联系：安培力是洛伦兹力的一个分量的宏观体现。

2.4.3 带电粒子在均匀磁场中的运动

(1) 运动电荷在匀强磁场中运动，且运动速度$\boldsymbol{v}$与磁感强度$\boldsymbol{B}$垂直。

回转半径： $R=\dfrac{mv}{qB}$

回转周期和频率： $T=\dfrac{2\pi n}{qB}, f=\dfrac{qB}{2\pi m}$

(2) 运动电荷在匀强磁场中运动，且运动速度$\boldsymbol{v}$与磁感强度$\boldsymbol{B}$之间的夹角为θ。

螺距： $d=\dfrac{2\pi mv\cos\theta}{qB}$

2.4.4 带电粒子在电场和磁场中的运动

电子比荷的测定： $\dfrac{e}{m}=\dfrac{E}{RB^2}$

质谱仪： $m=\dfrac{qB'R}{v}$

回旋加速器： $v=\dfrac{qBR_0}{m}$

霍尔效应： $U_H=R_H\dfrac{IB}{a}$

书后习题解答

5－2－1 如图 5－2－1 所示，载有电流 I_1 和 I_2 的无限长直导线相互平行，相距 $3r$，今有载有电流 I_3 的导线 $MN=r$ 水平放置，其两端 M，N 分别与 I_1，I_2 距离均为 r，三导线共面，求：导线 MN 所受的磁场力的大小与方向。

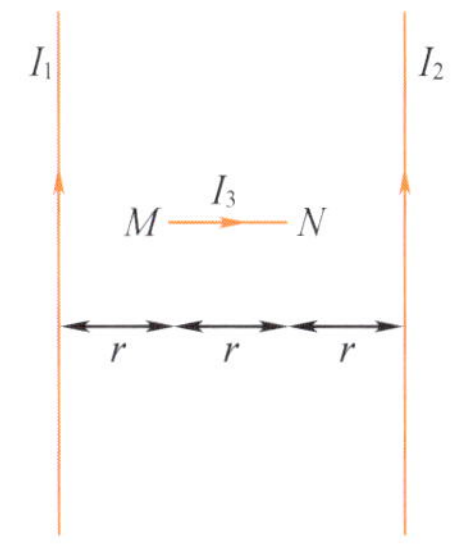

图 5－2－1

解 载流导线 MN 上任一点处的磁感强度大小为

$$B=\frac{\mu_0 I_1}{2\pi(r+x)}-\frac{\mu_0 I_2}{2\pi(2r-x)}$$

MN 上电流元 $I_3\mathrm{d}x$ 所受磁力为

$$\mathrm{d}F=I_3B\mathrm{d}x=I_3\left[\frac{\mu_0 I_1}{2\pi(r+x)}-\frac{\mu_0 I_1}{2\pi(2r-x)}\right]\mathrm{d}x$$

$$F=I_3\int_0^r\left[\frac{\mu_0 I_1}{2\pi(r+x)}-\frac{\mu_0 I_2}{2\pi(2r-x)}\right]\mathrm{d}x$$

$$=\frac{\mu_0 I_3}{2\pi}(I_1-I_2)\ln 2$$

若 $I_2>I_1$，则 $\boldsymbol{F}$ 的方向向下，$I_2<I_1$，则 $\boldsymbol{F}$ 的方向向上。

5－2－2 一线圈由半径为 0.2 m 的 $\frac{1}{4}$ 圆弧和相互垂直的二直线组成，通以电流 2 A，把它放在磁感应强度为 0.5T 的垂直纸面向里的均匀磁场中，如图 5－2－2 所示。求：(1)线圈平面与磁场垂直时，圆弧 AC 所受的力；(2)线圈正法线方向和磁场成 30°时，线圈所受的磁力矩。

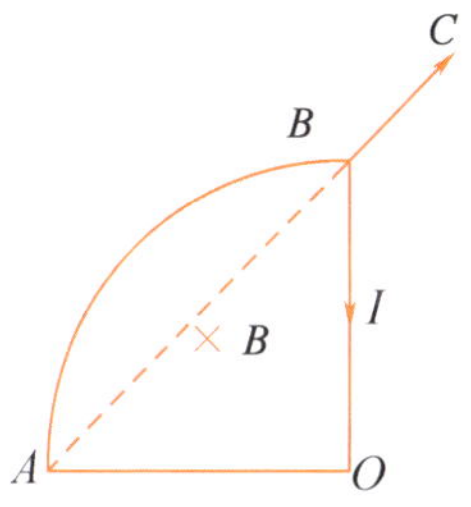

图 5－2－2

解 (1) 在均匀磁场中 AC 通电圆弧所受的磁力与通有相同电流的$\overline{AC}$直线所受的磁力相等，故有

$$F_{AB}=F_{\overline{AB}}=I\sqrt{2}RB=0.283\ \mathrm{N}$$

方向与 AC 直线垂直，与 OC 夹角 45°，如图 5－2－2 所示。

(2) 线圈的磁矩为

$$\boldsymbol{p}_{\mathrm{m}}=IS\boldsymbol{n}=2\pi\times10^{-2}\boldsymbol{n}$$

力矩为

$$|\boldsymbol{M}|=|\boldsymbol{p}_{\mathrm{m}}\times\boldsymbol{B}|=p_{\mathrm{m}}B\sin 30^\circ$$

$$M=1.57\times10^{-2}\ \mathrm{N\cdot m}$$

方向为力矩 $\boldsymbol{M}$ 将驱使线圈法线转向与 $\boldsymbol{B}$ 平行。

5－2－3 一半径为 R 的无限长半圆柱面型导体，与轴线上的长直导线载有等值相反的电流 I，如图 5－2－3(a)所示。求无限长半圆柱面电流单位长度上所受的力。

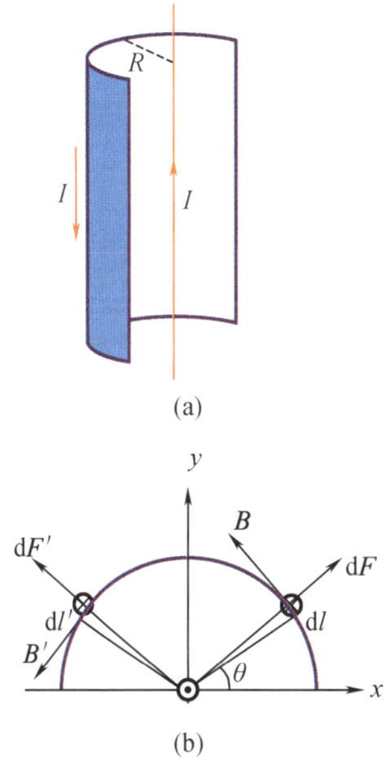

图 5－2－3

解 作俯视图如图 5－2－3(b)所示，半圆柱面上的电流密度为 $\frac{I}{\pi R}$，在半圆柱面取宽度为 $\mathrm{d}l=R\mathrm{d}\theta$ 的细长条带，所载电流方向垂直纸面向里，大小为 $\frac{I}{\pi R}\mathrm{d}l$。轴线处的长直导线在该处产生的磁感应强度 $\boldsymbol{B}$ 方向如图 5－2－3(b)所示，大小为 $B=\frac{\mu_0 I}{2\pi R}$，则细长条带上单位长度所受磁场力 $\mathrm{d}\boldsymbol{F}$ 方向如图 5－2－3(b)所示，大小为

$$\mathrm{d}F=\frac{I}{\pi R}\mathrm{d}l\cdot\frac{\mu_0 I}{2\pi R}=\frac{\mu_0 I^2}{2\pi^2 R}\mathrm{d}\theta$$

在半圆柱面型导体上对称位置取宽度为 dl' 的载流细条带，单位长度上所受磁场力 $d\boldsymbol{F}'$ 如图 5—2—3(b)所示。显然，$d\boldsymbol{F}$ 和 $d\boldsymbol{F}'$ 在 x 方向的分量等大而反向，相互抵消，y 方向的分量相互加强，且有

$$dF_y = dF\sin\theta = \frac{\mu_0 I^2}{2\pi^2 R}\sin\theta d\theta$$

半圆柱面型导体上单位长度所受磁场力为

$$F = F_y = \int dF_y = \int_0^{\pi}\frac{\mu_0 I^2}{2\pi^2 R}\sin\theta d\theta = \frac{\mu_0 I^2}{\pi^2 R}$$

方向沿 y 轴正向，为排斥力。

5—2—4 如图 5—2—4(a)所示，一直导线通以电流 I_1，其下有一矩形框与导线在同一铅直面内，线框中通有电流 I_2。若要使线框不致下落，I_2 的方向应如何？线框的最大重力是多少？

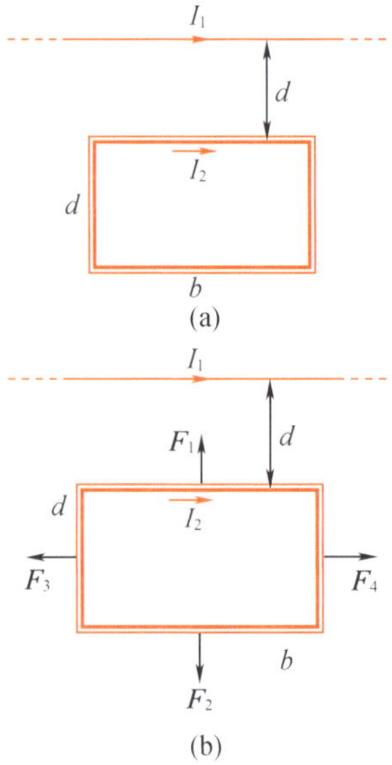

图 5—2—4

解 设电流 I_2 为顺时针方向，根据安培定律，线框各边所受磁场力如图 5—2—4(b)所示。其中 F_3 和 F_4 等大反向，相互抵消；F_1 和 F_2 的大小分别为

$$F_1 = \frac{\mu_0 I_1 I_2 b}{2\pi d},\ F_2 = \frac{\mu_0 I_1 I_2 b}{2\pi\cdot 2d}$$

线框所受合力为

$$F = \frac{\mu_0 I_1 I_2 b}{2\pi d} - \frac{\mu_0 I_1 I_2 b}{4\pi d} = \frac{\mu_0 I_1 I_2 b}{4\pi d}$$

方向向上，与向下的重力平衡，因此假设 I_2 取顺时针方向是正确的。线框的最大重力即线框对直导线的最大作用力，其量值应等于线框所受的安培力，即

$$G = F = \frac{\mu_0 I_1 I_2 b}{4\pi d}$$

5—2—5 通有电流 I 的长直导线在一平面内被弯成如图 5—2—5 所示形状，放于垂直进入纸面的均匀磁场 B 中，求整个导线所受的安培力(R 为已知)。

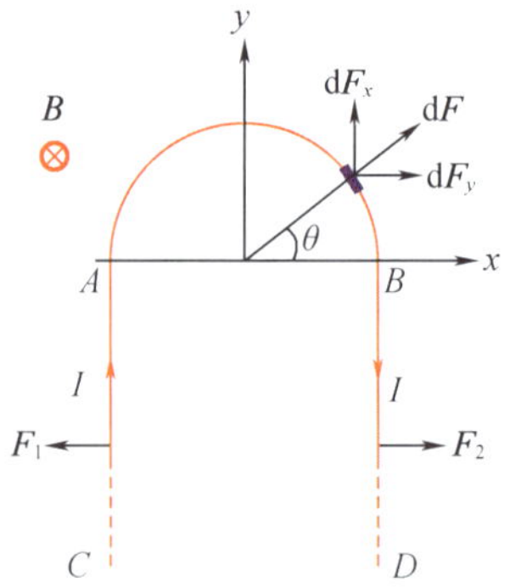

图 5—2—5

解 长直导线 AC 和 BD 受力大小相等，方向相反且在同一直线上，故合力为零。现计算半圆部分受力，取电流元 $Id\boldsymbol{l}$，则

$$d\boldsymbol{F} = Id\boldsymbol{l}\times\boldsymbol{B}$$

即

$$dF = IRBd\theta$$

由于对称性 $\sum dF_x = 0$，故

$$F = F_y = \int dF_y = \int_0^{\pi} IRB\sin\theta d\theta = 2RIB$$

方向沿 y 轴正向。

5—2—6 在 xOy 平面内有一圆心在 O 点的圆线圈，通以顺时针绕向的电流 I_1，另有一无限长直导线与 y 轴重合，通以电流 I_2，方向向上，如图 5—2—6所示。求：此时圆线圈所受的磁力。

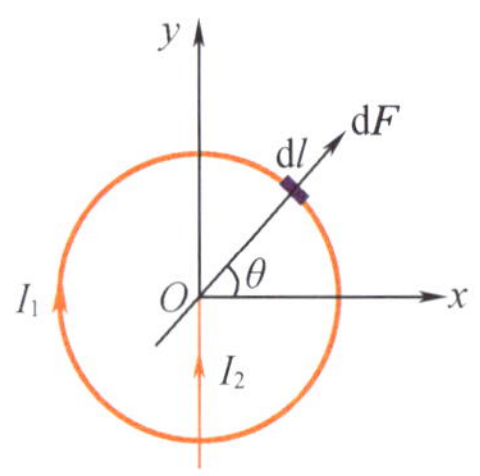

图 5—2—6

解 设圆半径为 R，选一微分元 dl，它所受磁力大小为

$$dF = I_1 dl\cdot B$$

由于对称性，y 轴方向的合力为零，所以磁力为

$$dF_x = dF\cos\theta = I_1 Rd\theta\frac{\mu_0 I_2}{2\pi R\cos\theta}\cos\theta = \frac{\mu_0 I_1 I_2}{2\pi}d\theta$$

$$F = F_x = \int_0^{2\pi}\frac{\mu_0 I_1 I_2}{2\pi}d\theta = \mu_0 I_1 I_2$$

5—2—7 如图5—2—7(a)所示，两根相互绝缘的无限长直导线1和2铰接于O点，两导线间夹角为θ，通有相同的电流I。求单位长度的导线所受磁力对O点的力矩。

解 在任一根导线上(例如导线2)取一线元$\mathrm{d}l$，该线元距O点为l。磁感强度为

$$B=\frac{\mu_0 I}{2\pi l\sin\theta}$$

方向垂直于纸面向里。

电流元$I\mathrm{d}l$受到的磁力为$\mathrm{d}\boldsymbol{F}=I\mathrm{d}\boldsymbol{l}\times\boldsymbol{B}$，其大小为

$$\mathrm{d}F=IB\mathrm{d}l=\frac{\mu_0 I^2\mathrm{d}l}{2\pi l\sin\theta}$$

方向垂直于导线2，如图5—2—7(b)所示。

该力对O点的力矩为

$$\mathrm{d}M=l\mathrm{d}F=\frac{\mu_0 I^2\mathrm{d}l}{2\pi\sin\theta}$$

任一段单位长度导线所受磁力对O点的力矩为

$$M=\int\mathrm{d}M=\frac{\mu_0 I^2}{2\pi\sin\theta}\int_l^{l+1}\mathrm{d}l=\frac{\mu_0 I^2}{2\pi\sin\theta}$$

导线2所受力矩方向垂直图面向上，导线1所受力矩方向与此相反。

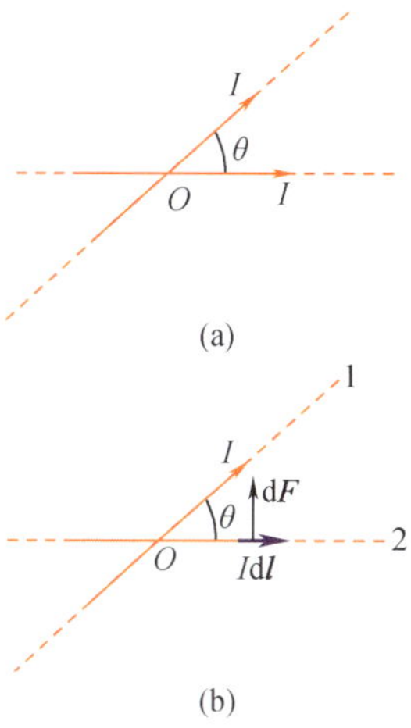

图5—2—7

5—2—8 一圆线圈的半径为R，载有电流I，置于均匀外磁场B中(如图5—2—8所示)。在不考虑载流圆线圈本身所激发的磁场的情况下，求：线圈导线上的张力(载流线圈的法线方向规定与B的方向相同)。

解 考虑半圆形载流导线所受的安培力为

$$F_m=IB\cdot 2R$$

列出力的平衡方程式为

$$IB\cdot 2R=2T$$

故

$$T=IBR$$

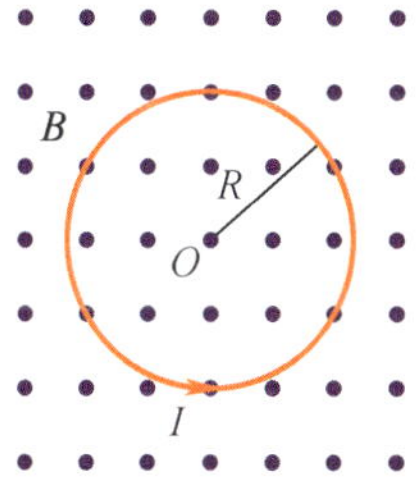

图5—2—8

5—2—9 如图5—2—9(a)所示，将一无限大均匀载流平面放入均匀磁场中，(设均匀磁场方向沿Ox轴正方向)且其电流方向与磁场方向垂直指向纸内。已知放入后平面两侧的总磁感强度分别为B_1与B_2，求：该载流平面上单位面积所受的磁场力的大小及方向。

解 设i为载流平面的面电流密度，$\boldsymbol{B}$为无限大载流平面产生的磁场，$\boldsymbol{B}_0$为均匀磁场的磁感强度，作安培环路$abcda$如图5—2—9(b)所示，由安培环路定理$\oint\boldsymbol{B}\cdot\mathrm{d}\boldsymbol{l}=\mu_0 ih$得

$$Bh+Bh=\mu_0 ih$$

所以

$$B=\frac{1}{2}\mu_0 i$$

又由$B_1=B_0-B$，$B_2=B_0+B$得

$$B_0=\frac{1}{2}(B_1+B_2),\quad B=\frac{1}{2}(B_2-B_1)$$

$$i=\frac{B_2-B_1}{\mu_0}$$

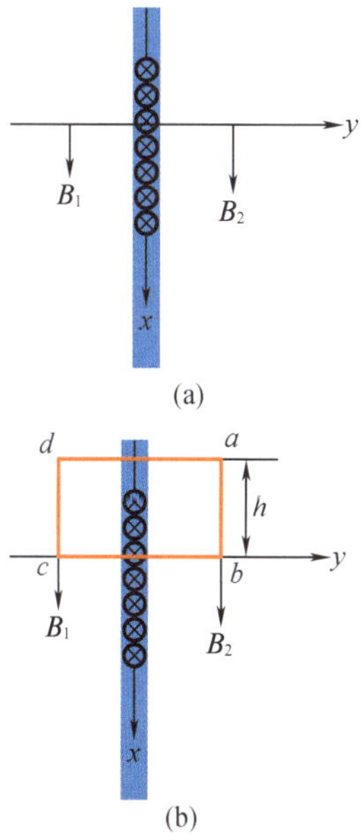

图5—2—9

在无限大平面上沿 z 轴方向上取长 dl，沿 x 轴方向取宽 da，则其面积为 $dS = dl da$，面元所受的安培力为

$$d\boldsymbol{F} = i da dl B_0(-\boldsymbol{j}) = i dS B_0(-\boldsymbol{j})$$

单位面积所受的力为

$$\frac{d\boldsymbol{F}}{dS} = iB_0(-\boldsymbol{j}) = -\frac{B_2^2 - B_1^2}{2\mu_0}\boldsymbol{j}$$

5－2－10　半径为 R 的圆盘，带有电荷，其电荷面密度 $\sigma = kr$，k 是常数，r 为圆盘上一点到圆心的距离，圆盘放在一均匀磁场 B 中，其法线方向与 B 垂直，如图 5－2－10(a) 所示。当圆盘以角速度 ω 绕过圆心 O 点，且垂直于圆盘平面的轴作逆时针旋转时，求圆盘所受磁力矩的大小和方向。

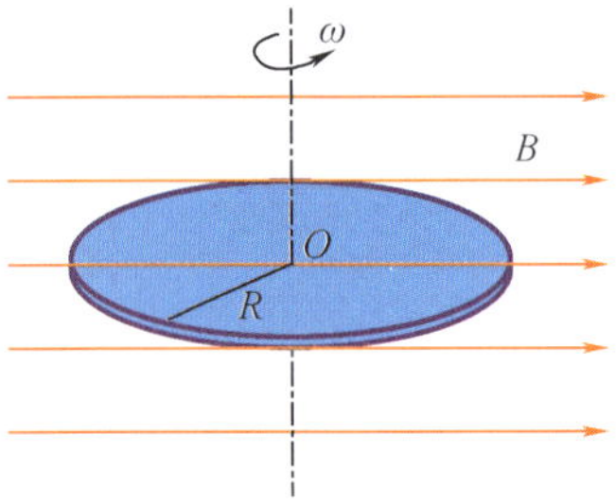

(a)

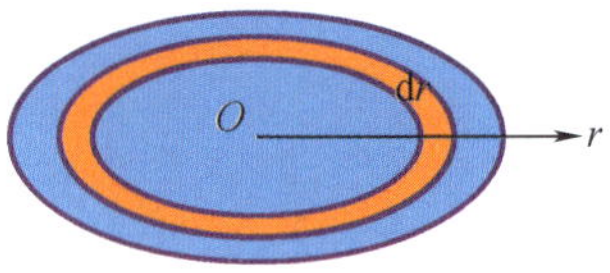

(b)

图 5－2－10

解　坐标选取如图 5－2－10(b) 所示，则

$$dI = \frac{\sigma 2\pi r dr}{T} = \sigma\omega r dr = k\omega r^2 dr$$

$$dP_m = \pi k\omega r^4 dr$$

$$dM = B\pi k\omega r^4 dr$$

$$M = \int_0^R B\pi k\omega r^4 dr = \frac{1}{5}B\pi k\omega R^5$$

磁力矩的方向垂直纸面向里。

5－2－11　如图 5－2－11 所示，有一无限大平面导体薄板，自上而下通有电流。已知其电流面密度为 i。

(1) 试求板外空间任一点的磁感应强度；

(2) 有一质量为 m，带电量为 $q(q>0)$ 的粒子，以速度 v 沿平板法线方向向外运动，求带电粒子最初至少在距板什么位置处才不与大平板碰撞，需经多长时间才能回到初始位置？

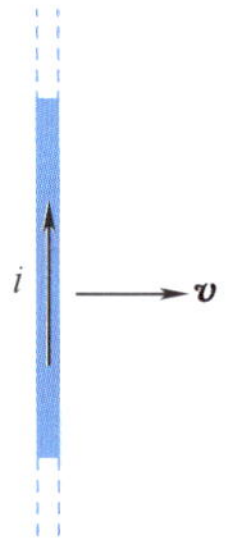

图 5－2－11

解　(1) 由安培环路定理得

$$B = \frac{1}{2}\mu_0 i$$

方向在板右侧垂直纸面向里。

(2) 由洛伦兹力公式可求出

$$R = \frac{mv}{qB}$$

至少从距板 R 处开始向外运动，返回时间为

$$T = \frac{2\pi R}{v} = \frac{4\pi m}{q\mu_0 i}$$

5－2－12　如图 5－2－12 所示，一无净电荷的金属块，是一扁长方体，三边长分别为 a,b,c 且 a,b 都远大于 c。金属块在磁感强度为 B 的磁场中，以速度 v 运动。求：(1) 金属块中的电场强度；(2) 金属块上的面电荷密度。

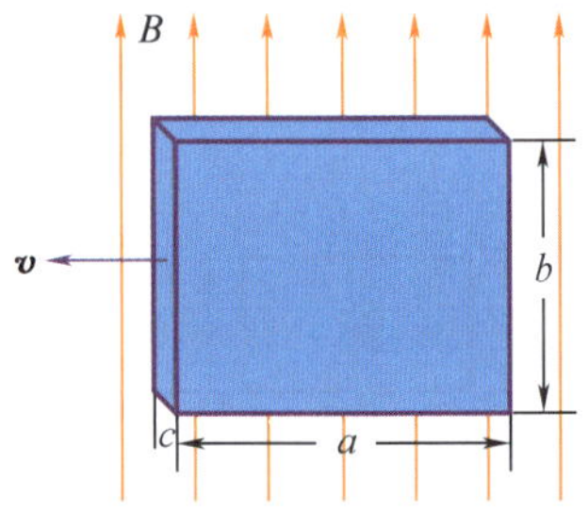

图 5－2－12

解　(1) 运动导体中的自由电子要受到洛伦兹力的作用垂直于纸面向外方向运动，从而在外表面上积累了负电荷，内表面上积累了正电荷。该电荷分布建立的电场向外。当自由电子受到的电场力与洛伦兹力作用而达到平衡时，电场强度为

$$E = vB$$

或写成矢量形式 $\boldsymbol{E} = -\boldsymbol{v}\times\boldsymbol{B}$。

(2) 面电荷只出现在内外表面，内表面带正电，外表面带负电，二者面电荷密度的大小相等。设面电荷密度为 σ，则由高斯定理可得

$$\sigma = \varepsilon_0 E = \varepsilon_0 vB$$

5－2－13　在一顶点为 45°的扇形区域，有磁感强度为 B 方向垂直指向纸面内的均匀磁场，如图 5－2－13(a)所示。今有一电子(质量为 m，电荷为 $-e$)在底边距顶点 O 为 l 的地方，以垂直底边的速度 v 射入该磁场区域，若要使电子不从上面边界跑出，电子的速度最大不应超过多少？

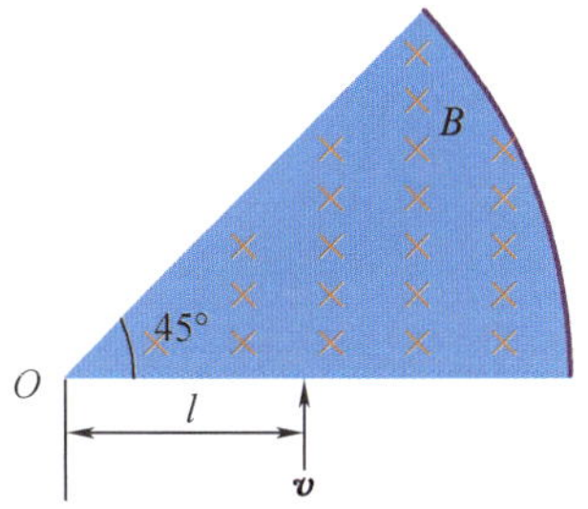

(a)

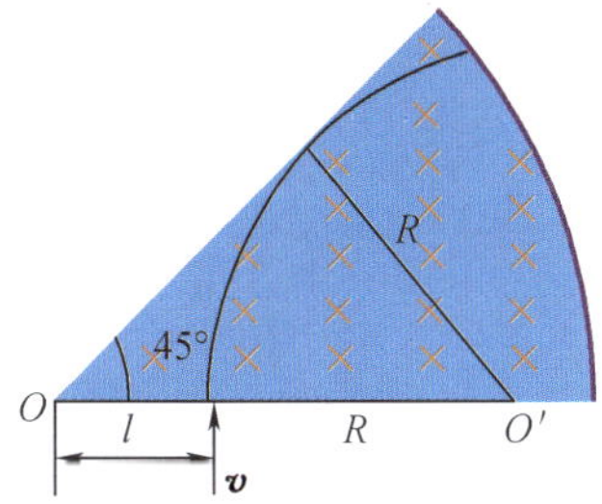

(b)

图 5－2－13

解　电子进入磁场作圆周运动，圆心在底边上。当电子轨迹与上面边界相切时，对应最大速度，此时有如图 5－2－13(b)所示情形。

$$(l+R)\sin 45°=R$$

所以

$$R=\frac{l}{\sqrt{2}-1}=(\sqrt{2}+1)l$$

由 $R=\dfrac{mv}{eB}$，求出 v 最大值为

$$v=\frac{eBR}{m}=(\sqrt{2}+1)\frac{eBl}{m}$$

5－2－14　磁感强度为 B 的均匀磁场只存在于 $x>0$ 的空间中，在 $x=0$ 的平面上有理想边界，且 B 垂直纸面向内，如图 5－2－14 所示。一电子质量为 m，电荷为 $-e$，它在纸面内以与 $x=0$ 的界面成 60°角的速度 $\boldsymbol{v}$ 进入磁场，求：电子在磁场中的出射点与入射点间的距离。

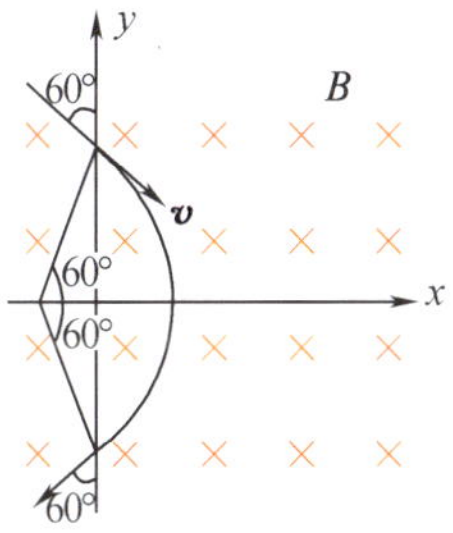

图 5－2－14

解　电子在磁场中作半径为 $R=\dfrac{mv}{eB}$ 的圆周运动。连接入射和出射点的线段将是圆周的一条弦，如图 5－2－14 所示。所以入射和出射点间的距离为

$$l=2R\sin 60°=\sqrt{3}R=\sqrt{3}\frac{mv}{eB}$$

5－2－15　如图 5－2－15 所示，一个带有正电荷 q 的粒子，以速度 $\boldsymbol{v}$ 平行于一均匀带电的长直导线运动，该导线的线电荷密度为 λ，并载有传导电流 I。试问粒子要以多大的速度运动，才能使其保持在一条与导线距离为 r 的平行直线上？

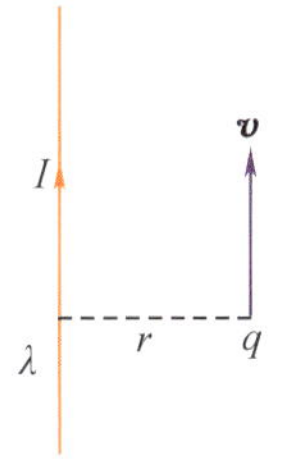

图 5－2－15

解　依据无限长带电和载流导线的电场和磁场知

$$E(r)=\frac{\lambda}{2\pi\varepsilon_0 r},\quad 方向沿径向向外$$

$$B(r)=\frac{\mu_0 I}{2\pi r},\quad 方向垂直纸面向里$$

运动电荷受力 F 的大小为

$$F=\frac{q\lambda}{2\pi\varepsilon_0 r}-\frac{\mu_0 Iq}{2\pi r}v$$

此力方向为沿径向(或向里，或向外)。

为使粒子继续沿着原方向平行导线运动，径向力应为零，即

$$\frac{q\lambda}{2\pi\varepsilon_0 r}-\frac{\mu_0 Iq}{2\pi r}v=0$$

$$v=\frac{\lambda}{\varepsilon_0\mu_0 I}$$

同步训练题

1. 如图 5－2－16 所示，均匀磁场中放一均匀带正电荷的圆环，其线电荷密度为 λ，圆环可绕通过环心 O 与环面垂直的转轴旋转。当圆环以角速度 ω 转动时，求圆环受到磁力矩的大小和方向。

2. 如图 5－2－17 所示为一只磁控管的示意图。一群电子在垂直于均匀磁场 $\boldsymbol{B}$ 的平面内作圆周运动。在其运行过程中，与电极 1 和电极 2 最近的距离为 r，圆周运动的轨道直径为 D。电子群中包含 N 个电荷为 e，质量为 m 的电子。设电极 1 和电极 2 上电位由运动的电子决定，求两电极上电压变化幅度和变化频率。

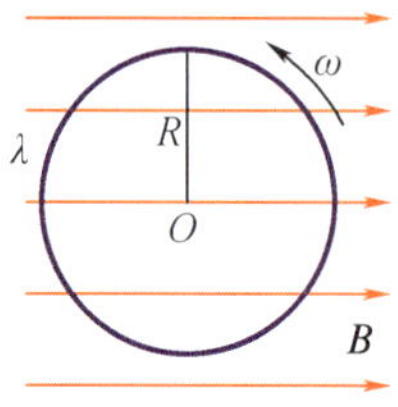

图 5－2－16

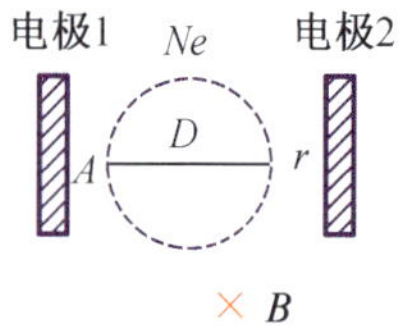

图 5－2－17

3. 已知半径之比为 2∶1 的两载流圆线圈各自在其中心处产生的磁感强度相等，求当两线圈平行放在均匀外场中时，两圆线圈所受力矩大小之比。

4. 将 N 根很长的相互绝缘的细直导线平行紧密排成一圆筒形，筒半径为 R 如图 5－2－18 所示，每根导线都通以方向相同，大小相等的电流，总电流为 I。求每根导线单位长度上所受的力的大小和方向。

5. 假设把氢原子看成是一个电子绕核作匀速圆周运动的带电系统。已知平面轨道的半径为 r，电子的电荷为 e，质量为 m_e。将此系统置于磁感强度为 $\boldsymbol{B}_0$ 的均匀外磁场中，设 $\boldsymbol{B}_0$ 的方向与轨道平面平行，求此系统所受的力矩 $\boldsymbol{M}$。

6. 一半径为 4.0 cm 的圆环放在磁场中，磁场的方向对环而言是对称发散的，如图 5－2－19 所示。圆环所在处的磁感强度的大小为 0.10 T，磁场的方向与环面法向成 60°。求当圆环中通有电流 I=15.8 A 时圆环所受磁力的大小和方向。

图 5－2－18

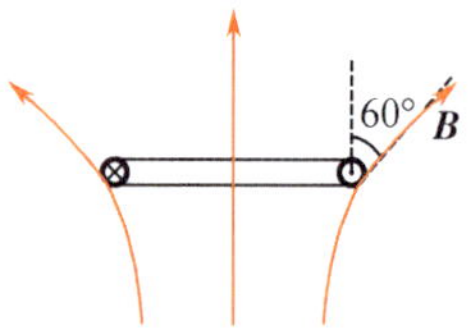

图 5－2－19

7. 两条细导线，长度都是 L，平行齐头放置，相距为 a，通有同向等值电流 I。求它们之间作用力的大小和方向。

8. 在如图 5－2－20 所示回路中，导线 ab 可以在相距为 0.10 m 的两平行光滑导线 LL' 和 MM' 上水平地滑动。整个回路放在磁感强度为 0.50 T 的均匀磁场中，磁场方向竖直向上，回路中电流为 4.0 A。如要保持导线做匀速运动，求须加外力的大小和方向。

9. 一矩形线圈边长分别为 a=10 cm 和 b=5 cm，导线中电流为 I=2 A，此线圈可绕它的一边 OO' 转动，如图 5－2－21 所示。当加上正 y 方向的 B=0.5T均匀外磁场 $\boldsymbol{B}$，且与线圈平面成 30° 时，线圈的角加速度为 α=2 rad/s^2，求：(1) 线圈对 OO' 轴的转动惯量；(2) 线圈平面由初始位置转到与 $\boldsymbol{B}$ 垂直时磁力所做的功。

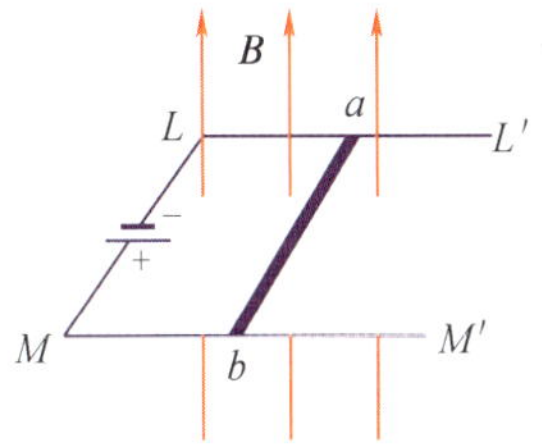

图 5-2-20

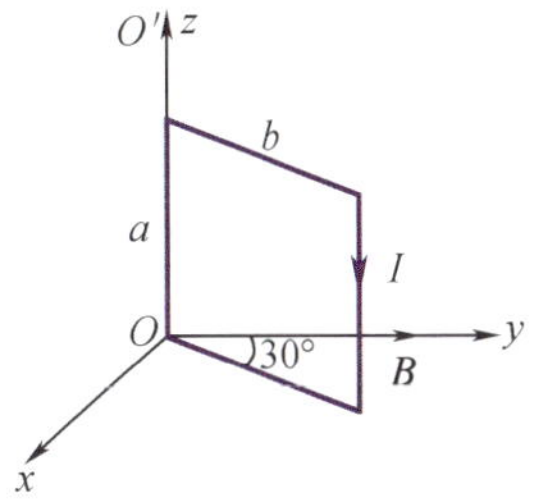

图 5-2-21

10. 质子和电子以相同的速度垂直飞入磁感强度为 $\boldsymbol{B}$ 的匀强磁场中，求质子轨道半径 R_1 与电子轨道半径 R_2 的比值。

同步训练题答案

1. $M=\pi R^3\lambda B\omega$，方向在图面中向上
2. $U=U_2-U_1=\frac{Ne}{4\pi\varepsilon_0}(\frac{1}{r}-\frac{1}{D+r})$，$v=\frac{\omega}{2\pi}=\frac{eB}{2\pi m}$
3. 8
4. $\frac{\mu_0 I^2}{4\pi RN}$，方向沿半径向外
5. $\frac{e^2 B_0}{4}\sqrt{\frac{r}{\pi\varepsilon_0 m_e}}\boldsymbol{k}$
6. $F=F_1=0.34\ \text{N}$，方向垂直环面向上
7. $\frac{\mu_0 I^2}{2\pi a}(\sqrt{a^2+l^2}-a)$，方向向左
8. 0.20 N，方向水平向左
9. (1) $2.16\times10^{-3}\ \text{kg}\cdot\text{m}^2$；(2) $2.5\times10^{-3}\ \text{J}$
10. 1 836

第3章　磁　介　质

知识要点

3.1　磁介质对磁场的影响

3.1.1　物质的磁性

相对磁导率：　　$\mu_r=\dfrac{B}{B_0}$

$\mu_r>1$　顺磁介质　　氧、铝、钨、铂、铬

$\mu_r<1$　抗磁介质　　氮、水、铜、银、金

$\mu_r\gg1$　铁磁质　　铁、镍、钴及其合金

$\mu_r=0$　完全抗磁质　　汞、铌

3.1.2　顺磁介质和抗磁介质的磁化

分子磁矩；磁化机制；磁化电流

3.2　磁化强度

磁化强度：　　$\boldsymbol{M}=\lim\limits_{\Delta V\to0}\dfrac{\sum\limits_i \boldsymbol{p}_{\mathrm{m}}}{\Delta V}$

磁化强度与磁化电流密度的关系：

$$\boldsymbol{j}'=\boldsymbol{M}\times\boldsymbol{e}_{\mathrm{n}}$$

磁化强度与磁化电流的关系：

$$\oint_l \boldsymbol{M}\cdot\mathrm{d}\boldsymbol{l}=I_{\mathrm{s}}$$

3.3　磁介质中的安培环路定理

磁场强度 $\boldsymbol{H}$ 沿任何回路的线积分，等于该回路所包围的传导电流的代

数和，与回路外的电流无关，即

$$\oint_l \boldsymbol{H} \cdot \mathrm{d}\boldsymbol{l} = \sum_{i=1}^{n} I_i$$

式中，$\boldsymbol{H}$ 称为磁场强度，$\boldsymbol{H}=\frac{\boldsymbol{B}}{\mu_0}-\boldsymbol{M}$。

3.4 铁磁质

3.4.1 铁磁质的磁化规律

剩磁；矫顽力；磁化曲线；磁滞；磁滞回线；居里点

3.4.2 铁磁质的分类

软磁材料；硬磁材料；矩磁材料

3.4.3 铁磁质起因

磁畴：从物质的原子结构观点来看，铁磁质内电子间因自旋引起的相互作用是非常强烈的。在这种作用下，铁磁质内部形成了一些微小区域。

书后习题解答

5－3－1 如图5－3－1所示，一均匀磁化的介质棒，其直径为1 cm，长为20 cm，磁化强度为1000 A/m。求磁棒的磁矩和棒表面上的面磁化电流密度。

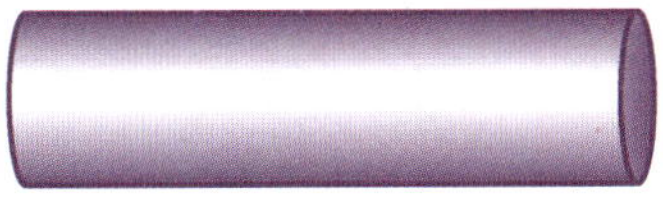

图 5－3－1

解

$$M = \frac{\sum p_{\mathrm{m}}}{\Delta V}$$

$$\sum p_{\mathrm{m}} = M\Delta V = M\pi R^2 l = 6.28 \times 10^{-2}\ \mathrm{Am^2}$$

$$j' = M = 1\ 000\ \mathrm{A/m}$$

5－3－2 一均匀磁化棒的体积为1 000 $\mathrm{cm^3}$，其磁矩为800 $\mathrm{A\cdot m^2}$，若棒内的磁感应强度为0.1 $\mathrm{Wb/m^2}$，则棒内磁场强度的值为多少？

解

$$M = \frac{\sum p_{\mathrm{m}}}{\Delta V} = 8 \times 10^5\ \mathrm{A/m}$$

$$H = \frac{B}{\mu_0} - M = -7.2 \times 10^5\ \mathrm{A/m}$$

5－3－3 螺绕环中心周长 $l=30$ cm，横截面 $S=1.0\ \mathrm{cm^2}$，环上紧密地绕有 $N=300$ 匝的线圈。当导线中电流 $I=32$ mA，通过环截面的磁通量 $\Phi=2.0\times10^{-6}$ Wb，求铁芯的磁化率 χ_{m}。

解 由安培定理 $\oint_L \boldsymbol{H} \cdot \mathrm{d}\boldsymbol{l} = NI$，得

$$H = \frac{NI}{l}$$

又因为 $B=\mu_r\mu_0 H$，$\Phi_{\mathrm{m}}=BS$，得

$$\mu_r=\frac{\Phi_m l}{\mu_0 NIS}$$

$$\chi_m=\mu_r-1=\frac{\Phi_m l}{\mu_0 NIS}-1=4.97\times10^2$$

5-3-4　一铁制的螺绕环，其平均圆周长 30 cm，截面积为 1 cm^2，在环上均匀绕以 300 匝导线，当每组内的电流为 0.032 A 时，环内磁通量为 2×10^{-6} Wb。试求：(1)环内的磁感应强度；(2)磁场强度；(3)磁化面电流密度；(4)环内材料的磁导率和相对磁导率；(5)磁芯内的磁化强度。

解　(1) 由磁通量定义 $\Phi_m=\oint_S \boldsymbol{B}\cdot d\boldsymbol{S}$，据题意 $\Phi_m=BS$，所以

$$B=\frac{\Phi_m}{S}=2\times10^{-2}\ \text{T}$$

(2) 由安培定理 $\oint_l \boldsymbol{H}\cdot d\boldsymbol{l}=NI$，得

$$H=\frac{NI}{l}=32\ \text{A/m}$$

(3) 由 $\boldsymbol{H}=\frac{\boldsymbol{B}}{\mu_0}-\boldsymbol{M}$，得

$$j'=M=\frac{B}{\mu_0}-H=1.59\times10^4\ \text{A/m}$$

(4) 由 $\boldsymbol{B}=\mu\boldsymbol{H}$，得

$$\mu=\frac{B}{H}=6.25\times10^{-4}\ \text{Tm/A}$$

再由 $\mu=\mu_0\mu_r$，得

$$\mu_r=\frac{\mu}{\mu_0}=4.98\times10^2$$

(5)
$$M=j'=1.59\times10^4\ \text{A/m}$$

5-3-5　如图 5-3-2 所示，一半径为 R 的圆筒形导体通以电流 I，筒壁很薄，可视为无限长，筒外有一层厚为 d，磁导率为 μ 的均匀顺磁性介质，介质外为真空。画出此磁场的 $H-r$ 曲线及 $B-r$ 曲线(要求：在图上标明各曲线端点的坐标及所代表的函数值)。

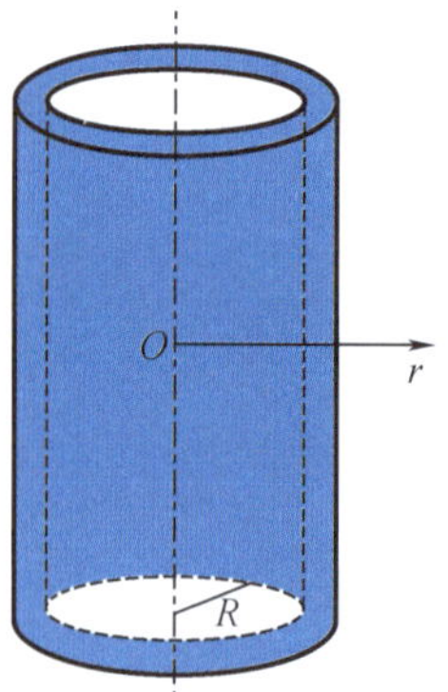

图 5-3-2

解　据题意，有

$$H=\begin{cases}0, & r\leqslant R\\ \frac{I}{2\pi r}, & R<r<R+d\\ \frac{I}{2\pi r}, & r\geqslant R+d\end{cases}$$

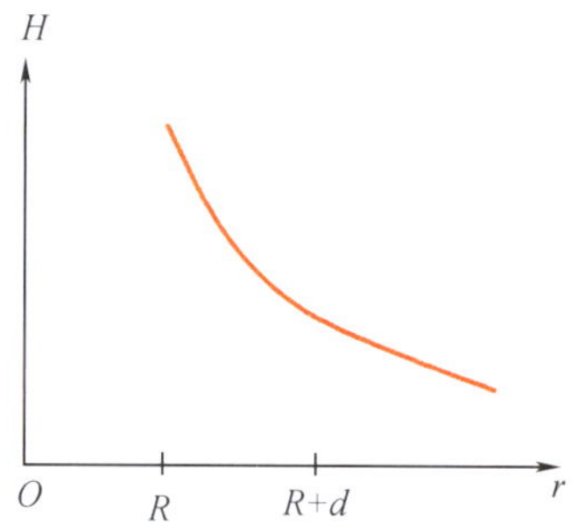

$$B=\begin{cases}0, & r\leqslant R\\ \frac{\mu_r\mu_0 I}{2\pi r}, & R<r<R+d\\ \frac{\mu_0 I}{2\pi r}, & r\geqslant R+d\end{cases}$$

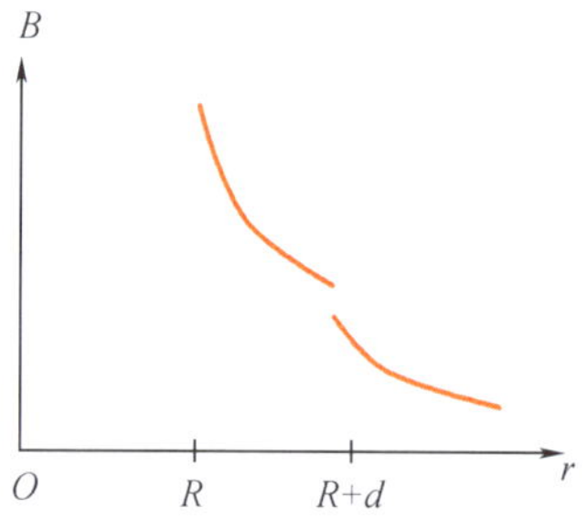

5—3—6 两块无限大的导体平板上均匀地通以电流，电流面密度为 i，两块板上的电流互相平行，方向相反。两块导体板之间插有两块相对磁导率分别为 μ_{r1} 及 μ_{r2} 的顺磁介质如图 5—3—3 所示。求空间各处的 $\boldsymbol{B}$，$\boldsymbol{H}$ 及磁化电流密度。

图 5—3—3

解 根据安培定理及场叠加原理知，在两板之外 $H=0$，在两板之间的磁场强度与介质无关，$H=i$。

由 $\boldsymbol{B}=\mu_0\mu_r\boldsymbol{H}$ 知，在两板之外 $B=0$；在两板之间的磁感应强度与介质有关，则

$$B=\begin{cases}\mu_0\mu_{r1}i, & \text{在介质 1 处}\\ \mu_0\mu_{r2}i, & \text{在介质 2 处}\end{cases}$$

由 $\boldsymbol{H}=\dfrac{\boldsymbol{B}}{\mu_0}-\boldsymbol{M}$，得 $M=\dfrac{B}{\mu_0}-H$，故

$$M=\begin{cases}(\mu_{r1}-1)i, & \text{在介质 1 处}\\ (\mu_{r2}-1)i, & \text{在介质 2 处}\end{cases}$$

方向均为向左。

又由于 $\boldsymbol{j}'=\boldsymbol{M}\times\boldsymbol{e}_n$，故介质 1 和介质 2 磁化电流密度大小均与 M 相等；而方向均为上表面 $\boldsymbol{j}'$ 向里，下表面 $\boldsymbol{j}'$ 向外，因此

$$j'=\begin{cases}(\mu_{r1}-1)i, & \text{在介质 1 的上表面处}\\ (\mu_{r2}-\mu_{r1})i, & \text{在介质 1 和质介 2 交界面处}\\ -(\mu_{r2}-1)i, & \text{在介质 2 的下表面处}\end{cases}$$

其中，$\boldsymbol{j}'$ 的正方向为垂直纸面向里。

5—3—7 如图 5—3—4 所示，横截面为矩形的环形螺线管，圆环内外半径分别为 R_1 和 R_2，芯子材料的磁导率为 μ，导线总匝数为 N，绕得很密，若线圈通电流 I，求：(1) 芯子中的 B 值和芯子截面的磁通量；(2) 在 $r<R_1$ 和 $r>R_2$ 处的 B 值。

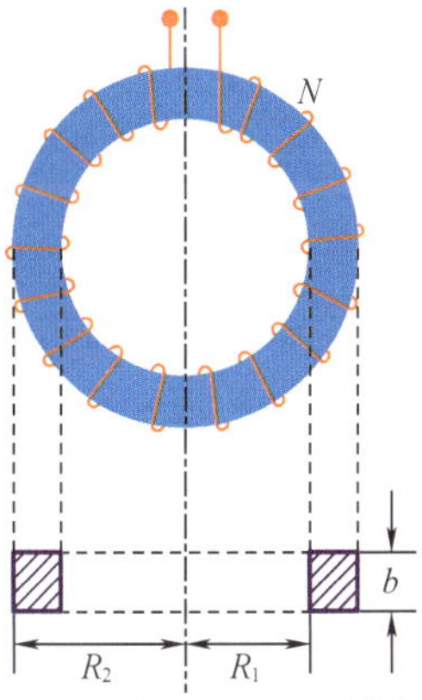

图 5—3—4

解 (1) 由安培定理 $\oint_l \boldsymbol{H}\cdot d\boldsymbol{l}=NI$，得

$$H=\frac{NI}{2\pi r}$$

$$B=\mu H=\frac{\mu NI}{2\pi r}$$

$$\Phi_m=\iint_S \boldsymbol{B}\cdot d\boldsymbol{S}=\int_{R_1}^{R_2}\frac{\mu NI}{2\pi r}b\,dr=\frac{\mu NIb}{2\pi}\ln\frac{R_2}{R_1}$$

(2) 在 $r<R_1$ 和 $r>R_2$ 处，$B=0$。

5—3—8 如图 5—3—5 所示，一根同轴电缆线由半径为 R_1 的长导线和套在它外面的内半径为 R_2，外半径为 R_3 的同轴导体圆筒组成。中间充满磁导率为 μ 的各向同性均匀非铁磁绝缘材料，传导电流 I 沿导线向上流去，由圆筒向下流回，在它们的截面上电流都是均匀分布的。求同轴电缆线内外的磁感强度 B 大小的分布。

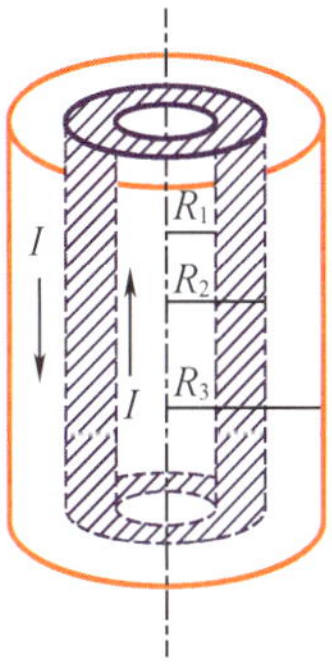

图 5—3—5

解 由安培定理 $\oint_l \boldsymbol{H}\cdot d\boldsymbol{l}=\sum I$，据题意得

$$H=\begin{cases}\dfrac{I}{2\pi R^2}r, & r<R_1\\ \dfrac{I}{2\pi r}, & R_1\leqslant r<R_2\\ \dfrac{I(R_3^2-r^2)}{2\pi r(R_3^2-R_2^2)}, & R_2\leqslant r<R_3\\ 0, & r\geqslant R_3\end{cases}$$

再利用 $B=\mu H$，得

$$B=\begin{cases}\dfrac{\mu_0 I}{2\pi R^2}r, & r<R_1 \\ \dfrac{\mu I}{2\pi r}, & R_1\leqslant r<R_2 \\ \dfrac{\mu_0 I(R_3^2-r^2)}{2\pi r(R_3^2-R_2^2)}, & R_2\leqslant r<R_3 \\ 0, & r\geqslant R_3\end{cases}$$

同步训练题

1. 螺绕环中心周长 $l=10$ cm，环上均匀密绕线圈 $N=200$ 匝，线圈中通有电流 $I=0.1$ A。管内充满相对磁导率 $\mu_r=4\ 200$ 的磁介质。求管内磁场强度和磁感强度的大小。

2. 氢原子中，按玻尔模型，常态下电子的轨道半径为 $r=0.53\times10^{-10}$ m，速度为 $v=2.2\times10^6$ m/s。求：(1) 此轨道运动在圆心处产生的磁场 B 多大；(2) 在圆心处的质子的自旋角动量为 $S=\hbar/2=0.53\times10^{-34}$ J·s，磁矩为 $\boldsymbol{p}_m=1.41\times10^{-26}$ A·m^2，磁矩方向与电子轨道运动在圆心处的磁场方向的夹角为 θ，此质子的进动角速度多大？

3. 在铁晶体中，每个原子有两个电子的自旋参与磁化过程，一根磁针按长 8.5 cm，宽 1.0 cm，厚 0.02 cm 的铁片计算，设其中有关电子的自旋都整齐了。已知铁的密度是 7.8 g/cm^3，摩尔质量是 55.85 g/mol。求：(1) 这根磁针的磁矩多大；(2) 当这根磁针垂直于地磁场放置时，它受的磁力矩多大(设地磁场为 0.52×10^{-4} T)；(3) 当这根磁针与上述地磁场逆平行放置时，它的磁场能多大？

同步训练题答案

1. $H=200$ A/m，$B=1.06$ T
2. (1) $B=12.5$ T；(2) $\omega=3.3\times10^9$ rad/s
3. (1) $\boldsymbol{p}_m=0.27$ A·m^2；(2) $M=1.4\times10^{-5}$ N·m；(3) $W_m=1.4\times10^{-5}$ J

第 4 章　电磁感应

知识要点

4.1　电磁感应定律

4.1.1　电磁感应现象 楞次定律

电磁感应现象:当穿过一个闭合导体回路所围面积的磁通量发生变化时,不管这种变化是由于什么原因所引起的,回路中就有电流。这种现象叫做电磁感应现象,回路中出现的电流叫做感应电流。

楞次定律:当穿过一个闭合的导体回路所围面积的磁通量发生变化时,在回路中就会有感应电流。此感应电流的方向总是使它自己的磁场穿过回路面积的磁通量,去补偿引起感应电流的磁通量的改变。

4.1.2　法拉第电磁感应定律

法拉第电磁感应定律:当穿过一个闭合导体回路所围面积的磁通量发生变化时,不论这种变化是由于什么原因所引起的,回路中都会建立起感应电动势,且此感应电动势正比于磁通量对时间变化率的负值,即

$$\varepsilon=-\frac{\mathrm{d}\Phi_{\mathrm{m}}}{\mathrm{d}t}$$

4.2　动生电动势　感生电动势

4.2.1　动生电动势

动生电动势:由于回路所围面积的变化或面积取向变化而引起的感应电动势,即

$$\varepsilon_{ab}=\int_a^b(\boldsymbol{v}\times\boldsymbol{B})\cdot\mathrm{d}\boldsymbol{l}$$

4.2.2　感生电动势

感生电动势:由于回路所围面积中通过的磁感应强度 $\boldsymbol{B}$ 随时间发生变化而引起的感应电动势,即

$$\varepsilon=\int_a^b\boldsymbol{E}_{\mathrm{k}}\cdot\mathrm{d}\boldsymbol{l}$$

涡旋电场：由变化磁场产生的电场，即

$$\oint_l \boldsymbol{E}_k \cdot d\boldsymbol{l} = -\iint_S \frac{\partial \boldsymbol{B}}{\partial t} \cdot d\boldsymbol{S}$$

4.3 自感　互感

4.3.1 自感

自感现象：当回路中电流变化时通过自身的磁通量也发生变化，从而在回路中产生的电磁感应现象。

自感系数：$L = \dfrac{\Psi}{I}$

自感电动势：$\varepsilon = -L\dfrac{dI}{dt}$

4.3.2 互感

互感现象：在两个相邻回路中，由于其中之一有电流变化，而在另一回路引起的磁通量发生变化产生的电磁感应现象。

互感系数：$M_{21} = M_{12} = \dfrac{\Psi_{21}}{I_1} = \dfrac{\Psi_{12}}{I_2}$

互感电动势：$\varepsilon_{21} = -M\dfrac{dI_1}{dt}$　$\varepsilon_{12} = -M\dfrac{dI_2}{dt}$

4.4 磁场能量

自感线圈的磁能：$W_m = \dfrac{1}{2}LI^2$

磁能密度：$w_m = \lim\limits_{\Delta V \to 0}\dfrac{W_m}{\Delta V} = \dfrac{1}{2}BH$

磁场能量：$W_m = \iiint_V w_m dV$

书后习题解答

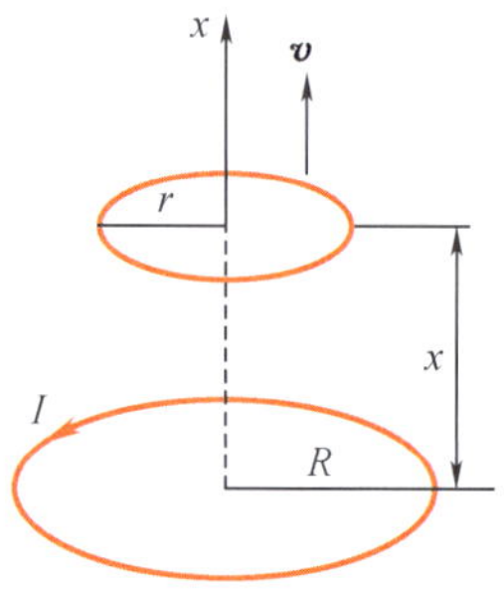

图 5—4—1

5—4—1　如图 5—4—1 所示，两个半径分别为 R 和 r 的同轴圆形线圈相距 x，且 $R \gg r, x \gg R$。若大线圈通有电流 I 而小线圈沿 x 轴方向以速率 v 运动，试求 $x = NR$ 时（N 为正数）小线圈回路中产生的感应电动势的大小。

解　由题意，大线圈中的电流 I 在小线圈回路处产生的磁场可视为均匀的，即

$$B = \frac{\mu_0}{4\pi}\frac{2\pi IR^2}{(R^2+x^2)^{\frac{3}{2}}} = \frac{\mu_0 IR^2}{2(R^2+x^2)^{\frac{3}{2}}}$$

故穿过小回路的磁通量为

$$\Phi=\boldsymbol{B}\cdot\boldsymbol{S}=\frac{\mu_0}{2}\frac{IR^2}{(R^2+x^2)^{\frac{3}{2}}}\pi r^2\approx\frac{\mu_0\pi r^2 IR^2}{2x^3}$$

由于小线圈的运动，小线圈中的感应电动势为

$$\varepsilon_i=\left|\frac{\mathrm{d}\Phi}{\mathrm{d}t}\right|=\frac{3\mu_0\pi r^2 IR^2}{2x^4}\left|\frac{\mathrm{d}x}{\mathrm{d}t}\right|=\frac{3\mu_0\pi r^2R^2I}{2x^4}v$$

当 $x=NR$ 时，小线圈回路中的感应电动势为

$$\varepsilon_i=\frac{3\mu_0\pi r^2 Iv}{2N^4R^2}$$

5—4—2　如图 5—4—2(a)所示，在均匀磁场中有一金属框架 $oabo$，ab 边可无摩擦自由滑动，已知 $\angle aob=\theta$，$ab\perp ox$，磁场随时间变化规律为 $B=Kx\cos\omega t$（ω 为常数）。若 $t=0$ 时，ab 边由 $x=0$ 处开始以速率 v 作平行于 x 轴的匀速滑动。求任意时刻 t 时金属框中感应电动势的大小和方向。

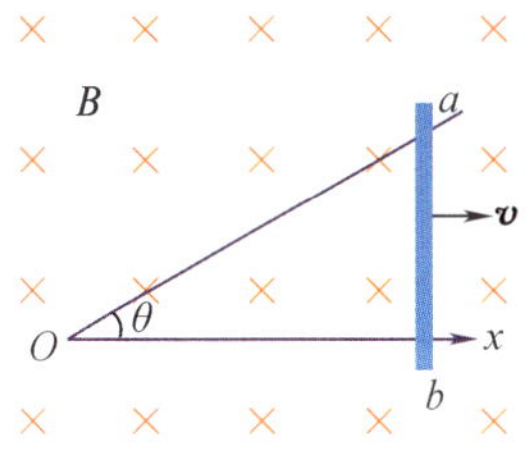

(a)

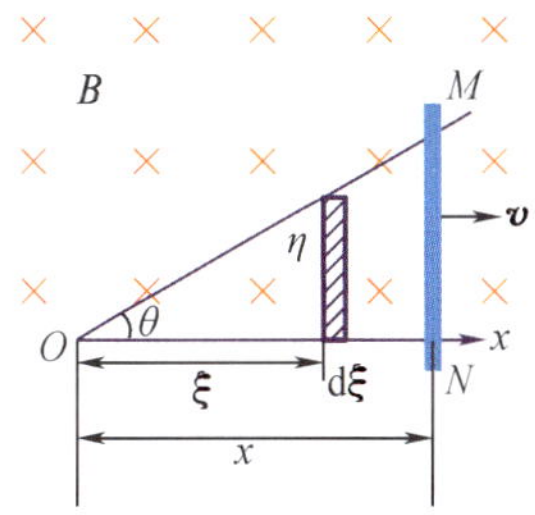

(b)

图 5—4—2

解　如图 5—4—2(b)所示，取回路绕行的正向为 $O\to N\to M\to O$。

对于非均匀时变磁场 $B=Kx\cos\omega t$，

$$\mathrm{d}\Phi=B\mathrm{d}S=B\eta\mathrm{d}\xi=B\tan\theta\xi\mathrm{d}\xi=K\tan\theta\cos\omega t\xi^2\mathrm{d}\xi$$

$$\Phi=\int\mathrm{d}\Phi=\int_0^x K\tan\theta\cos\omega t\xi^2\mathrm{d}\xi=\frac{1}{3}K\tan\theta\cos\omega t\cdot x^3$$

$$\varepsilon_i=-\frac{\mathrm{d}\Phi}{\mathrm{d}t}=\frac{1}{3}K\tan\theta\omega\cdot\sin\omega t\cdot x^3-K\tan\theta\cos\omega t\cdot vx^2$$

$$=Kv^3\tan\theta\left(\frac{1}{3}\omega t^3\sin\omega t-t^2\cos\omega t\right)$$

$\varepsilon_i>0$，则 ε_i 方向与所设绕行正向一致；$\varepsilon_i<0$，则 ε_i 方向与所设绕行正向相反。

5—4—3　一导线弯成如图 5—4—3 所示形状，放在均匀磁场 $\boldsymbol{B}$ 中，$\boldsymbol{B}$ 的方向垂直图面向里。$\angle bcd=60°$，$bc=cd=a$，使导线绕轴 OO' 旋转，如图 5—4—3所示，转速为每分钟 n 转，计算 $\varepsilon_{OO'}$。

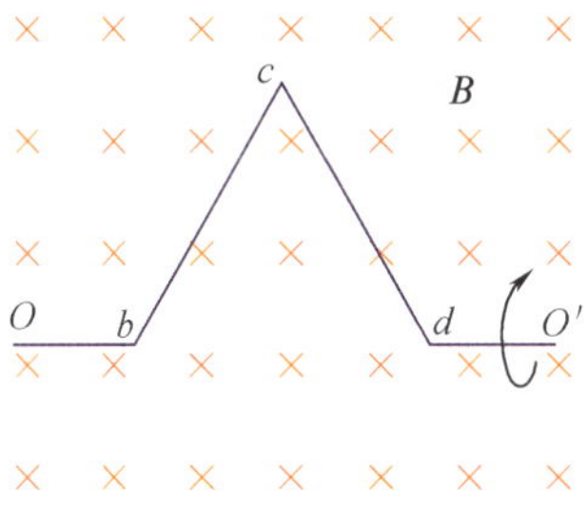

图 5—4—3

解

$$S=\frac{1}{2}a^2\frac{\sqrt{3}}{2}=\frac{\sqrt{3}a^2}{4}$$

$$\Phi=BS\cos\omega t=BS\cos\frac{2\pi nt}{60}$$

$$\varepsilon_{OO'}=-\frac{\mathrm{d}\Phi}{\mathrm{d}t}=\frac{2\pi BSn}{60}\sin\frac{2\pi nt}{60}$$

$$=\frac{\sqrt{3}\pi na^2B}{120}\sin\frac{2\pi nt}{60}$$

5—4—4　如图 5—4—4(a)所示，一个直角三角形的导线框 abc 与一载有电流 I 的长直导线共面，线框的两直角边分别为 l_1 和 l_2。开始时，线框 ab 边与直导线平行，距离为 d，现使导线框以速度 v 垂直长导线向右运动，求线框中的电动势与时间的函数关系。

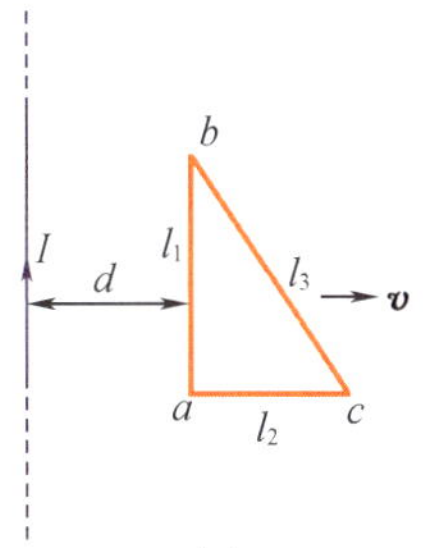

(a)

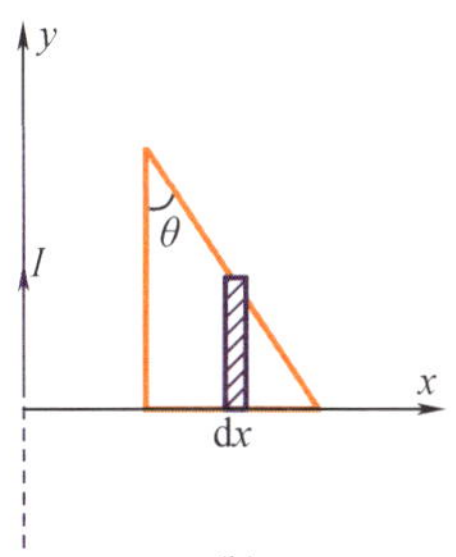

(b)

图 5—4—4

解　建立坐标如图 5—4—4(b)所示，由动生电动势公式，即

$$\varepsilon=\oint_{abca}(\boldsymbol{v}\times\boldsymbol{B})\cdot\mathrm{d}\boldsymbol{l}$$

得

$$\varepsilon_{ab}=\int_a^b v\frac{\mu_0 I}{2\pi(d+vt)}\mathrm{d}l=\frac{\mu_0 Ivl_1}{2\pi(d+vt)}$$

$$\varepsilon_{bc}=-\int_a^b v\frac{\mu_0 I}{2\pi x}\cos\theta\mathrm{d}l=-\int_{d+vt}^{d+vt+l_2}v\frac{\mu_0 I}{2\pi x}\cos\theta\frac{\mathrm{d}x}{\sin\theta}$$

$$=-\frac{\mu_0 Ivl_1}{2\pi l_2}\ln\frac{d+vt+l_2}{d+vt}$$

$$\varepsilon_{ca}=0$$

$$\varepsilon=\varepsilon_{ab}+\varepsilon_{bc}+\varepsilon_{ca}=\frac{\mu_0 Ivl_1}{2\pi(d+vt)}-\frac{\mu_0 Ivl_1}{2\pi l_2}\ln\frac{d+vt+l_2}{d+vt}$$

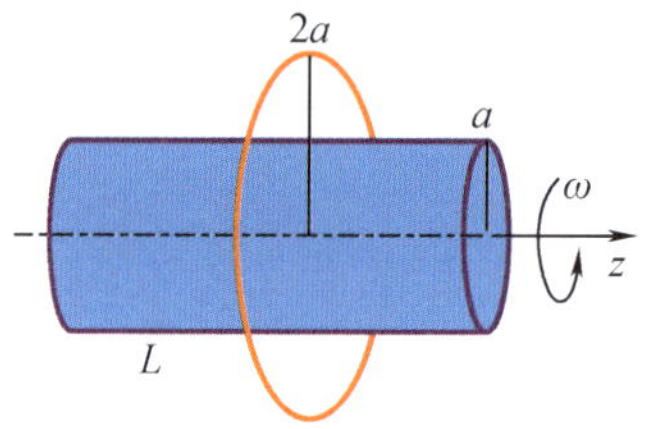

图 5—4—5

5—4—5 电量 Q 均匀分布在半径为 a，长为 $L(L\gg a)$ 的绝缘薄壁长圆筒表面上，圆筒以角速度 ω 绕中心轴线旋转。一半径为 $2a$，电阻为 R 的单匝圆形线圈套在圆筒上(如图 5—4—5 所示)。若圆筒转速按照 $\omega=\omega_0\left(1-\frac{t}{t_0}\right)$ 的规律(ω_0 和 t_0 是已知常数)随时间线性地减少，求圆形线圈中感应电流的大小和方向。

解 筒以 ω 旋转时，相当于表面单位长度上有环形电流 $\frac{Q}{L}\cdot\frac{\omega}{2\pi}$，它和通电流螺线管的 nI 等效。按长螺线管产生磁场的公式，筒内均匀磁场磁感强度为

$$B=\frac{\mu_0 Q\omega}{2\pi L}$$

方向沿筒的轴向右。

筒外磁场为零，穿过线圈的磁通量为

$$\Phi=\pi a^2 B=\frac{\mu_0 Q\omega a^2}{2L}$$

在单匝线圈中产生感生电动势为

$$\varepsilon=-\frac{\mathrm{d}\Phi}{\mathrm{d}t}=-\frac{\mu_0 Qa^2}{2L}\frac{\mathrm{d}\omega}{\mathrm{d}t}=\frac{\mu_0 Qa^2\omega_0}{2Lt_0}$$

感应电流 i 为

$$i=\frac{\varepsilon}{R}=\frac{\mu_0 Qa^2\omega_0}{2RLt_0}$$

其流向与圆筒转向一致。

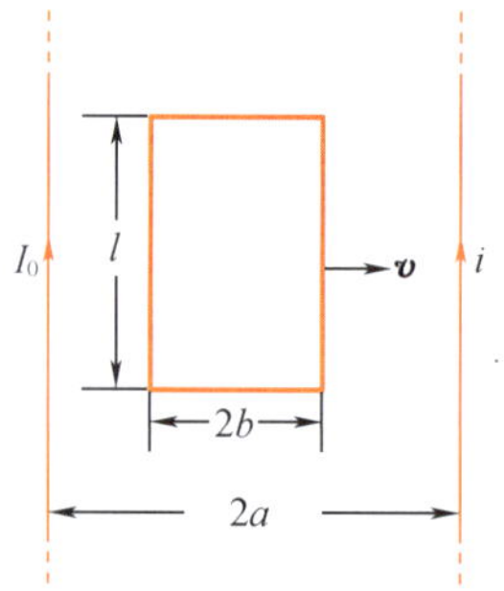

图 5—4—6

5—4—6 两根平行放置相距为 $2a$ 的无限长载流直导线，其中一根通以稳恒电流 I_0，另一根通以交变电流 $i=I_0\cos\omega t$。两导线间有一与其共面的矩形线圈，线圈的边长分别为 l 和 $2b$，l 边与长直导线平行，且线圈以速度 v 垂直直导线向右运动(如图 5—4—6 所示)。当线圈运动到两导线的中心位置(即线圈中心线与距两导线均为 a 的中心线重合)时，两导线中的电流方向恰好相反，且 $i=I_0$，求此时线圈中的感应电动势。

解 设矩形线圈中感应电动势的正方向为顺时针方向，磁场正方向向里。动生电动势和感生电动势分别用 ε_1 和 ε_2 表示，则总电动势为

$$\varepsilon=\varepsilon_1+\varepsilon_2$$

$$\varepsilon_1=vB_1 l+vB_2 l$$

$$B_1=\frac{\mu_0 I_0}{2\pi(a-b)}-\frac{\mu_0 i}{2\pi(a+b)}$$

$$B_2=\frac{\mu_0 I_0}{2\pi(a+b)}-\frac{\mu_0 i}{2\pi(a-b)}$$

因为此刻 $i=-I_0$，则

$$B_2=\frac{\mu_0 I_0}{2\pi(a+b)}-\frac{\mu_0 I_0}{2\pi(a-b)}=-B_1$$

所以

$$\varepsilon_1=0$$

$$\varepsilon=\varepsilon_2=-\int\frac{\partial \boldsymbol{B}}{\partial t}\cdot\mathrm{d}\boldsymbol{S}$$

因为

$$B=\frac{\mu_0 I_0}{2\pi(2a-r)}-\frac{\mu_0 i}{2\pi r}$$

所以

$$\varepsilon=\frac{\mu_0 l}{2\pi}\int_{a-b}^{a+b}\frac{\mathrm{d}i}{\mathrm{d}t}\frac{1}{r}\mathrm{d}r=\frac{\mu_0 l}{2\pi}\left(\ln\frac{a+b}{a-b}\right)\frac{\mathrm{d}i}{\mathrm{d}t}$$

因为此刻 $i=-I_0$，故

$$t=\frac{(2k+1)\pi}{\omega},\quad k=1,2,3\cdots$$

所以 $$\varepsilon\Big|_{i=-I_0}=\frac{\mu_0 l}{2\pi}\left(\ln\frac{a+b}{a-b}\right)(-I_0\omega)\sin\omega t=0$$

5-4-7 有一很长的长方形U形导轨，与水平面成 θ 角，裸导线 ab 可在导轨上无摩擦地下滑，导轨位于磁感应强度 B 垂直向上的均匀磁场中，如图5-4-7所示。设导线 ab 的质量为 m，电阻为 R，长度为 l，导轨的电阻略去不计，$abcd$ 形成电路，$t=0$ 时，$v=0$，求导线 ab 下滑的速度 v 与时间 t 的函数关系。

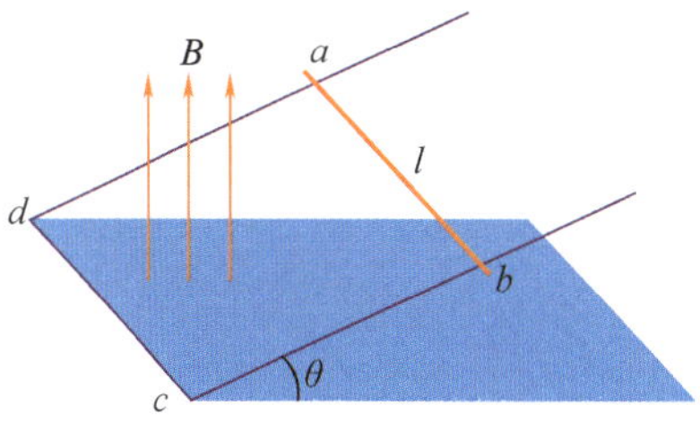

图5-4-7

解 ab 导线在磁场中运动产生的感应电动势为

$$\varepsilon_i=Blv\cos\theta$$

$abcd$ 回路中流过的电流为

$$I_i=\frac{\varepsilon_i}{R}=\frac{Blv}{R}\cos\theta$$

ab 载流导线在磁场中受到的安培力沿导轨方向上的分力为

$$F=I_iBl\cos\theta=\frac{Blv\cos\theta}{R}Bl\cos\theta$$

由牛顿第二定律得

$$mg\sin\theta-\frac{Blv\cos\theta}{R}Bl\cos\theta=m\frac{\mathrm{d}v}{\mathrm{d}t}$$

$$\mathrm{d}t=\frac{\mathrm{d}v}{g\sin\theta-\dfrac{B^2l^2v\cos^2\theta}{mR}}$$

令 $A=g\sin\theta, c=\dfrac{B^2l^2\cos^2\theta}{mR}$，则

$$\mathrm{d}t=\frac{\mathrm{d}v}{A-cv}$$

利用 $t=0$ 时，$v=0$ 有

$$\int_0^t\mathrm{d}t=\int_0^v\frac{\mathrm{d}v}{A-cv}=-\frac{1}{c}\int_0^v\frac{\mathrm{d}(A-cv)}{A-cv}$$

$$t=-\frac{1}{c}\ln\frac{A-cv}{A}$$

$$v=\frac{A}{c}(1-\mathrm{e}^{-ct})=\frac{mgR\sin\theta}{B^2l^2\cos^2\theta}\left(1-\mathrm{e}^{-\frac{B^2l^2\cos^2\theta}{mR}t}\right)$$

5-4-8 如图5-4-8所示，在电阻为零，相距为 l 的两条平行金属导轨上，平行放置两条质量为 m，电阻为 $\dfrac{R}{2}$ 的匀质金属棒 ab，cd，它们与导线相垂直且能沿导轨做无摩擦滑动。整个装置水平置于方向垂直向下的匀强磁场中，磁感应强度为 B。若不考虑感应电流的影响，今对 ab 施加一恒力 F，使其从静止开始运动起来。求导轨上感应电流恒定后的大小以及两棒的相对速度。

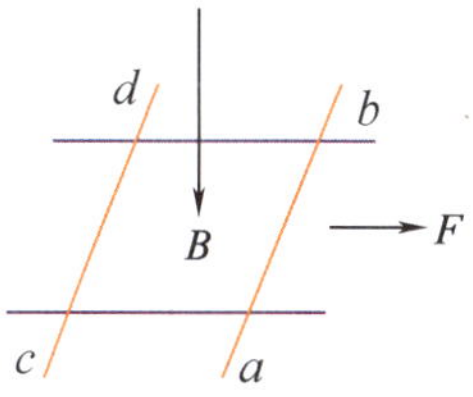

图5-4-8

解 设 t 时刻金属棒 ab 的速度为 v_1，金属棒 cd 的速度为 v_2。由欧姆定律，得

$$v_1Bl-v_2Bl=IR$$

据题意，感应电流恒定，满足 $\dfrac{\mathrm{d}I}{\mathrm{d}t}=0$，则

$$\frac{\mathrm{d}v_1}{\mathrm{d}t}=\frac{\mathrm{d}v_2}{\mathrm{d}t}$$

对金属棒 ab 和 cd 分别有

$$F-IBl=m\frac{\mathrm{d}v_1}{\mathrm{d}t}$$

$$IBl=m\frac{\mathrm{d}v_2}{\mathrm{d}t}$$

联立上两式，得

$$I=\frac{F}{2Bl}$$

则两棒的相对速度为

$$v_1-v_2=\frac{FR}{2B^2l^2}$$

5—4—9　如图 5—4—9(a)所示，无限长直导线载有电流 I，其旁放置一段长度为 l 与载流导线在同一平面内且成 60°的导线。计算当该导线在平面上以垂直于载流导线的速度 $\boldsymbol{v}$ 平移到该导线的中点距载流导线为 a 时，其上的动生电动势，并说明其方向。

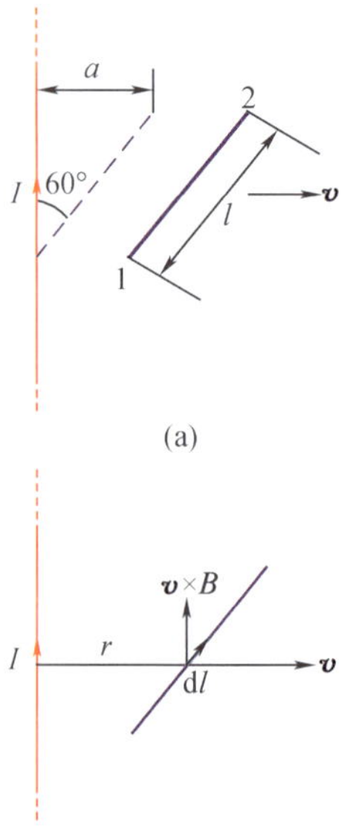

图 5—4—9

解　如图 5—4—9(b)所示，在 $\mathrm{d}l$ 处，$B=\frac{\mu_0 I}{2\pi r}$，

所以

$$\mathrm{d}\varepsilon=(\boldsymbol{v}\times\boldsymbol{B})\cdot\mathrm{d}\boldsymbol{l}=vB\mathrm{d}l\cos 60^\circ$$

由于 $\mathrm{d}l=\frac{\mathrm{d}r}{\cos 30^\circ}$，故 $\mathrm{d}\varepsilon=vB\tan 30^\circ\mathrm{d}r$，因此

$$\varepsilon=\int_{r_1}^{r_2}v\tan 30^\circ\frac{\mu_0 I}{2\pi r}\mathrm{d}r$$

其中 $r_2=a+\frac{\sqrt{3}l}{4}$，$r_1=a-\frac{\sqrt{3}l}{4}$。

$$\varepsilon=\frac{\mu_0 Iv}{2\sqrt{3}\pi}\ln\frac{a+\frac{\sqrt{3}l}{4}}{a-\frac{\sqrt{3}l}{4}}$$

方向从 1 到 2。

5—4—10　如图 5—4—10 所示，半径为 R 的无限长实心圆柱导体载有电流 I，电流沿轴向流动，并均匀分布在导体横截面上。一宽为 R，长为 l 的矩形回路（与导体轴线同平面）以速度 v 向导体外运动（设导体内有一很小的缝隙，但不影响电流及磁场的分布）。设初始时刻矩形回路一边与导体轴线重合，求：(1) $t\left(t<\frac{R}{v}\right)$时刻回路中的感应电动势；(2) 回路中的感应电动势改变方向的时刻。

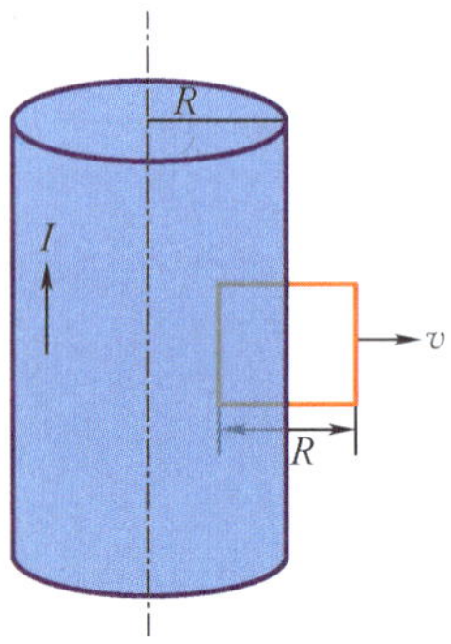

图 5—4—10

解　(1) 取逆时针方向为回路正向，则回路中的感应电动势为

$$\varepsilon=vB_1l-vB_2l$$

$$B_1=\frac{\mu_0 I}{2\pi(R+vt)}$$

$$B_2=\frac{\mu_0 Ivt}{2\pi R^2}$$

$$\varepsilon=v\frac{\mu_0 Il}{2\pi}\left(\frac{1}{R+vt}-\frac{vt}{R^2}\right)$$

(2) 当 $\varepsilon=0$ 时，ε 将改变方向，则

$$\frac{1}{R+vt}-\frac{vt}{R^2}=0$$

$$(vt)^2+Rvt-R^2=0$$

所以

$$t=\frac{-vR+\sqrt{v^2R^2+4v^2R^2}}{2v^2}=\frac{(\sqrt{5}-1)R}{2v}$$

5—4—11　如图 5—4—11(a)所示，在半径为 R 的圆柱体积内存在匀强磁场 $\boldsymbol{B}$，有一长为 l 的金属杆放在磁场里，设 $\boldsymbol{B}$ 以速率 $\frac{\mathrm{d}B}{\mathrm{d}t}$ 变化，试证明杆上感应电动势的大小为 $\frac{\mathrm{d}B}{\mathrm{d}t}\frac{l}{2}\sqrt{R^2-\left(\frac{l}{2}\right)^2}$。

证　选取顺时针回路 $OABO$ 如图 5—4—11(b)所示。利用法拉第电磁感应定律，有

$$\varepsilon=-\frac{\mathrm{d}\Phi_{\mathrm{m}}}{\mathrm{d}t}=-\frac{1}{2}l\sqrt{R^2-\left(\frac{l}{2}\right)^2}\frac{\mathrm{d}B}{\mathrm{d}t}$$

$$\varepsilon=\varepsilon_{OA}+\varepsilon_{AB}+\varepsilon_{BA}=\varepsilon_{AB}=-\frac{1}{2}l\sqrt{R^2-\left(\frac{l}{2}\right)^2}\frac{\mathrm{d}B}{\mathrm{d}t}$$

负号说明电动势的方向从 $B\to A$。

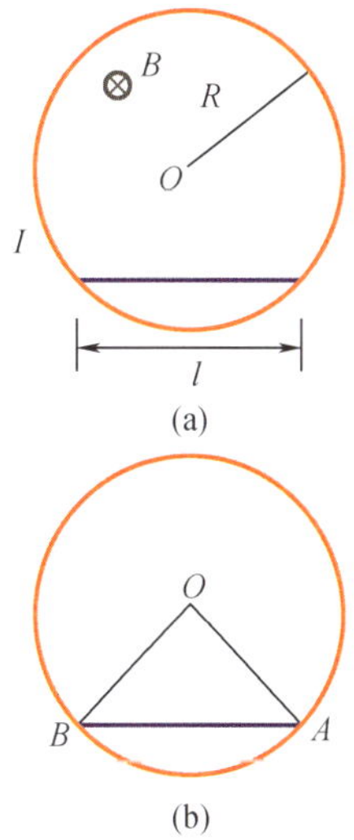

图 5—4—11

5—4—12　一无限长直导线通有电流 $I=I_0\mathrm{e}^{-3t}$，一矩形线圈与长直导线共面放置，其长边与导线平行，如图 5—4—12(a)所示。求：(1)矩形线圈中感应电动势的大小及方向；(2)导线与线圈的互感系数。

解　坐标选取如图 5—4—12(b)所示，则

$$\Phi_{\mathrm{m}}=\int_a^b\frac{\mu_0 I}{2\pi x}l\,\mathrm{d}x=\frac{\mu_0 Il}{2\pi}\ln\frac{b}{a}=\frac{\mu_0 I_0 l\mathrm{e}^{-3t}}{2\pi}\ln\frac{b}{a}$$

(1) 利用法拉第电磁感应定律，有

$$\varepsilon=-\frac{\mathrm{d}\Phi_{\mathrm{m}}}{\mathrm{d}t}=\frac{3\mu_0 lI_0\mathrm{e}^{-3t}}{2\pi}\ln\frac{b}{a}$$

方向为顺时针。

(2) 由互感系数的定义，有

$$M=\frac{\Phi_{\mathrm{m}}}{I}=\frac{\mu_0 l}{2\pi}\ln\frac{b}{a}$$

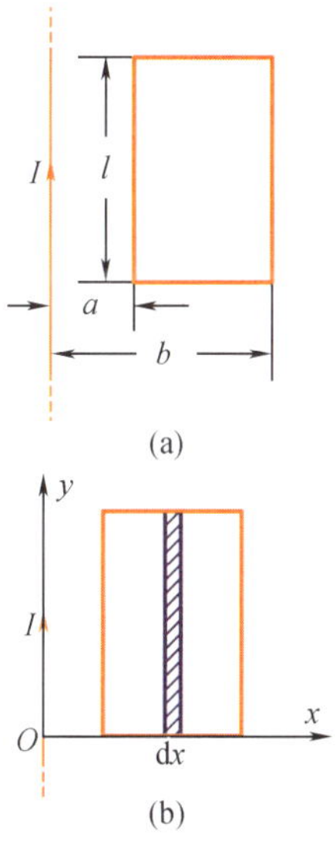

图 5—4—12

5—4—13　如图 5—4—13(a)所示，两根无限长载流导线互相平行，相距为 $2a$，两导线中电流强度相同，但电流彼此反向。在两平行无限长直导线所在的平面内有一个半径为 a 的圆环，圆环刚好在两平行长直导线之间并且彼此绝缘。求圆环与两平行长直导线之间的互感系数。

解　坐标选取如图 5—4—13(b)所示。通过圆环的磁通量为

$$\Phi_{\mathrm{m}}=2\int_{-a}^{a}\left[\frac{\mu_0 I}{2\pi(a+x)}+\frac{\mu_0 I}{2\pi(a-x)}\right]y\,\mathrm{d}x=\int_{-a}^{a}\frac{2\mu_0 Ia}{\pi y}\mathrm{d}x$$

式中，$x=a\cos\theta$，$y=a\sin\theta$，$\mathrm{d}x=-a\sin\theta\mathrm{d}\theta$。

$$\Phi_{\mathrm{m}}=\int_{\pi}^{0}-\frac{2\mu_0 Ia}{\pi}\mathrm{d}\theta=2\mu_0 Ia$$

由互感系数的定义为

$$M=\frac{\Phi_{\mathrm{m}}}{I}$$

得

$$M=2\mu_0 a$$

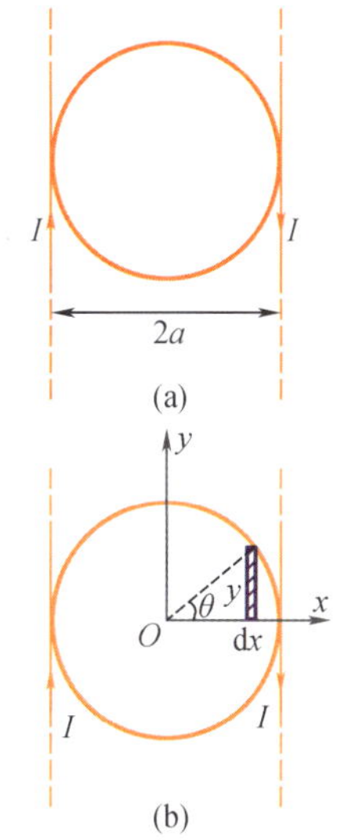

图 5—4—13

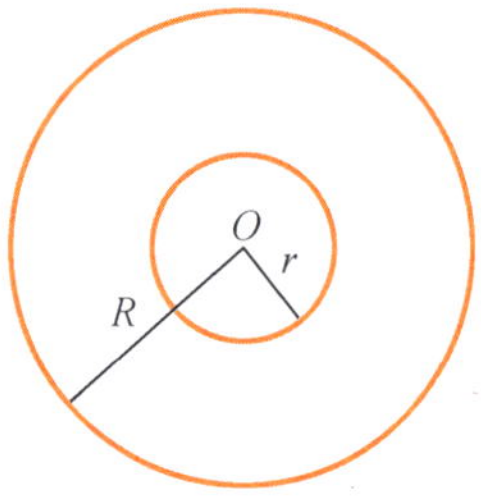

图 5—4—14

5—4—14 如图 5—4—14 所示，半径为 r 的小绝缘圆环，置于半径为 R 的大导线圆环中心，二者在同一平面内，且 $r \ll R$。在大导线环中通有正弦电流（取逆时针方向为正）$I=I_0\sin\omega t$，其中 ω，I_0 为常数，t 为时间，求任一时刻小线环中感应电动势（取逆时针方向为正）。

解 大导线圆环在中心处的磁感应强度为

$$B=\frac{\mu_0 I}{2R}$$

由于 $r \ll R$，小线环中的磁通量为

$$\Phi_m=B\pi r^2=\frac{\mu_0\pi r^2 I_0}{2R}\sin\omega t$$

利用法拉第电磁感应定律，得

$$\varepsilon=-\frac{d\Phi_m}{dt}=-\frac{\mu_0\pi r^2 I_0\omega}{2R}\cos\omega t$$

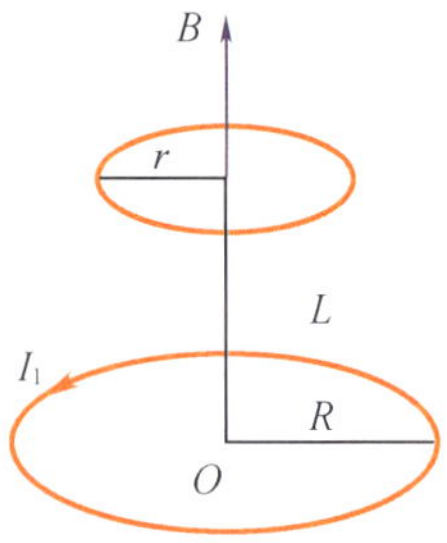

图 5—4—15

5—4—15 如图 5—4—15 所示，两个共轴圆线圈，半径分别为 R 和 r，匝数分别为 N_1 和 N_2，两者相距 L。设小线圈的半径很小，小线圈处的磁场近似地可视为均匀，求两线圈的互感系数，并讨论 $L \ll R$ 时的情况。

解 设大线圈中通以电流 I_1，N_1 匝线圈形成的环电流在轴线上产生的磁感应强度为

$$B=\frac{\mu_0 N_1 I_1 R^2}{2(L^2+R^2)^{\frac{3}{2}}}$$

小线圈的面积为 $S=\pi r^2$，大线圈通过一匝小线圈的磁通量为

$$\Phi_{21}=BS=\frac{\pi\mu_0 N_1 I_1 R^2 r^2}{2(L^2+R^2)^{\frac{3}{2}}}$$

在小线圈中产生的磁通链数为

$$\Phi_{21}=N_2\Phi_{21}=\frac{\pi\mu_0 N_1 N_2 I_1 R^2 r^2}{2(L^2+R^2)^{\frac{3}{2}}}$$

互感系数为

$$M=\frac{\Phi_{21}}{I_1}=\frac{\pi\mu_0 N_1 N_2 R^2 r^2}{2(L^2+R^2)^{\frac{3}{2}}}$$

当两线圈相距很近时，$L \ll R$ 时，互感系数约为

$$M=\frac{\pi\mu_0 N_1 N_2 r^2}{2R}$$

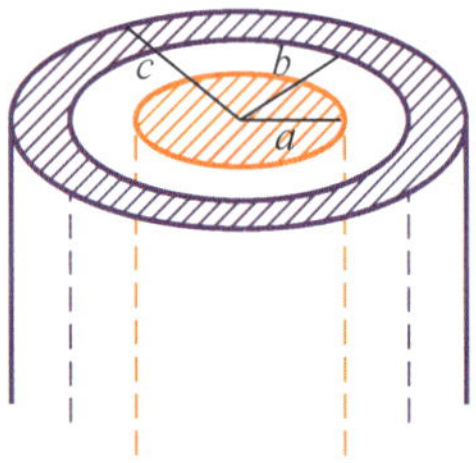

图 5—4—16

5—4—16 如图 5—4—16 所示，一同轴线由无限长直导线和套在它外面的同轴圆筒构成，导线半径为 a，圆筒内半径为 b，外半径为 c，电流 I 由圆筒流去，由导线流回，在它们的横截面上电流都是均匀分布。求：(1) 导线内、导线和圆筒之间、圆筒内、圆筒外的磁能密度；(2) 当 $a=1.0$ mm，$b=4.0$ mm，$c=5.0$ mm，$I=10$ A 时，每米长度的同轴线中储存磁能多少？

解 (1) 利用安培环路定理 $\oint_l \boldsymbol{B}\cdot d\boldsymbol{l}=\mu_0\sum I$，得

$$B2\pi r=\begin{cases}\mu_0 I\dfrac{r^2}{a^2}, & r<a\\ \mu_0 I, & a\leqslant r<b\\ \mu_0 I\left(1-\dfrac{r^2-b^2}{c^2-b^2}\right), & b\leqslant r<c\\ 0, & r\geqslant c\end{cases}$$

$$B=\begin{cases}\dfrac{\mu_0 I}{2\pi a^2}r, & r<a\\ \dfrac{\mu_0 I}{2\pi r}, & a\leqslant r<b\\ \dfrac{\mu_0 I}{2\pi}\dfrac{c^2-r^2}{(c^2-b^2)r}, & b\leqslant r<c\\ 0, & r\geqslant c\end{cases}$$

由 $w_m=\dfrac{1}{2\mu_0}B^2$ 得

$$w_m=\begin{cases}\dfrac{\mu_0 I^2}{8\pi^2 a^4}r^2, & r<a\\ \dfrac{\mu_0 I^2}{8\pi^2 r^2}, & a\leqslant r<b\\ \dfrac{\mu_0 I^2}{8\pi^2}\dfrac{(c^2-r^2)^2}{(c^2-b^2)^2 r^2}, & b\leqslant r<c\\ 0, & r\geqslant c\end{cases}$$

(2) 由上面结果得

$$\begin{aligned}W_m&=\iiint_V w_m \mathrm{d}V\\&=\frac{\mu_0 I^2}{4\pi}\left[\int_0^a \frac{r^3}{a^4}\mathrm{d}r+\int_a^b \frac{1}{r}\mathrm{d}r+\int_b^c \frac{(c^2-r^2)^2}{(c^2-b^2)^2 r^2}r\mathrm{d}r\right]\\&=\frac{\mu_0 I^2}{4\pi}\left[\ln\frac{b}{a}+\frac{c^4}{(c^2-b^2)^2}\ln\frac{c}{b}-\frac{1}{2}\frac{c^2}{c^2-b^2}\right]\end{aligned}$$

代入已知条件，得

$$W_m=1.15\times 10^{-5}\ \mathrm{J}$$

5-4-17 在环状铁芯上绕有 $N=1\ 000$ 匝线圈，设环的平均半径 $R=8$ cm，环的截面积 $S=1\ \mathrm{cm}^2$，铁芯的 $\mu_r=500$，求：(1) 螺绕环的自感系数；(2) 若线圈中通以电流 $I=1$ A，其中磁场能量及磁能密度各是多少？

解 (1)
$$\Psi=N\Phi_m=\frac{\mu_0\mu_r N^2 I}{2\pi R}S$$

$$L=\frac{\Psi}{I}=\frac{\mu_0\mu_r N^2}{2\pi R}S=0.125\ \mathrm{H}$$

(2)
$$W_m=\frac{1}{2}LI^2=6.25\times 10^{-2}\ \mathrm{J}$$

$$w_m=\frac{W_m}{V}=\frac{W_m}{2\pi RS}=1.24\times 10^3\ \mathrm{J/m^3}$$

5-4-18 一螺线管长 300 mm，横截面积的直径为 15 mm，由 2 500 匝表面绝缘的导线均匀密绕而成。当它的导线中通有电流 2 A 时，求管中心的磁感应强度、磁场强度和磁场能量密度。

解 $B=\dfrac{\mu_0 NI}{2L}(\cos\beta_2-\cos\beta_1)=\dfrac{\mu_0 NI}{L}\dfrac{L}{\sqrt{L^2+D^2}}=2.09\times 10^2\ \mathrm{T}$

$$H=\frac{NI}{L}\frac{L}{\sqrt{L^2+D^2}}=1.66\times 10^4\ \mathrm{A/m}$$

$$w_m=\frac{1}{2}\mu_0 H^2=\frac{1}{2}\mu_0\left(\frac{NI}{L}\right)^2\frac{L^2}{L^2+D^2}=1.74\times 10^2\ \mathrm{J/m^3}$$

由于 $L\gg D$，故也可用下式估算

$$B\approx\frac{\mu_0 NI}{L}=2.09\times10^2\ \text{T}$$

$$H\approx\frac{NI}{L}=1.67\times10^4\ \text{A/m}$$

$$w_m\approx\frac{1}{2}\mu_0\left(\frac{NI}{L}\right)^2=1.75\times10^2\ \text{J/m}^3$$

5－4－19 一线圈的自感为 5 H，电阻为 20 Ω，把 100 V 的不变电压加到它的两端。求：(1) 电流达到最大值 $I_0=\frac{U}{R}$ 时，线圈所储藏的磁能 W_m；(2) 从线圈两端加上电压算起，经过多长时间，线圈所储藏的磁能达到 $\frac{1}{2}W_m$。

解 (1)

$$W_m=\frac{1}{2}LI_0^2=\frac{1}{2}L\left(\frac{U}{R}\right)^2\approx62.5\ \text{J}$$

(2)

$$I=I_0\left(1-e^{-\frac{R}{L}t}\right)$$

$$\frac{1}{2}W_m=\frac{1}{2}LI_0^2\left(1-e^{-\frac{R}{L}t}\right)^2=\frac{1}{4}LI_0^2$$

$$t=0.307\ \text{s}$$

同步训练题

1. 如图 5－4－17 所示，两条平行长直导线和一个矩形导线框共面。且导线框的一个边与长直导线平行，他到两长直导线的距离分别为 r_1，r_2。已知两导线中电流都为 $I=I_0\sin\omega t$，其中 I_0 和 ω 为常数，t 为时间，导线框长为 a 宽为 b，求导线框中的感应电动势。

2. 均匀磁场 $\boldsymbol{B}$ 被限制在半径 $R=10$ cm 的无限长圆柱空间内，方向垂直纸面向里。取一固定的等腰梯形回路 $abcd$，梯形所在平面的法向与圆柱空间的轴平行，位置如图 5－4－18 所示。设磁感强度以 $\frac{dB}{dt}=1$ T/s 的匀速率增加，已知 $\theta=\frac{1}{3}\pi$，$\overline{Oa}=\overline{Ob}=6$ cm，求等腰梯形回路中感生电动势的大小和方向。

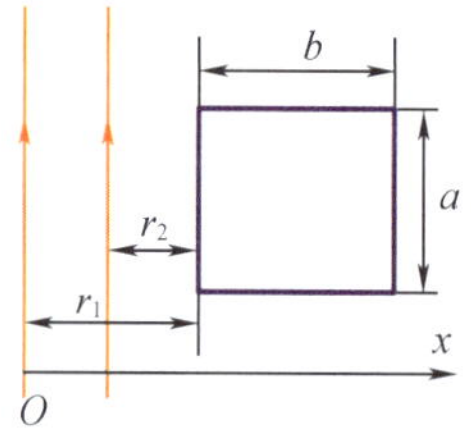

图 5－4－17

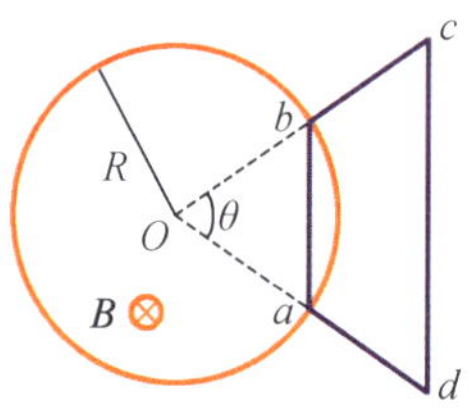

图 5－4－18

3. 如图 5－4－19 所示，一长圆柱状磁场，磁场方向沿轴线并垂直图面向里，磁场大小既随到轴线的距离 r 成正比而变化，又随时间 t 作正弦变化，即 $B=B_0 r\sin\omega$，B_0，ω 均为常数。若在磁场内放一半径为 a 的金属圆环，环心在圆柱状磁场的轴线上，求金属环中的感生电动势，并讨论其方向。

4. 一内外半径分别为 R_1，R_2 的均匀带电平面圆环，电荷面密度为 σ，其中心有一半径为 r 的导体小环($R_1\gg r$)，二者同心共面如图 5－4－20 所示。设带电圆环以变角速度 $\omega=\omega(t)$ 绕垂直于环面的中心轴旋转，求导体小环中

的感应电流 i 等于多少，方向如何(已知小环的电阻为 R')？

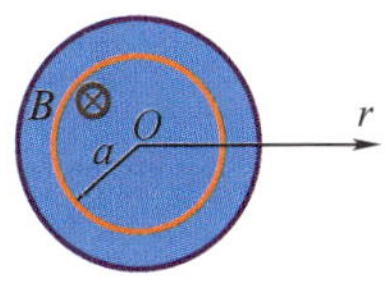

图 5—4—19

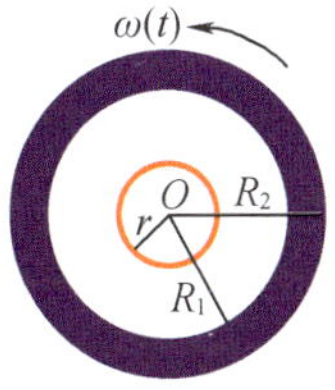

图 5—4—20

5. 一无限长竖直导线上通有稳定电流 I，电流方向向上。导线旁有一与导线共面且长度为 L 的金属棒，绕其一端 O 在该平面内顺时针匀速转动，如图 5—4—21 所示。转动角速度为 ω，O 点到导线的垂直距离为 r_0($r_0>L$)。试求金属棒转到与水平面的角度为 θ 时，棒内感应电动势的大小和方向。

6. 一螺绕环单位长度上的线圈匝数为 $n=10$ 匝/cm，环心材料的磁导率 $\mu=\mu_0$。求在电流强度 I 为多大时，线圈中磁场的能量密度 $w=1\ \mathrm{J/m^3}$ ($\mu_0=4\pi\times10^{-7}\ \mathrm{T\cdot m/A}$)。

7. 如图 5—4—22 所示，一个矩形的金属线框，边长分别为 a 和 b(b 足够长)。金属线框的质量为 m，自感系数为 L，忽略电阻。线框的长边与 x 轴平行，它以速度 v_0 沿 x 轴的方向从磁场外进入磁感应强度为 $\boldsymbol{B}_0$ 的均匀磁场中，$\boldsymbol{B}_0$ 的方向垂直矩形线框平面。求矩形线框在磁场中速度与时间的关系式 $v=v(t)$ 和沿 x 轴方向移动的距离与时间的关系式 $x=x(t)$。

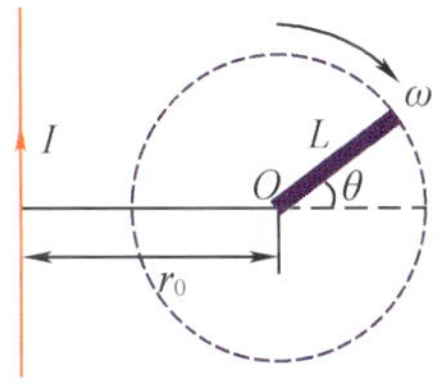

图 5—4—21

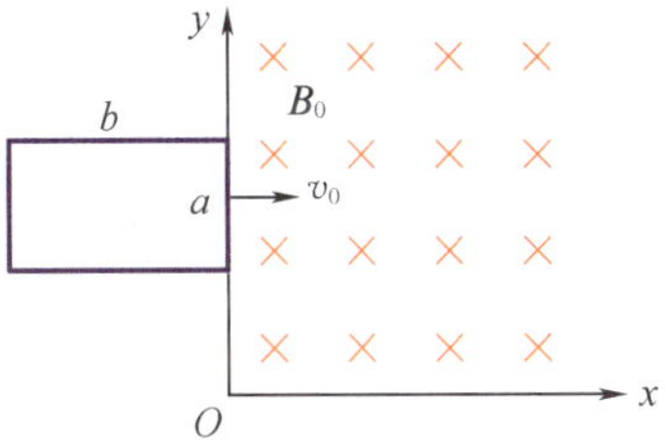

图 5—4—22

8. 如图 5—4—23 所示为水平面内的两条平行长直裸导线 LM 与 $L'M'$，其间距离为 l，其左端与电动势为 ε_0 的电源连接。匀强磁场 $\boldsymbol{B}$ 垂直于图面向里。一段直裸导线 ab 横嵌在平行导线间(并可保持在导线间无摩擦地滑动)把电路接通。由于磁场力的作用，ab 将从静止开始向右运动起来。求：(1) ab 能达到的最大速度 $\boldsymbol{v}$；(2) ab 达到最大速度时通过电源的电流 I。

9. 在半径为 R 的圆柱形空间内，存在磁感强度为 $\boldsymbol{B}$ 的均匀磁场，$\boldsymbol{B}$ 的方向与圆柱的轴线平行。有一无限长直导线在垂直圆柱中心轴线的平面内，两线相距为 a，$a>R$，如图 5—4—24 所示。已知磁感强度随时间的变化率为 $\frac{\mathrm{d}B}{\mathrm{d}t}$，求长直导线中的感应电动势 ε，并说明其方向。

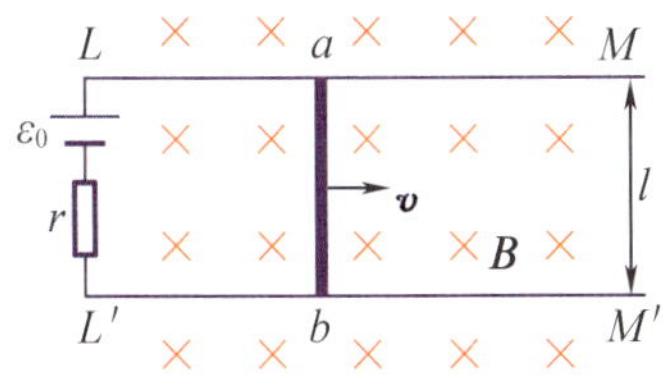

图 5—4—23

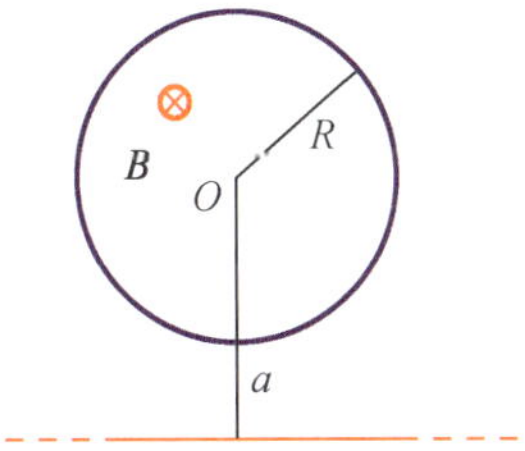

图 5—4—24

10. 如图 5—4—25 所示，长直导线中电流为 i，矩形线框 $abcd$ 与长直导线共面，且 $ad/\!/AB$，dc 边固定，ab 边沿 da 及 cd 以速度 $\boldsymbol{v}$ 无摩擦地匀速平动。$t=0$ 时，ab 边与 cd 边重合。设线框自感忽略不计。求(1) $i=I_0$ 时 ab

中的感应电动势，ab 两点哪点电势高；(2) $i=I_0\cos\omega t$ 时 ab 边运动到图中位置时线框中的总感应电动势。

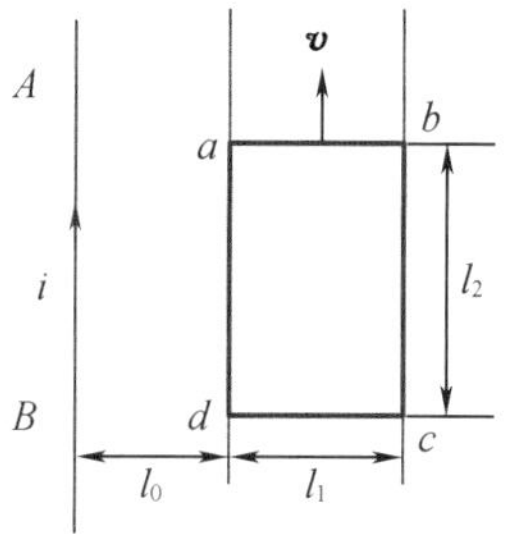

图 5-4-25

同步训练题答案

1. $\varepsilon=-\dfrac{\mu_0 I_0 a\omega}{2\pi}\ln\left[\dfrac{(r_1+b)(r_2+b)}{r_1 r_2}\right]\cos\omega t$

2. $\varepsilon=3.68$ mV，方向沿 $adcb$ 绕向

3. $\varepsilon=-\dfrac{2\pi}{3}B_0 a^3\omega\cos\omega t$

讨论：$\begin{cases}\cos\omega t>0,\varepsilon\text{ 的方向是逆时针}\\ \cos\omega t<0,\varepsilon\text{ 的方向是顺时针}\end{cases}$

4. $i=-\dfrac{\mu_0\pi r^2(R_2-R_1)\sigma}{2R'}\cdot\dfrac{d\omega t}{dt}$

5. $\varepsilon=\dfrac{\omega\mu_0 I}{2\pi\cos\theta}\left[L-\dfrac{r_0}{\cos\theta}\ln\left(\dfrac{r_0+L\cos\theta}{r_0}\right)\right]$，方向由 O 指向另一端

6. $I=1.26$ A

7. $v=v_0\cos\dfrac{aB_0}{\sqrt{mL}}t$，$x=v_0\dfrac{\sqrt{mL}}{aB_0}\sin\dfrac{aB_0}{\sqrt{mL}}t$

8. (1) $V=\dfrac{\varepsilon_0}{Bl}$；(2) $i=0$

9. $-\dfrac{1}{2}\pi R^2\dfrac{dB}{dt}$，方向

10. (1) $\dfrac{\mu_0 vI_0}{2\pi}\ln\dfrac{l_0+l_1}{l_0}$，$U_a>U_b$；(2) $\dfrac{\mu_0 I_0 v}{2\pi}\ln\dfrac{l_0+l_1}{l_0}(\omega t\sin\omega t-\cos\omega t)$

第 5 章　电磁场　电磁波

知识要点

5.1 位移电流

位移电流：变化电场所激发的电流。

$$I_d = \iint_S \frac{\partial \boldsymbol{D}}{\partial t} \cdot d\boldsymbol{S}$$

全电流安培环路定理：

$$\oint_l \boldsymbol{H} \cdot d\boldsymbol{l} = \iint_S \left(\boldsymbol{j}_c + \frac{\partial \boldsymbol{D}}{\partial t} \right) \cdot d\boldsymbol{S}$$

5.2 麦克斯韦电磁场方程组

$$\oiint_S \boldsymbol{D} \cdot d\boldsymbol{S} = q, \quad \oint_l \boldsymbol{E} \cdot d\boldsymbol{l} = -\iint_S \frac{\partial \boldsymbol{B}}{\partial t} \cdot d\boldsymbol{S}$$

$$\oiint_S \boldsymbol{B} \cdot d\boldsymbol{S} = 0, \quad \oint_l \boldsymbol{H} \cdot d\boldsymbol{l} = \iint_S \left(\boldsymbol{j}_c + \frac{\partial \boldsymbol{D}}{\partial t} \right) \cdot d\boldsymbol{S}$$

5.3 电磁波的产生与传播

5.3.1 电磁振荡

电磁振荡方程：　$\frac{d^2 q}{dt^2} + \frac{q}{LC} = 0$

频率和周期：　$\omega = \sqrt{\frac{1}{LC}}$　$T = 2\pi \sqrt{LC}$

电磁振荡的能量：　$E = E_e + E_m = \frac{1}{2} L I_0^2 = \frac{1}{2} \frac{Q_0^2}{C}$

5.3.2 电磁波的产生和传播

电磁波的特性：

(1) 电磁波是横波，电场强度和磁场强度都垂直于波的传播方向。

$$\boldsymbol{S}=\boldsymbol{E}\times\boldsymbol{H}$$

(2) $\boldsymbol{E}$ 和 $\boldsymbol{H}$ 同相位，即在任何时刻、任何地点 $\boldsymbol{E}$ 和 $\boldsymbol{H}$ 都是同步变化的。

(3) $\boldsymbol{E}$ 和 $\boldsymbol{H}$ 的数值成比例。

$$\sqrt{\varepsilon}E=\sqrt{\mu}H$$

(4) 真空中电磁波的传播速度为 $u=\dfrac{1}{\sqrt{\varepsilon_0\mu_0}}$，等于真空中的光速。

5.3.3 电磁波谱

无线电波；红外线；可见光；紫外线；X 射线；γ 射线

书后习题解答

5－5－1 一平行板电容器的两极板为圆形金属板，面积均为 S，接于一交流电源时，板上的电荷随时间变化，即 $q=q_{\mathrm{m}}\sin\omega t$。求：(1) 电容器中的位移电流密度；(2) 设 r 为由圆板中心到该点的距离，两板之间的磁感应强度分布。

解 (1)

$$j_{\mathrm{d}}=\frac{1}{S}\frac{\mathrm{d}q}{\mathrm{d}t}=\frac{q_{\mathrm{m}}\omega}{S}\cos\omega t$$

(2) 利用安培环路定理 $\oint_l \boldsymbol{H}\cdot\mathrm{d}\boldsymbol{l}=I_0+I_{\mathrm{d}}$，得

$$H2\pi r=j_{\mathrm{d}}\pi r^2$$

$$H=\frac{q_{\mathrm{m}}\omega r}{2S}\cos\omega t$$

$$B=\mu_0 H=\frac{\mu_0 q_{\mathrm{m}}\omega r}{2S}\cos\omega t$$

5－5－2 为了在一个 1 μF 的电容器中产生 1 A 的瞬时位移电流，加在电容器上的电压变化率应多大？

解

$$q=CU$$

$$I_{\mathrm{d}}=\frac{\mathrm{d}q}{\mathrm{d}t}=C\frac{\mathrm{d}U}{\mathrm{d}t}$$

$$\frac{\mathrm{d}U}{\mathrm{d}t}=\frac{I_{\mathrm{d}}}{C}=1\times10^6\ \mathrm{V/s}$$

5－5－3 充了电的由半径为 r 的两块圆板组成的平板电容器，在放电时两板间的电场强度大小为 $E=E_0\mathrm{e}^{-\frac{t}{RC}}$，式中 E_0，R，C 均为常数，求两极板间位移电流的大小。

解

$$D=\varepsilon_0 E$$

$$j_{\mathrm{d}}=\frac{\partial D}{\partial t}=-\frac{\varepsilon_0 E_0}{RC}\mathrm{e}^{-\frac{t}{RC}}$$

$$I_{\mathrm{d}}=j_{\mathrm{d}}\pi r^2=-\frac{\varepsilon_0 E_0\pi r^2}{RC}\mathrm{e}^{-\frac{t}{RC}}$$

5－5－4 如图 5－5－1 所示为一圆柱体的横截面，圆柱体内有一均匀电场 E，方向垂直纸面向里，E 的大小随时间线性增加($E=kt$)，P 为柱体内与轴线相距为 r 的一点，求 P 点的位移电流密度及磁感应强度。

解　由于 $D=\varepsilon_0 E$，故

$$j_d=\frac{\partial D}{\partial t}=\varepsilon_0 k,\quad \text{方向垂直纸面向里}$$

以 O 为圆心，OP 为半径作环路。由环路定理，即

$$\oint_l \boldsymbol{H}\cdot d\boldsymbol{l}=\sum I_0+\iint_S \frac{\partial \boldsymbol{D}}{\partial t}\cdot d\boldsymbol{S}$$

得

$$H2\pi r=\varepsilon_0 k\pi r^2$$

$$B=\mu_0 H=\frac{\mu_0\varepsilon_0 kr}{2},\quad \text{沿顺时针方向}$$

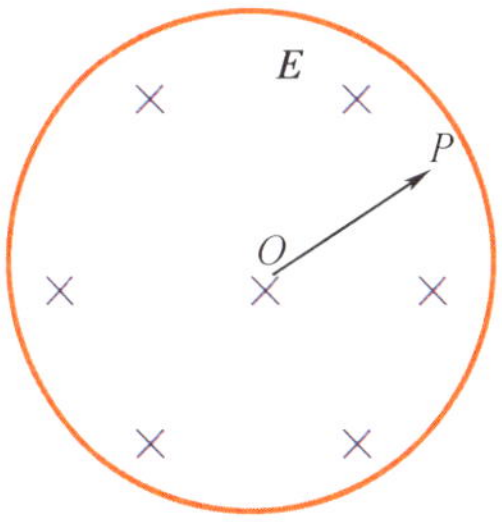

图 5－5－1

5－5－5　如图 5－5－2 所示，设平行板电容器内各点的交变电场强度 $E=720\sin 10^5\pi t$(V/m)，正方向规定如图。求：(1) 电容器中的位移电流密度；(2) 电容器内距中心连线 $r=0.01$ m 的一点 P，当 $t=0$，$t=5\times10^{-6}$ s 时的磁场强度的大小及方向(不考虑传导电流产生的磁场)。

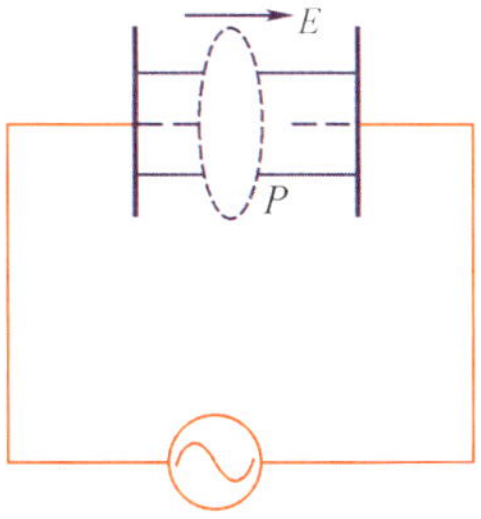

图 5－5－2

解　(1) 由于 $D=\varepsilon_0 E$，故 $j_d=\dfrac{\partial D}{\partial t}=2\times10^{-3}\cos 10^5\pi t(\text{A/m}^2)$

(2) 利用安培环路定理 $\oint_l \boldsymbol{H}\cdot d\boldsymbol{l}=I_d$，得

$$H=\frac{j_d\pi r^2}{2\pi r}=1\times10^{-5}\cos 10^5\pi t(\text{A/m})$$

当 $t=0$ 时　　$H=1\times10^{-5}$ A/m

当 $t=5\times10^{-6}$ s 时　　$H=9.51\times10^{-6}$ A/m

5－5－6　一圆形极板电容器，极板的面积为 S，间距为 d，一根长为 d 的极细的导线在极板间沿轴线与极板相连，已知细导线的电阻为 R，两极板外接交变电压 $U=U_0\sin\omega t$(U_0，ω 为常数)。求：(1) 细导线中的电流；(2) 通过电容器的位移电流。

解　(1)

$$I=\frac{U}{R}=\frac{U_0}{R}\sin\omega t$$

(2) 由于

$$E=\frac{U}{d}=\frac{U_0}{d}\sin\omega t,\ D=\varepsilon_0 E$$

故

$$j_d=\frac{\partial D}{\partial t}=\frac{\varepsilon_0 U_0\omega}{d}\cos\omega t$$

$$I_d=j_d S=\frac{\varepsilon_0 U_0\omega S}{d}\cos\omega t$$

5－5－7　一广播电台的平均辐射功率为 10 kW，假定辐射的能流均匀分布在以电台为中心的半球面上。求：(1) 距离电台为 $r=10$ km 处的坡印廷矢量的平均值；(2) 设在上述距离处的电磁波可视为平面波，求该处电场强度和磁场强度的振幅。

解　(1) $\bar{S}=\dfrac{\bar{P}}{2\pi r^2}=\dfrac{10^4}{2\times3.14\times10^8}=1.59\times10^{-5}\ \text{W/m}^2$

(2)由于 $\bar{S}=\dfrac{1}{2}E_0H_0$，$\sqrt{\varepsilon_0}E_0=\sqrt{\mu_0}H_0$，$c=\dfrac{1}{\sqrt{\varepsilon_0\mu_0}}$，故

$$E_0=\sqrt{2\mu_0 c\bar{\boldsymbol{S}}}=1.09\times10^{-1}\ \text{V/m}$$

$$H_0=\sqrt{\frac{\varepsilon_0}{\mu_0}}E_0=2.91\times10^{-4}\ \text{A/m}$$

5-5-8 太阳每分钟垂直射于地球表面上每平方厘米的能量约 8.4 J，求地面上日光中电场强度和磁场强度的方均根值。

解
$$\bar{S}=\frac{w}{ts}=\frac{8.4}{60\times10^{-4}}=1.4\times10^{3}\ \mathrm{W/m^2}$$

由于
$$\bar{S}=\sqrt{\frac{\varepsilon_0}{\mu_0}}\,\overline{E^2}=\sqrt{\frac{\mu_0}{\varepsilon_0}}\,\overline{H^2}=\sqrt{\overline{E^2}}\sqrt{\overline{H^2}}$$

故
$$\sqrt{\overline{E^2}}=\left(\frac{\mu_0}{\varepsilon_0}\right)^{\frac{1}{4}}\sqrt{\bar{S}}=7.26\times10^{2}\ \mathrm{V/m}$$
$$\sqrt{\overline{H^2}}=\frac{\bar{S}}{\sqrt{\overline{E^2}}}=1.93\ \mathrm{A/m}$$

5-5-9 一同轴电缆，内外导体间充满了相对介电常数为 2.25 的介质，电缆损耗可忽略不计，求信号在电缆中传播的速度。

解
$$u=\frac{1}{\sqrt{\varepsilon\mu}}=\frac{c}{\sqrt{\varepsilon_r}}=2\times10^{8}\ \mathrm{m/s}$$

同步训练题

1. 给电容为 C 的平行板电容器充电，电流为 $i=0.2e^{-t}$(SI)，$t=0$ 时电容器极板上无电荷。求：(1) 极板间电压 U 随时间 t 而变化的关系；(2) t 时刻极板间总的位移电流 I_d（忽略边缘效应）。

2. 一球形电容器，内导体半径为 R_1，外导体半径为 R_2。两球间充有相对介电常数为 ε_r 的介质。在电容器上加电压，内球对外球的电压为 $U=U_0\sin\omega t$。假设 ω 不太大，以致电容器电场分布与静态场情形近似相同，求介质中各处的位移电流密度，再计算通过半径为 $r(R_1<r<R_2)$ 的球面的总位移电流。

3. 由一个电容 $C=4.0\ \mu\mathrm{F}$ 的电容器和一个自感为 $L=10\ \mathrm{mH}$ 的线圈组成的 LC 电路，当电容器上电荷的最大值 $Q_0=6.0\times10^{-5}$ C 时开始作无阻尼自由振荡，求：(1) 电场能量和磁场能量的最大值；(2) 当电场能量和磁场能量相等时，电容器上的电荷量。

4. 一个平面电磁波在真空中传播，设某点的电场强度为 $E_x=900\cos\left(2\pi\nu t+\frac{\pi}{6}\right)$(SI)。试求这一点的磁场强度表示式；又在该点前方 a 和该点后方 a 处（均沿传播方向计算），电场强度和磁场强度的表示式各如何？

5. 在地球上测得太阳的平均辐射强度 $\bar{S}=1.4\times10^{3}\ \mathrm{W/m^2}$，设太阳到地球的平均距离约为 1.5×10^{11} m，求太阳的总辐射能量。若太阳光垂直照射某物体表面而被全部反射，求该物体所受的辐射压力。

6. 一雷达发射装置发出一圆锥形的辐射束，而辐射能量是均匀分布在锥内各方向的。圆锥顶的立体角为 0.01 sr，距发射装置 1 km 处的电场强度的最大 $E_0=10$ V/m。求：(1) 磁场强度的最大值；(2) 圆锥体内的最大辐射功率。

同步训练题答案

1. (1) $U=\frac{0.2}{C}(1-e^{-t})$；(2) $I_d=i=0.2e^{-t}$

2. $\boldsymbol{J}_d=\frac{\varepsilon_0\varepsilon_r R_1 R_2}{r^2(R_2-R_1)}U_0\omega\cos\omega t\cdot\boldsymbol{r}_0$，$I=\frac{4\pi\varepsilon_0\varepsilon_r R_1 R_2}{R_2-R_1}U_0\omega\cos\omega t$

3. (1) $W=4.5\times10^{-4}$ J；(2) $q=\pm4.3\times10^{-5}$ C

4. $H_y=2.39\cos\left[2\pi v\left(t-\frac{a}{c}\right)+\frac{\pi}{6}\right]$；

   $E_x=900\cos\left[2\pi v\left(t-\frac{a}{c}\right)+\frac{\pi}{6}\right]$，$H_y=2.39\cos\left[2\pi v\left(t-\frac{a}{c}\right)+\frac{\pi}{6}\right]$；

   $E_x=900\cos\left[2\pi v\left(t+\frac{a}{c}\right)+\frac{\pi}{6}\right]$，$H_y=2.39\cos\left[2\pi v\left(t+\frac{a}{c}\right)+\frac{\pi}{6}\right]$

5. $W=3.96\times10^{26}$ W，$p=9.3\times10^{-6}$ Pa

6. (1) $H_0=2.65\times10^{-2}$ A/m；(2) $P=2.65\times10^{3}$ W

第6篇 热 学

第 1 章　气体分子动理论

知识要点

1.1　理想气体状态方程

1.1.1　平衡态

平衡态：是指在不受外界影响的条件下，系统的宏观性质不随时间变化的状态。

1.1.2　宏观状态参量

压强：是气体分子作用在容器壁单位面积上的垂直作用力，用 P 表示，压强单位为 Pa。

体积：是指气体分子所能达到的空间，用 V 表示，单位为 m^3。

温度：是系统冷热程度的量度，用 T 表示，其单位为 K。

1.1.3　理想气体的物态方程

$$PV=\frac{M}{M_{mol}}RT=\nu RT, P=nkT$$

1.2　气体宏观状态参量的微观表示

1.2.1　统计规律

统计规律：大量偶然事件的总体所具有的规律性。

1.2.2　理想气体的微观模型

(1)气体分子可以看作质点。

(2)除碰撞的瞬间外，忽略气体分子间和分子与容器壁间的相互作用。

(3)气体分子间及分子与容器壁间发生的均为完全弹性碰撞。

(4)气体分子的运动遵从经典力学规律。

1.2.3 压强的微观描述

理想气体的压强公式：$P=\frac{1}{3}nm\overline{v^2}=\frac{2}{3}n\bar{\varepsilon}_k$

理想气体压强的微观解释：气体作用于器壁的压强正比于分子的数密度和分子的平均平动动能。

1.2.4 温度的微观描述

温度的微观统计意义：分子的平均平动动能与气体的温度成正比，即

$$\bar{\varepsilon}_k=\frac{3}{2}kT$$

1.3 能量均分定理

1.3.1 自由度

自由度：是确定物体的空间位置所需要的独立坐标的数目。

刚性气体分子的自由度：单原子 3；双原子 5；多原子 6。

1.3.2 能量均分定理

能量均分定理：在温度为 T 的平衡态下，分子热运动的每个自由度的平均动能都相等，且等于$\frac{1}{2}kT$。以 i 表示分子热运动的总自由度，则一个分子的总平均动能为 $\bar{\varepsilon}_k=\frac{i}{2}kT$。

1.3.3 理想气体的内能

理想气体的内能：$E=\frac{M}{M_{mol}}\cdot\frac{i}{2}RT$

1.4 麦克斯韦速率分布律

1.4.1 麦克斯韦速率分布函数

速率分布函数：在速率 v 附近单位速率区间内的分子数占总分子数的百分比。

$$f(v)=\frac{dN}{Ndv}$$

麦克斯韦速率分布函数：

$$f(v)=4\pi\left(\frac{m}{2\pi kT}\right)^{\frac{3}{2}}v^2e^{-\frac{mv^2}{2kT}}$$

麦克斯韦速率分布定律：

$$\frac{dN}{N}=4\pi\left(\frac{m}{2\pi kT}\right)^{\frac{3}{2}}v^2e^{-\frac{mv^2}{2kT}}dv$$

1.4.2 三种统计速率

最概然速率：$v_p=\sqrt{\frac{2kT}{m}}=\sqrt{\frac{2RT}{M_{mol}}}=1.41\sqrt{\frac{RT}{M_{mol}}}$

平均速率：　$\bar{v}=\sqrt{\frac{8kT}{\pi m}}=\sqrt{\frac{8RT}{\pi M_{\text{mol}}}}=1.60\sqrt{\frac{RT}{M_{\text{mol}}}}$

方均根速率：　$v_{\text{rms}}=\sqrt{\frac{3kT}{m}}=\sqrt{\frac{3RT}{M_{\text{mol}}}}=1.73\sqrt{\frac{RT}{M_{\text{mol}}}}$

1.5　气体分子的平均自由程

1.5.1　平均碰撞频率

分子平均碰撞频率：在单位时间内分子与其他分子碰撞的平均次数，即

$$\bar{Z}=\sqrt{2}\,\pi d^2\,\bar{v}n$$

1.5.2　平均自由程

分子平均自由程：分子在连续两次碰撞间所经过的路程的平均值，即

$$\bar{\lambda}=\frac{1}{\sqrt{2}\,\pi d^2 n}=\frac{kT}{\sqrt{2}\,\pi d^2 P}$$

书后习题解答

6－1－1　计算在温度为 T 时，氦气和氧气分子的平均平动动能、平均转动动能和平均动能。

解　氦气分子自由度为 3。

平均平动动能为$\frac{3kT}{2}$，平均转动动能为 0，平均动能为$\frac{3kT}{2}$。

氧气分子自由度为 5。

平均平动动能为$\frac{3kT}{2}$，平均转动动能为 kT，平均动能为$\frac{5kT}{2}$。

6－1－2.　一容器被中间的隔板分成相等的两半，一半装有氢气，温度为 240 K；另一半装有二氧化碳，温度为 320 K。二者压强相同，求去掉隔板后两种气体混合后的温度。

解　由于初始两种气体的压强和体积均相同，根据理想气体状态方程可知二者满足

$$\nu_1 T_1=\nu_2 T_2$$

式中，$T_1=240\text{K}$，$T_2=320\text{K}$，ν_1 和 ν_2 分别是两种气体的摩尔数。

根据能量守恒有

$$\nu_1\frac{5}{2}RT_1+\nu_2 3RT_2=\nu_1\frac{5}{2}RT+\nu_2 3RT$$

解得混合气体末态温度 $T=278\text{K}$。

6－1－3　1 mol 的理想气体，从外界吸收热量 2.09×10^2 J，温度升高了 10 K，此种气体分子的自由度是多少？

解　吸收能量 $\Delta E=209$ J，温度升高 $\Delta T=10$ K，根据气体内能表达式有

$$\Delta E=\frac{i}{2}R\Delta T$$

故可解得自由度 $i\approx 5$。

6—1—4 求处在 v_p 与 $1.5v_p$ 速率间隔的气体分子占总分子数的百分比。

解 根据麦克斯韦速率分布律，所求百分比为

$$\int_{v_p}^{1.5v_p} f(v)\mathrm{d}v = \int_{v_p}^{1.5v_p} 4\pi\left(\frac{m_0}{2\pi kT}\right)^{\frac{3}{2}} v^2 \mathrm{e}^{-\frac{m_0 v^2}{2kT}}\mathrm{d}v = 34\%$$

其中

$$v_p=\sqrt{\frac{2kT}{m_0}}$$

6—1—5 试根据麦克斯韦速率分布律，计算气体分子的最概然能量是多少，是否为$\frac{1}{2}mv_p^2$？

解 设分子的平动动能 $\varepsilon=\frac{m_0v^2}{2}$，则 $\mathrm{d}\varepsilon=m_0v\mathrm{d}v$

根据麦克斯韦速率分布函数的意义可知

$$f(v)\mathrm{d}v=g(\varepsilon)\mathrm{d}\varepsilon$$

故可以将速率分布转化为平动动能的分布。

在 $\mathrm{d}v$ 速率区间分子出现的概率为

$$f(v)\mathrm{d}v=4\pi\left(\frac{m_0}{2\pi kT}\right)^{\frac{3}{2}} v^2 \mathrm{e}^{-\frac{m_0 v^2}{2kT}}\mathrm{d}v$$

将 $\varepsilon=\frac{m_0v^2}{2}$，$\mathrm{d}\varepsilon=m_0v\mathrm{d}v$ 代入上式可得在相应动能区间 $\mathrm{d}\varepsilon$ 分子出现的概率为

$$g(\varepsilon)\mathrm{d}\varepsilon=\frac{2}{\sqrt{\pi}}(kT)^{-\frac{3}{2}}\sqrt{\varepsilon}\,\mathrm{e}^{-\frac{\varepsilon}{kT}}\mathrm{d}\varepsilon$$

最概然动能的条件为

$$\left.\frac{\mathrm{d}g(\varepsilon)}{\mathrm{d}\varepsilon}\right|_{\varepsilon=\varepsilon_m}=0$$

解得

$$\varepsilon_m=\frac{1}{2}kT$$

根据最概然速率为

$$v_p=\sqrt{\frac{2kT}{m_0}}$$

解得

$$\frac{1}{2}m_0v_p^2=kT$$

故二者不相等。

6—1—6 证明：无论气体分子的速率分布函数形式如何，其分子热运动的速率均满足$\sqrt{\overline{v^2}}\geqslant\overline{v}$。

证明 根据 $(v-\overline{v})^2=v^2+\overline{v}^2-2v\overline{v}\geqslant 0$

可得

$$\int_0^\infty f(v)v^2\mathrm{d}v+\int_0^\infty f(v)\,\overline{v}^2\mathrm{d}v-\int_0^\infty f(v)2v\overline{v}\mathrm{d}v\geqslant 0$$

计算得

$$\overline{v^2}+\overline{v}^2-2\,\overline{v}^2=\overline{v^2}-\overline{v}^2\geqslant 0$$

即

$$\sqrt{\overline{v^2}}\geqslant\overline{v}$$

6—1—7 已知在 1 atm 压强下，氮气分子的平均自由程为 6.0×10^{-6} cm。试求在相同温度下，其平均自由程为 1.0 mm 时的压强是多大？

解　根据平均自由程的定义式可知，同种气体分子在相同温度下的平均自由程与压强成反比，故有

$$\overline{\lambda_1}P_1=\overline{\lambda_2}P_2$$

其中

$$\overline{\lambda_1}=6\times10^{-6}\ \text{cm},P_1=1\ \text{atm},\overline{\lambda_2}=0.1\ \text{cm}$$

代入数据可以解得所求压强为

$$P_2=6\times10^{-5}\text{atm}$$

6－1－8　假设风中的氮气分子平均速率约为 480 m/s，它与其他分子相邻两次碰撞之间的平均间隔时间约为 1×10^{-10} s。已知风速为 45 km/h，当这分子顺风移动 1 cm 时，它所经历的自由程数目是多大？总的运动路程是多少？

解　分子顺风移动 1 cm 所经历的时间为

$$\Delta t=8\times10^{-4}\ \text{s}$$

故其经历的自由程数目为

$$N=\frac{\Delta t}{\Delta t_0}=\frac{8\times10^{-4}}{1\times10^{-10}}=8\times10^{6}$$

总的运动路程为

$$\Delta S=\bar{v}\Delta t=0.384\ \text{m}$$

6－1－9　真空管内的真空度为 1.33×10^{-3} Pa，其线度约为 10^{-2} m，已知空气分子的有效直径为 3×10^{-10} m，求 20 ℃时管内空气的分子数密度、平均碰撞频率和平均自由程。

解　(1)根据 $P=nkT$ 可直接求得气体分子数密度 $n=3.29\times10^{17}\text{m}^{-3}$。

(2)不考虑器壁影响时分子的平均自由程为 $\bar{\lambda}=\dfrac{kT}{\sqrt{2}\pi d^2P}=7.61\text{m}$，该数值远大于容器的线度，说明此时气体分子的平均碰撞频率及平均自由程均需考虑分子与器壁的碰撞。故此时分子平均自由程即容器的线度 10^{-2} m。

(3)已知标准状态下($P=1$ atm，$T=273$ K)空气分子的平均速率为 448 m/s，根据气体分子平均速率表达式 $\bar{v}=\sqrt{\dfrac{8kT}{\pi m_0}}$ 可知 20 ℃下空气分子的平均速率为 464 m/s。

故其平均碰撞器壁的频率为 $\bar{Z}=\dfrac{464}{10^{-2}}=4.64\times10^4$。

6－1－10　设导体内自由电子的总数为 N，其运动类似于气体分子的热运动，并设电子的最大速率为 v_m。已知电子速率位于 $v\sim v+\text{d}v$ 间隔的概率为

$$\frac{\text{d}N}{N}=\begin{cases}Cv^2\text{d}v, & 0<v<v_m\\ 0, & v>v_m\end{cases}$$

(1) 设 v_m 已知，求常量 C；(2) 求电子的三种统计速率 v_p，$\bar{v}$，$\sqrt{\overline{v^2}}$。

解　(1)根据归一化条件有

$$\int_0^{\infty}f(v)\text{d}v=\int_0^{v_m}Cv^2\text{d}v=1$$

解得系数为

$$C=\frac{3}{v_m^3}$$

(2)根据速率分布函数，电子的最概然速率 $v_p=v_m$。

平均速率为

$$\bar{v}=\int_0^{v_m}vf(v)\text{d}v=\int_0^{v_m}Cv^3\text{d}v=\frac{3}{4}v_m$$

方均根速率为

$$\sqrt{\overline{v^2}}=\left(\int_0^{v_m}v^2f(v)\mathrm{d}v\right)^{\frac{1}{2}}=\left(\int_0^{v_m}Cv^4\mathrm{d}v\right)^{\frac{1}{2}}=\sqrt{\frac{3}{5}}v_m$$

同步训练题

1. 求在室温为 30 ℃时氧气分子的平均平动动能、平均动能、平均能量以及 4.0×10^{-3} kg 的氧气的内能。

2. 水蒸气分解为同温度 T 的氢气和氧气 $H_2O\rightarrow H_2+\frac{1}{2}O_2$ 时，1 mol 的水蒸气可分解成 1 mol 氢气和$\frac{1}{2}$ mol 氧气。当不计振动自由度时，求此过程中内能的增量。

3. 容积 $V=1\ \mathrm{m}^3$ 的容器内混有 $N_1=1.0\times10^{25}$ 个氢气分子和 $N_2=4.0\times10^{25}$ 个氧气分子，混合气体的温度为 400 K，求：(1) 气体分子的平动动能总和；(2) 混合气体的压强。

4. 一瓶氢气和一瓶氧气温度相同。若氢气分子的平均平动动能为 6.21×10^{-21} J，求：(1) 氧气分子的平均平动动能和方均根速率；(2) 氧气的温度。

5. 容器内混有二氧化碳和氧气两种气体，混合气体的温度是 290 K，内能是 9.64×10^5 J，总质量是 5.4 kg，试分别求二氧化碳和氧气的质量。

6. 容积为 20.0 L(升)的瓶子以速率 $v=200$ m/s 匀速运动，瓶子中充有质量为 100 g 的氦气。设瓶子突然停止，且气体的全部定向运动动能都变为气体分子热运动的动能，瓶子与外界没有热量交换，求热平衡后氦气的温度、压强、内能及氦气分子的平均动能各增加多少？

7. 有 N 个粒子，其速率分布函数为

$$\begin{cases}f(v)=C, & 0\leqslant v\leqslant v_0\\ f(v)=0, & v>v_0\end{cases}$$

(1)作速率分布曲线；(2)由 v_0 求常数 C；(3)求粒子的平均速率。

同步训练题答案

1. 6.28×10^{-21} J，1.05×10^{-20} J，1.05×10^{-20} J，7.87×10^2 J
2. $\frac{3}{4}RT$
3. (1)4.14×10^5 J；(2)2.76×10^5 Pa
4. (1)6.21×10^{-21} J，483 m/s；(2)300 K
5. 2.2 kg，3.2 kg
6. 6.42 K，6.67×10^{-4} Pa，2.00×10^3 J，1.33×10^{-22} J
7. (1)曲线略；(2)$\frac{1}{v_0}$；(3)$\frac{v_0}{2}$

第 2 章　热力学基础

知识要点

2.1　热力学第一定律

2.1.1　准静态过程的功

准静态过程：过程进行中的每一时刻，系统的状态都无限接近于平衡态。准静态过程可以用状态图上的曲线表示。

做功：是系统内分子的无规则运动能量和外界分子的有规则运动能量通过宏观功相互转化与传递的过程。体积功总和系统的边界的宏观位移相联系。功是过程量。

准静态过程的功：　$A=\int \mathrm{d}A=\int_{V_1}^{V_2} P\mathrm{d}V$

2.1.2　传热

热传递：是系统和外界（或两个物体）的分子的无规则运动能量（内能）通过分子碰撞时的微观功相互传递的过程。热传递只有在系统和外界的温度不同时才能发生，所传递的内能叫热量。热量也是过程量。

2.1.3　热力学第一定律

内能：用来表征系统状态的物理量 E，对于理想气体，内能只是温度的单值函数，即

$$E=E(T)$$

热力学第一定律：系统从外界吸收的热量等于其内能的增量与对外做功之和，即

$$Q=\Delta E+A \quad 或 \quad \mathrm{d}Q=\mathrm{d}E+\mathrm{d}A$$

热力学第一定律又可表述为：第一类永动机是不可能制造出的。

理想气体在准静态过程中的数学表达式：

$$Q=\frac{M}{M_{\mathrm{mol}}}R(T_2-T_1)+\int_{V_1}^{V_2} P\mathrm{d}V$$

或

$$\mathrm{d}Q=\frac{M}{M_{\mathrm{mol}}}R\mathrm{d}T+P\mathrm{d}V$$

2.2 几种准静态过程模型

2.2.1 等体过程 摩尔定容热容

摩尔定容热容： $C_{V,m}=\dfrac{(dQ)_V}{dT}$

理想气体的摩尔定容热容：$C_{V,m}=\dfrac{i}{2}R$

理想气体内能公式：

$$E=\frac{M}{M_{mol}}C_{V,m}T \text{ 或 } dE=\frac{M}{M_{mol}}C_{V,m}dT$$

等体过程的内能改变：

$$\Delta E=\frac{M}{M_{mol}}C_{V,m}(T_2-T_1)$$

等体过程的功： $A=0$

等体过程的热量： $Q=\dfrac{M}{M_{mol}}C_{V,m}(T_2-T_1)$

2.2.2 等压过程 摩尔定压热容

摩尔定压热容： $C_{P,m}=\dfrac{(dQ)_P}{dT}$

理想气体的摩尔定压热容：$C_{P,m}=\dfrac{i+2}{2}R$

等压过程的内能改变：

$$\Delta E=\frac{M}{M_{mol}}C_{V,m}(T_2-T_1)$$

等压过程的功：$A=P(V_2-V_1)=\dfrac{M}{M_{mol}}R(T_2-T_1)$

等压过程的热量： $Q=\dfrac{M}{M_{mol}}C_{P,m}(T_2-T_1)$

2.2.3 等温过程

等温过程的内能改变： $\Delta E=0$

等温过程的功：

$$A=\int_{V_1}^{V_2}PdV=\int_{V_1}^{V_2}\frac{\nu RT}{V}dV=\nu RT\ln\frac{V_2}{V_1}$$

等温过程的热量： $Q_T=A=\nu RT\ln\dfrac{V_2}{V_1}$

2.2.4 绝热过程

绝热过程的过程方程：

$$PV^{\gamma}=\text{常量},V^{\gamma-1}T=\text{常量},P^{\gamma-1}T^{-\gamma}=\text{常量}$$

绝热过程的内能改变：

$$\Delta E=\frac{M}{M_{mol}}C_{V,m}(T_2-T_1)$$

绝热过程的功：　$A=-\frac{M}{M_{mol}}C_{V,m}(T_2-T_1)$

绝热过程的热量：　$Q=0$

2.2.5　绝热自由膨胀

绝热自由膨胀过程：非准静态过程。

理想气体绝热自由膨胀过程：$Q=0$，$A=0$，$E_2=E_1$。

2.3　循环过程

2.3.1　循环过程

循环过程：系统由某一状态出发，经过一系列变化过程，最终又回到初始状态，这样的周而复始的过程叫做循环过程，简称循环。

循环过程特点：　$\Delta E=0$

2.3.2　热机效率和制冷系数

正循环（热循环）：在 $P-V$ 图上顺时针方向进行的过程。即系统从高温热源吸热，对外做功，向低温热源放热。

工作物质作正循环的机器称为热机，其效率为

$$\eta=\frac{A}{Q_1}=1-\frac{Q_2}{Q_1}$$

逆循环（制冷循环）：在 $P-V$ 图上逆时针方向进行的过程。即系统从低温热源吸热，接受外界做功，向高温热源放热。

工作物质作逆循环的机器称为制冷机，其制冷系数为

$$\omega=\frac{Q_2}{A}=\frac{Q_2}{Q_1-Q_2}$$

2.3.3　卡诺循环

卡诺循环：系统只和两个恒温热源进行热量交换的准静态循环过程。

卡诺正循环的效率：　$\eta=1-\frac{T_2}{T_1}$

卡诺逆循环的制冷系数：　$\omega=\frac{T_2}{T_1-T_2}$

2.4　热力学第二定律

2.4.1　热力学第二定律的两种表述

开尔文表述：不可能制造出这样一种循环工作的热机，它只使单一热源冷却做功，而不放出热量给其他物体，或者说不使外界发生任何变化。

克劳修斯表述：不可能把热量从低温物体自动传到高温物体而不引起外界变化。

2.4.2　两种表述的等价性

如果克劳修斯表述不成立，则开尔文表述也不成立；如果开尔文表述不

成立，则克劳修斯表述也不成立。

2.5 实际过程的不可逆性　卡诺定理

2.5.1 实际过程的不可逆性

可逆过程：假设有一个热力学系统从初态经过某过程达到末态，同时在系统状态变化过程中对外界产生一定影响。如果存在另外一个过程，使该系统从末态开始逆向重复原过程的每一个状态而回到初态，并且能够同时消除原过程对外界的一切影响，则原来的过程即为可逆过程。

不可逆过程：假设有一个热力学系统从初态经过某过程达到末态，同时在系统状态变化过程中对外界产生一定影响。如果不论用什么方法，都不能使系统和外界恢复到原来状态，则此过程就叫做不可逆过程。

2.5.2 卡诺定理

(1)在相同高低温热源之间工作的一切可逆机，其效率与工作物质无关，都等于卡诺机的效率；

(2)在相同高低温热源之间工作的一切不可逆机，其效率都不可能高于可逆机的效率。

2.6 熵

2.6.1 熵

熵：是一状态函数，可以定量地描述孤立系统中热现象实际宏观过程的进行方向。

设初始熵为 S_A，末态熵为 S_B，则熵变为

$$S_B - S_A = \int_A^B \left(\frac{dQ}{T}\right)_{\text{可逆}}$$

对于微小可逆过程：　$dS=\frac{dQ}{T}$

2.6.2 熵增加原理

熵增加原理：在封闭系统中，系统的熵永不减少，即

$$\Delta S \geqslant 0$$

式中，“＝”号表示可逆过程；“>”号对应于不可逆过程。

书后习题解答

6－2－1　一定量的理想气体，其压强变化规律为 $P=\frac{a}{V^2}$，其中 a 为常量。当气体体积从 V_1 膨胀到 V_2 时，气体所做的功为多少？此过程中气体是升温还是降温？

解　(1)根据气体做功的定义式有

$$A=\int_{V_1}^{V_2}P\mathrm{d}V=\int_{V_1}^{V_2}\frac{a}{V^2}\mathrm{d}V=a\left(\frac{1}{V_1}-\frac{1}{V_2}\right)$$

(2)由 $PV=\nu RT$ 与 $P=\frac{a}{V^2}$ 得

$$T\propto\frac{1}{V}$$

故此过程降温。

6－2－2　将气缸内的单原子理想气体绝热压缩至体积的三分之一，则气体分子的平均速率是压缩前的几倍？如果换成双原子理想气体，结果如何？

解　(1)单原子分子的摩尔热容比 $\gamma=\frac{5}{3}$。

根据绝热方程 $V^{\gamma-1}T=C$ 可求末态温度与初态温度的比值为 2.08。

根据气体分子平均速率表达式 $\bar{v}=\sqrt{\frac{8kT}{\pi m_0}}$，可求末态气体分子的平均速率是压缩前的 1.44 倍。

(2)对于双原子分子，其摩尔热容比 $\gamma=\frac{7}{5}=1.4$。

同理可求末态与初态温度比值为 1.55，进而可求平均速率的比值为 1.25。

6－2－3　已知某理想气体的摩尔热容随温度变化规律为 $C=\lambda T$，其中 λ 为常数。试求 1 mol 此理想气体的过程方程。

解　根据热容的定义式可得 $C=\frac{\mathrm{d}Q}{\mathrm{d}T}=\lambda T$。

对于 1 mol 气体，由热力学第一定律 $\mathrm{d}Q=\mathrm{d}E+\mathrm{d}A=C_V\mathrm{d}T+P\mathrm{d}V$ 可得

$$C_V\mathrm{d}T+P\mathrm{d}V=\lambda T\mathrm{d}T$$

根据理想气体状态方程有

$$P=\frac{RT}{V}$$

代入得

$$\lambda(T_2-T_1)-C_V\ln\frac{T_2}{T_1}=R\ln\frac{V_2}{V_1}$$

即

$$Ve^{-\frac{\lambda T}{R}}T^{\frac{C_V}{R}}=C,\quad C\text{ 为常量}$$

6－2－4　容器内封有 1 mol 空气，温度为 18 ℃，在恒定压强下使空气膨胀，体积增大至原来的 2 倍，则空气对外所做的功为多少？

解　设气体初态压强 P_0，体积 V_0，温度 $T_0=291$ K

根据理想气体状态方程，即

$$P_0V_0=RT_0=291R$$

在等压过程中气体做功为

$$A=P\Delta V=P_0V_0=291R=2.42\times10^3\ \mathrm{J}$$

6－2－5　已知冰箱置于室温 20 ℃下，冷冻室的温度保持在－18 ℃。假设冰箱的制冷机遵循理想的卡诺逆循环，试求这制冷机每消耗 10^3 J 的功，从冷冻室所吸取的热量值。

解 根据题意，制冷机高温热源温度 $T_1=293$ K，低温热源温度 $T_2=255$ K。

其制冷系数为

$$\omega=\frac{T_2}{T_1-T_2}=6.71$$

根据制冷系数的定义可知冷冻室吸收的热量值为

$$Q=\omega A=6.71\times10^3\ \text{J}$$

6－2－6 设有以理想气体为工质的热机，其循环如图 6－2－1 所示，其中 BC 为绝热过程。试证明其效率为

$$\eta=1-\gamma\frac{\frac{V_1}{V_2}-1}{\frac{P_1}{P_2}-1}$$

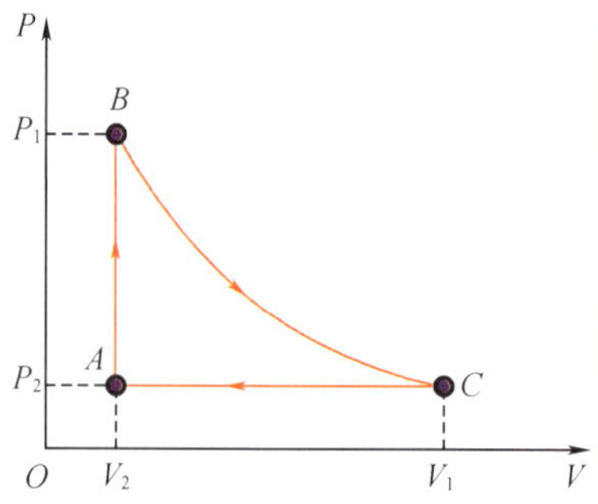

图 6－2－1

证明 根据图 6－2－1 中条件可得 A→B 是定容升温过程，系统从外界吸热，其数值为

$$Q_1=\nu C_V(T_B-T_A)=\frac{i}{2}(P_2V_1-P_1V_1)$$

B→C 是绝热过程，系统与外界无热量交换。

C→A 是定压压缩过程，系统向外界放热，其数值为

$$Q_2=\nu C_P(T_C-T_A)=\frac{i+2}{2}(P_1V_2-P_1V_1)$$

故循环效率为

$$\eta=1-\frac{Q_2}{Q_1}=1-\frac{i+2}{i}\frac{p_1(V_2-V_1)}{V_1(P_2-P_1)}=1-\gamma\frac{\frac{V_2}{V_1}-1}{\frac{P_2}{P_1}-1}$$

6－2－7 设燃气涡轮机内工质进行如图 6－2－2 所示的循环过程，其中 $A\to B$，$C\to D$ 为绝热过程；$B\to C$，$D\to A$ 为等压过程。试证明其循环效率

$$\eta=1-\frac{T_D-T_A}{T_C-T_B}$$

其中，T_A，T_B，T_C，T_D 分别是 A，B，C，D 四点的温度。

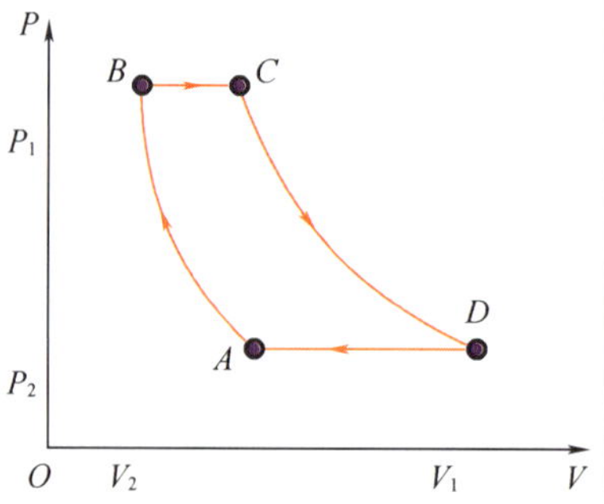

图 6－2－2

证明 由于 $A\to B$ 和 $C\to D$ 为绝热过程，故系统循环过程中吸热来自 $B\to C$ 的定压膨胀过程，吸收热量数值为

$$Q_1=\nu C_P(T_C-T_B)$$

循环过程中放热来自 $D\to A$ 的定压压缩过程，释放热量数值为

$$Q_2=\nu C_P(T_D-T_A)$$

故循环效率为
$$\eta=1-\frac{Q_2}{Q_1}=1-\frac{T_D-T_A}{T_C-T_B}$$

6－2－8 5 mol 某双原子分子气体，初始时压强为 1 atm，体积为 30 L。现使其绝热压缩至体积的一半，然后再使其等温膨胀回原体积。(1)求过程中的温度最大值与压强最大值；(2)求过程中氮气的内能变化、对外做功以及所吸收的热量；(3)在 $P-V$ 图上绘出过程曲线。

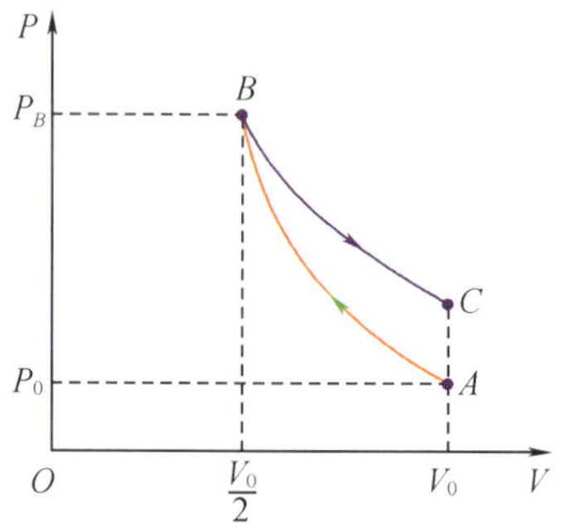

图 6－2－3

解 如图 6－2－3 所示，绝热压缩过程为 $A\to B$，等温膨胀过程为 $B\to C$。根据题中条件已知系统初态压强 $P_0=1.013\times10^5$ Pa，体积 $V_0=3\times10^{-2}$ m^3，摩尔数 $\nu=5$，双原子分子 $\gamma=1.4$，可求得初态温度 $T_0=\frac{P_0V_0}{\nu R}=73$ K。

(1)由于绝热压缩过程外界对系统做功全部转化为系统内能，故 B 点为整个过程中的温度最高点，其温度值为

$$T_B=\frac{V_0^{\gamma-1}T_0}{\left(\frac{V_0}{2}\right)^{\gamma-1}}=96\ \text{K}$$

由图中可知压强最大值仍在 B 点，其压强值为

$$P_B=\frac{P_0V_0^{\gamma}}{\left(\frac{V_0}{2}\right)^{\gamma}}=2.673\times10^5\ \text{Pa}$$

(2)$A\to B$ 过程，氮气内能变化为 $\Delta E=\nu C_V\Delta T=2\ 389\ \text{J}$，

对外做功，即

$$A=-\Delta E=-2\ 389\ \text{J},$$

吸收热量为

$$Q=0$$

$B\to C$ 过程，内能变化为

$$\Delta E=0$$

对外做功，即

$$A=\nu RT_B\ln\frac{V_0}{\frac{V_0}{2}}=2\ 765\ \text{J}$$

吸收热量为

$$Q=A=2\ 765\ \text{J}$$

(3)过程曲线如图 6－2－3 所示。

6－2－9　1 mol 理想气体，初始温度为 $T=400$ K，经历等温膨胀过程，体积从 V 增大至 $3V$，求此过程中的熵变 ΔS。如果是经历绝热膨胀过程，结果又如何？

解　(1)等温膨胀过程的熵变为

$$\Delta S=\int_A^B\frac{\mathrm{d}Q}{T}=\frac{Q}{T}=\frac{\nu RT\ln\frac{3V}{V}}{T}=\nu R\ln 3。$$

(2)对于绝热膨胀过程，由于没有热量交换，故 $\Delta S=0$。

6－2－10　某热机在单位时间内从高温热源($T_1=700$ K)吸收的热量为 $Q_1=5.04\times10^4$ J，向低温热源($T_2=200$ K)放出的热量为 $Q_2=3.26\times10^4$ J。求此热机的效率，并判断它是否为可逆机。现将热机效率提高到最大可能值，使其单位时间内从高温热源吸收的热量为 5.04×10^4 J，试求单位时间内所能做功的最大值。

解　(1)根据定义式可得该热机的效率为

$$\eta=1-\frac{Q_2}{Q_1}=35.3\%$$

(2)对应在相同高、低温热源间工作的卡诺热机效率为

$$\eta_C=1-\frac{T_2}{T_1}=71.4\%$$

实际热机效率低于对应卡诺热机效率，故该热机为不可逆机。

(3)最大功率为 $A_{max}=Q\eta_C=3.60\times10^4$ W。

6－2－11　绝热容器被一个导热板从正中分为两部分，分别装入质量均为 m 的同类气体，混合前两部分气体的初始温度分别为 T_1 与 T_2，且 $T_1<T_2$，最终两部分水将达到热平衡，其共同温度为 $\frac{T_1+T_2}{2}$。求绝热系统在此过程中的熵增量。

解　设气体的摩尔质量为 M_{mol}，定容摩尔热容为 C_V，初始温度为 T_1 的

气体经历定容吸热过程达到温度$\frac{T_1+T_2}{2}$，初始温度为 T_2 的气体经历定容放热过程达到温度$\frac{T_1+T_2}{2}$。由于上述两过程均可逆，故系统熵增量 $\Delta S=\Delta S_1+\Delta S_2$，其中 ΔS_1 为气体定容吸热过程中的熵增量，满足

$$\Delta S_1=\int_A^B \frac{dQ}{T}=\int_{T_1}^{\frac{T_1+T_2}{2}} \frac{\nu C_V dT}{T}=\frac{m}{M_{mol}}C_V\ln\frac{T_1+T_2}{2T_1}$$

气体定容放热过程中的熵增量满足

$$\Delta S_2=\int_A^B \frac{dQ}{T}=\int_{T_2}^{\frac{T_1+T_2}{2}} \frac{\nu C_V dT}{T}=\frac{m}{M_{mol}}C_V\ln\frac{T_1+T_2}{2T_2}$$

系统熵增量为

$$\Delta S=\Delta S_1+\Delta S_2=\frac{m}{M_{mol}}C_V\ln\frac{(T_1+T_2)^2}{4T_1T_2}$$

同步训练题

1. 温度为 25℃，压强为 1 atm 的 1 mol 刚性双原子分子理想气体，经等温过程体积膨胀至原来的 3 倍（普适气体常量 $R=8.31$ J/(mol·K)，ln 3=1.098 6）。求：(1) 这个过程中气体对外所做的功；(2) 假若气体经绝热过程体积膨胀为原来的 3 倍，那么气体对外做的功又是多少？

2. 一定量的某单原子分子理想气体装在封闭的汽缸里。此汽缸有可活动的活塞（活塞与汽缸壁之间无摩擦且无漏气）。已知气体的初压强 $P_1=$ 1 atm，体积为 $V_1=$ 1 L，现将该气体在等压下加热直到体积为原来的两倍，然后在等容下加热，到压强为原来的 2 倍，最后做绝热膨胀，直到温度下降到初温为止，求：(1)在 $P-V$ 图上将整个过程表示出来；(2)在整个过程中气体内能的改变；(3)在整个过程中气体所吸收的热量；(4)在整个过程中气体所做的功。

3. 某理想气体在 $P-V$ 图上等温线与绝热线相交于 A 点，如图 6－2－4 所示。已知 A 点的压强 $P_1=2\times10^5$ Pa，体积 $V_1=0.5\times10^{-3}$ m^3，而且 A 点处等温线斜率与绝热线斜率之比为 0.714。现使气体从 A 点绝热膨胀至 B 点，其体积 $V_2=1.0\times10^{-3}$ m^3，求：(1) B 点处的压强；(2) 在此过程中气体对外做的功。

4. 有 1 mol 刚性多原子分子的理想气体，原来的压强为 1.0 atm，温度为 27 ℃，若经过一绝热过程，使其压强增加到 16 atm。求：(1) 气体内能的增量；(2) 在该过程中气体所做的功；(3) 终态时，气体的分子数密度。

5. 1 mol 刚性双原子分子的理想气体，开始时处于 $P_1=1.01\times10^5$ Pa，$V_1=10^{-3}$ m^3 的状态。然后经如图 6－2－5 所示直线过程 Ⅰ 变到 $P_2=4.04\times10^5$ Pa，$V_2=2\times10^{-3}$ m^3 的状态。后又经过程方程为 $PV^{\frac{1}{2}}=C$（常量）的过程 Ⅱ 变到压强 $P_3=P_1$ 的状态。求：(1) 在过程 Ⅰ 中气体吸的热量；(2) 整个过程气体吸的热量。

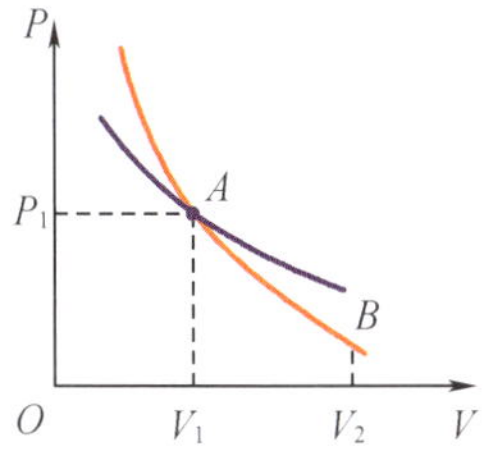

图 6－2－4

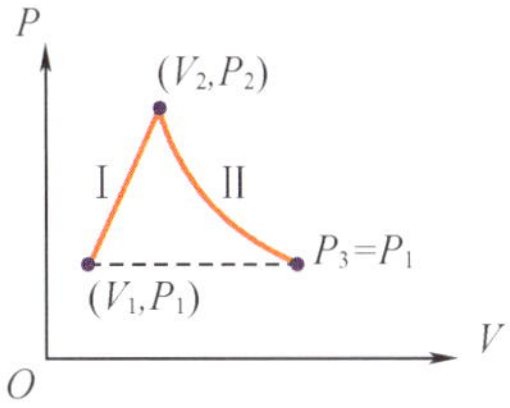

图 6－2－5

6. 1 mol 单原子分子的理想气体，经历如图 6－2－6 所示的可逆循环，联结 ac 两点的曲线Ⅲ的方程为 $P=P_0\dfrac{V^2}{V_0^2}$，a 点的温度为 T_0。(1) 试以 T_0，普适气体常量 R 表示Ⅰ，Ⅱ，Ⅲ过程中气体吸收的热量；(2) 求此循环的效率。

7. 一定量的理想气体经历如图 6－2－7 所示的循环过程，$A\to B$ 和 $C\to D$ 是等压过程，$B\to C$ 和 $D\to A$ 是绝热过程。已知 $T_C=300\text{K}$，$T_B=400\text{K}$。求此循环的效率。

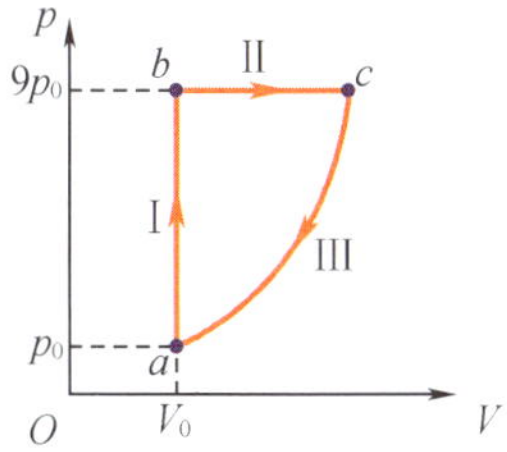

图 6－2－6

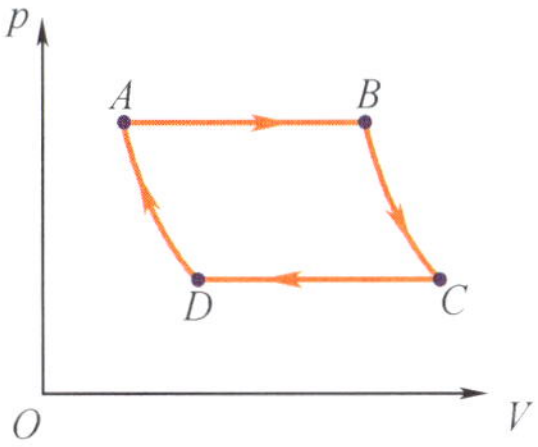

图 6－2－7

8. 1 mol 单原子分子气体经历某准静态过程，初态为 $(4P_0, V_0)$，终态为 $(\dfrac{P_0}{4}, 8V_0)$。已知在此过程中每一小过程中热机效率 $\dfrac{dA}{dQ}$ 均相同，试求此过程中气体对外界所作的总功。

同步训练题答案

1. (1) 2.72×10^3 J；(2) 2.20×10^3 J
2. (1) $P-V$ 图略；(2) 0；(3) 5.6×10^2 J；(4) 5.6×10^2 J
3. (1) $P_2=7.58\times10^4$ Pa；(2) $A=60.5$ J
4. (1) $\Delta E=7.48\times10^3$ J；(2) $A=7.48\times10^3$ J；(3) $n=1.96\times10^{26}/\text{m}^3$
5. (1) $Q_1=2.02\times10^3$ J；(2) $Q=1.29\times10^4$ J
6. (1) $Q_V=12RT_0$，$Q_P=45RT_0$，$Q=-47.7RT_0$；(2) $\eta=16.3\%$
7. 25%
8. $A=6P_0V_0$

第7篇　近代物理

第 1 章　狭义相对论力学基础

知识要点

1.1　经典力学的相对性原理

1.1.1　伽利略变换

伽利略时空变换式：

$$\begin{cases} x'=x-vt \\ y'=y \\ z'=z \\ t'=t \end{cases}$$

伽利略速度变换式：

$$\begin{cases} u'_x=u_x-v \\ u'_y=u_y \\ u'_z=u_z \end{cases}$$

牛顿的绝对时空观：长度和时间的测量与参考系无关。

1.1.2　经典力学的绝对时空观

牛顿的绝对时空观：长度和时间的测量与参考系无关。

1.2　洛伦兹变换

狭义相对论的基本原理

爱因斯坦相对性原理：物理定律在所有的惯性系中都具有相同的表达形式，即所有惯性参考系对运动的描述都是等效的。

光速不变原理：真空中的光速是常量，它与光源或观测者的运动无关，即不依赖于惯性系的选择。

洛伦兹坐标变换式：

$$\begin{cases} x'=\dfrac{x-vt}{\sqrt{1-\beta^2}}=\gamma(x-vt) \\ y'=y \\ z'=z \\ t'=\dfrac{t-\dfrac{vx}{c^2}}{\sqrt{1-\beta^2}}=\gamma\left(t-\dfrac{vx}{c^2}\right) \end{cases}$$

洛伦兹速度变换式：

$$\begin{cases} u'_x = \dfrac{u_x - v}{1 - \dfrac{v}{c^2}u_x} \\ u'_y = \dfrac{u_y}{\gamma\left(1 - \dfrac{v}{c^2}u_x\right)} \\ u'_z = \dfrac{u_z}{\gamma\left(1 - \dfrac{v}{c^2}u_x\right)} \end{cases}$$

式中，$\beta = \dfrac{v}{c}$，$\gamma = \dfrac{1}{\sqrt{1-\beta^2}}$，$c$ 为光速。

1.3 狭义相对论的时空观

1.3.1 长度收缩

$$l = l_0\sqrt{1-\beta^2}, \quad l_0 \text{ 为固有长度}$$

1.3.2 时间延缓

$$\Delta t = \frac{\Delta t_0}{\sqrt{1-\beta^2}}, \quad \Delta t_0 \text{ 为固有时间}$$

1.3.3 同时的相对性

两个事件在惯性系 S 中观察是同时的，但在另一个惯性系中观察，一般来说就不再是同时的了。

1.3.4 因果关系的绝对性

在任何惯性系中，起因总是先于结果发生。

1.4 狭义相对论动力学基础

1.4.1 相对论质量与力学方程

相对论质量：$m = \dfrac{m_0}{\sqrt{1-\left(\dfrac{v}{c}\right)^2}} = \gamma m_0$， m_0 为静止质量

相对论动量： $\boldsymbol{p} = \dfrac{m_0\boldsymbol{v}}{\sqrt{1-\left(\dfrac{v}{c}\right)^2}} = \gamma m_0\boldsymbol{v}$

相对论力学方程： $\boldsymbol{F} = \dfrac{\mathrm{d}}{\mathrm{d}t}(m\boldsymbol{v}) = m\dfrac{\mathrm{d}\boldsymbol{v}}{\mathrm{d}t} + \boldsymbol{v}\dfrac{\mathrm{d}m}{\mathrm{d}t}$

1.4.2 相对论能量

相对论质量与能量的关系： $E = mc^2$

相对论动能： $E_\mathrm{k} = E - E_0 = mc^2 - m_0c^2$

1.4.3　相对论动量和能量的关系

$$E^2=p^2c^2+m_0^2c^4$$

书后习题解答

7—1—1　当火箭以速率 v 远离地球飞行时向前方发射一光脉冲，问光脉冲相对于火箭和地面的速率各是多少？

解　根据狭义相对论原理，得出光脉冲相对于火箭和地面的速率均为 c。

7—1—2　在 S 系中观察到同一地点发生的两个物理事件，第二事件发生在第一事件之后的 2 s。在 S' 系中观察到第二事件在第一事件后 3 s 发生。求在 S' 系中这两个事件的空间距离。

解　令 S' 系与 S 系的相对速度为 u，有

$$\Delta t'=\frac{\Delta t}{\sqrt{1-\left(\frac{u}{c}\right)^2}}$$

$$(\Delta t/\Delta t')^2=1-\left(\frac{u}{c}\right)^2$$

则

$$u=c\cdot\left[1-\left(\frac{\Delta t}{\Delta t'}\right)^2\right]^{\frac{1}{2}}$$

那么，在 S' 系中测得两事件之间距离为

$$\Delta x'=u\Delta t'=c(\Delta t'^2-\Delta t^2)^{\frac{1}{2}}=6.71\times10^8\ \mathrm{m/s}$$

7—1—3　宇宙飞船以 $0.9c$ 的速率从地球飞向 4.5 光年远的半人马星座。求：(1)地球时钟需要多少时间；(2)飞船时钟需要多少时间；(3)在宇航员看来这段距离有多远？

解　令宇宙飞船系与地球的相对速度为 u，则

(1)地球时钟需要时间为

$$\Delta t=\frac{\Delta x}{u}=\frac{4.5}{0.9c}=5\ \mathrm{a}$$ ①

(2)由时间延缓，有

$$\Delta t=\frac{\Delta t'}{\sqrt{1-\frac{u^2}{c^2}}}$$

知，飞船时钟需要时间为

$$\Delta t'=\Delta t\sqrt{1-\frac{u^2}{c^2}}=2.18\ \mathrm{a}$$

(3)宇航员看来这段距离为

$$\Delta x'=u\Delta t'=1.96\ \mathrm{l.\,y.}$$ ②

① “a”是年的单位。

② “l. y.”是光年(light year)的缩写。

7—1—4　两惯性系 S 和 S'，各对应的坐标轴相互平行，S' 相对 S 沿 x 方向运动。设有一米尺静止在 S' 系中，与 x' 轴成 30°，而在 S 系中测得米尺与 x 轴夹角为 45°。求：(1)两坐标系的相对速度是多少；(2)在 S 系中米尺的长度是多少？

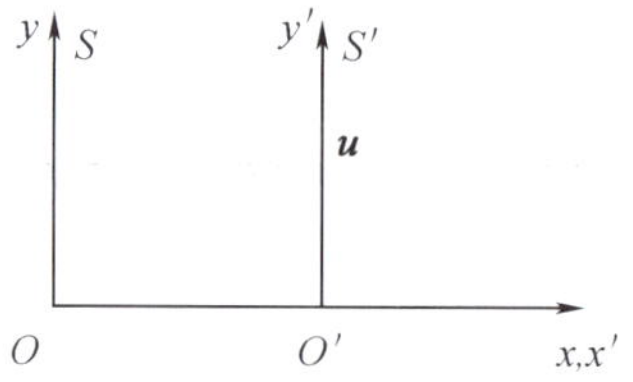

图 7—1—1

解　令 S' 系相对 S 系速度为 u，如图 7—1—1 所示，则

(1)
$$L'_x=L_x\sqrt{1-\frac{u^2}{c^2}},\quad L'_y=L_y$$

$$\frac{L'_x}{L'_y}=\frac{L_x}{L_y}\sqrt{1-\frac{u^2}{c^2}},\quad \tan\alpha'=\tan\alpha\sqrt{1-\frac{u^2}{c^2}}$$

其中，$\alpha'=30°$，$\alpha=45°$。得相对速度为

$$u=\frac{\sqrt{6}}{3}c$$

(2)
$$L'_y=L'\sin\alpha'=1\cdot\sin 30°=0.5\ \text{m}$$
$$L_y=L'_y$$

所以，在 S 系中米尺的长度为

$$L=\frac{L_y}{\sin\alpha}=\frac{0.5}{\sin 45°}=0.707\ \text{m}$$

7—1—5　细胞在地球上每 10 s 中分裂一次变为两个。求飞船中的两个细胞从地球冲进太阳时变成多少个细胞。设飞船速率为 $0.85c$，日地距离为 1.5×10^{11} m。

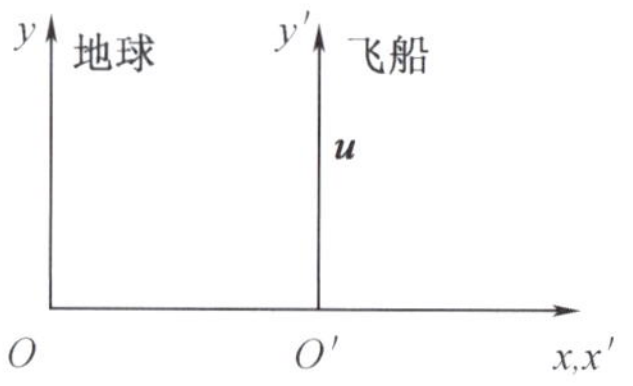

图 7—1—2

解　如图 7—1—2 所示，地球系下，有

$$\Delta t=\frac{x}{u}=\frac{1.5\times10^{11}}{0.85\times3\times10^8}=\frac{1}{1.7}\times10^3\ \text{s}$$

飞船系下有

$$\Delta t'=\Delta t\sqrt{1-\frac{u^2}{c^2}}=3.10\times10^2\ \text{s}$$

$$n=\frac{\Delta t'}{10}=31$$

变成细胞的个数为

$$N=2\times2^n=4.3\times10^9$$

7—1—6　仙女座星系距离地球 2.2×10^6 光年，宇航员测得乘飞船离开地球到达仙女座的时间是 10 年。试求：(1)飞船以多大的速度飞行；(2)这段时间地球上过了多少年？

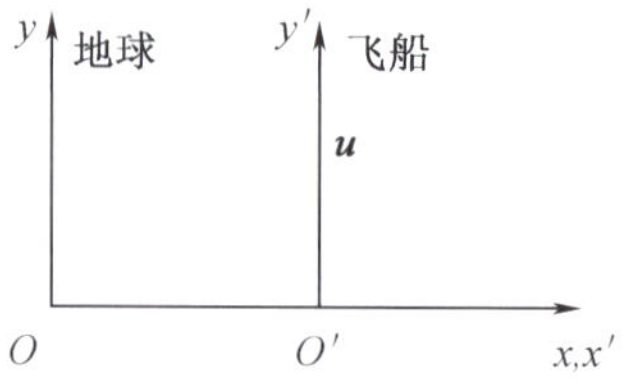

图 7—1—3

解　如图 7—1—3 所示，在地球上测量，宇航员从地球达到仙女座的时间为

$$\Delta t=\frac{\Delta t'}{\sqrt{1-\frac{u^2}{c^2}}}$$

且

$$\Delta t=\frac{\Delta x}{u}$$

所以

$$\frac{\Delta x}{u}=\frac{\Delta t'}{\sqrt{1-\frac{u^2}{c^2}}}$$

其中，$\Delta x=2.2\times10^6$ l. y.，$\Delta t'=10$ a。代入得

$$u=0.999\ 999\ 999\ 989\ 7\ c\approx c$$
$$\Delta t=2.200\ 000\ 000\ 022\ 7\times10^6\ \text{a}\approx2.2\times10^6\ \text{a}$$

即在地球系下，可以近似看成飞船以光速 c 飞行 2.2×10^6 a。

7－1－7　求将电子从静止加速至 $0.9c$ 时所需的能量？用 MeV 表示。

解
$$A=mc^2-m_0c^2=\frac{m_0c^2}{\sqrt{1-\frac{u^2}{c^2}}}-m_0c^2=0.663\ \text{MeV}$$

7－1－8　一静止电子受 1.5 MV 的电势差加速。求其末速率是多少？

解
$$A=eU=\frac{m_0c^2}{\sqrt{1-\frac{u^2}{c^2}}}-m_0c^2（电子的静能\ E_0=0.512\ \text{MeV}）$$

$$u=c\sqrt{1-\left(1+\frac{eU}{m_0c^2}\right)^{-2}}=0.97c$$

7－1－9　一个电子的总能量是它的静能的 5 倍，问它的速率、动量、动能分别是多少？

解
$$E=mc^2=\frac{E_0}{\sqrt{1-\frac{u^2}{c^2}}}$$

据题意 $E=5E_0$（电子的静能 $E_0=0.512$ MeV），所以速率为

$$u=c\sqrt{1-\left(\frac{E_0}{E}\right)^2}=\frac{2\sqrt{6}}{5}c=0.980c$$

由能量动量关系，有

$$E^2=E_0^2+(cp)^2$$

则动量为

$$p=\frac{\sqrt{E^2-E_0^2}}{c}=1.34\times10^{-21}\ \text{Ns}$$

动能为

$$E_k=E-E_0=4E_0=2.05\ \text{MeV}$$

7－1－10　太阳向四周辐射能量，已知太阳在距离其为 1.5×10^{11} m 的地球上辐射能为 1.4 kW/m²，求由于这种辐射太阳每天要损失多少质量？

解
$$E=\Delta mc^2=4\pi R^2P$$

$$\Delta m=\frac{4\pi R^2P}{c^2}=4.4\times10^9\ \text{kg}$$

7－1－11　如图 7－1－4 所示，两个静止质量都是 m_0 的小球，其中一个静止，另一个以 $0.8c$ 的速度向静止的小球运动，对心碰撞后粘在一起。求碰后合成小球的静止质量是多少？

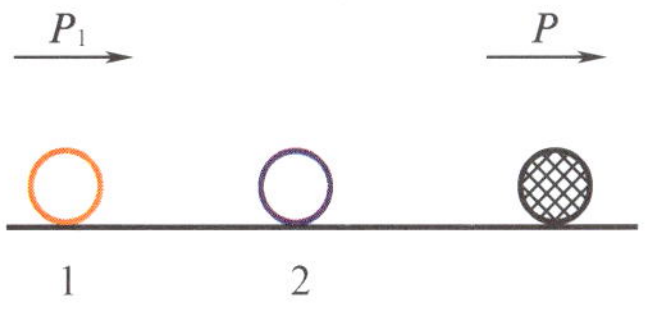

图 7－1－4

解　碰撞前后动量守恒，质量守恒，则

$$P_1=P$$
$$m_1+m_0=M$$

其中，$m_1=\frac{m_0}{\sqrt{1-\frac{u^2}{c^2}}}=\frac{5}{3}m_0$，$P_1=m_1v_1=\frac{4}{3}m_0c$。

又由能量动量关系有

$$(Mc^2)^2=(M_0c^2)^2+(cP)^2$$

得

$$\frac{48}{9}m_0^2=M_0^2$$

$$M_0=\frac{4\sqrt{3}}{3}m_0$$

同步训练题

1. 在惯性系 K 中，测某两件事发生在同一地点，时间间隔为 4 s，在另外惯性系 K'中，测得这两件事发生的时间间隔为 6 s。试求在惯性系 K'中，他们的空间间隔是多少？

2. 有一固有长度为 L_0 的棒，在 S 系中沿 x 轴放置。另存在一 S'系，以 u 相对 S 系沿 x 轴正方向运动。求当棒在 S 系中沿轴以 v 运动时，从 S'系中测得该棒的长度为多少？

3. 离地面 6 000 m 的高空大气层中，产生一介子以速度 $v=0.998c$ 飞向地球。假设介子在自身参照系中的平均寿命为 2×10^{-6} s，试问该介子是否能够到达地球。

4. 质点 A，B 质量均为 m_0，若二者以相同速度 $v_A=v$，$v_B=v$ 相向运动，碰撞后合为一质量为 M_0 的粒子(假设无能量释放)。求 M_0 为多少？

5. 观察者 A 测得与他相对静止的 Oxy 平面上一个圆的面积是 12 cm^2，另一观察者 B 相对于 A 以 $0.8c$(c 为真空中光速)平行于 Oxy 平面做匀速直线运动，B 测得这一图形为一椭圆，求其面积是多少？

6. 一艘宇宙飞船的船身固有长度为 $L_0=90$ m，相对于地面以 $v=0.8c$ (c 为真空中光速)的匀速度在地面观测站的上空飞过。求：(1) 观测站测得飞船的船身通过观测站的时间间隔是多少；(2) 宇航员测得船身通过观测站的时间间隔是多少？

7. 假定在实验室中测得静止在实验室中的 μ^+ 子(不稳定的粒子)的寿命为 2.2×10^{-6} s，而当它相对于实验室运动时实验室中测得它的寿命为 1.63×10^{-5} s。试问：(1)这两个测量结果符合相对论的什么结论；(2)μ^+ 子相对于实验室的速度是真空中光速 c 的多少倍？

8. 设有宇宙飞船 A 和 B，固有长度均为 $l_0=100$ m，沿同一方向匀速飞行，在飞船 B 上观测到飞船 A 的船头、船尾经过飞船 B 船头的时间间隔为 $\Delta t=(5/3)\times10^{-7}$ s，求飞船 B 相对于飞船 A 速度的大小。

9. 求在什么速度下粒子的相对论动量是经典动量的二倍；在什么速度下粒子的动能等于其静止能量？

10. 火箭相对于地面以 $v=0.6c$(c 为真空中光速)的匀速度向上飞离地球。在火箭发射 $\Delta t'=10$ s 后(火箭上的钟)，该火箭向地面发射一导弹，其速度相对于地面为 $v_1=0.3c$，问火箭发射后多长时间(地球上的钟)，导弹到达地球(计算中假设地面不动)？

同步训练题答案

1. $\Delta x'=6\sqrt{5}\times10^8$ m

2. $L=L_0\sqrt{1-\dfrac{v_x'^2}{c^2}}=L_0\sqrt{1-\dfrac{(v-u)^2}{c^2\left(1-\dfrac{uv}{c^2}\right)^2}}$

3. 该介子可以到达地球

4. $M_0 = 2m_A = \dfrac{2m_0}{\sqrt{1-\left(\dfrac{v}{c}\right)^2}}$

5. 7.2 cm^2

6. (1) 54m;(2) 3.75×10^{-7} s

7. (1)时间膨胀;(2)0.99c

8. 2.68×10^8 m/s

9. 0.886c,0.886c

10. 37.5 s

第 2 章　波粒二象性

知识要点

2.1　黑体辐射与普朗克能量子假设

2.1.1　黑体辐射

黑体：它能吸收一切外来的电磁辐射，而没有反射，即光谱吸收比等于 1，这样的物体称为黑体，黑体是一个理想模型。

斯特藩—玻耳兹曼定律：黑体的辐出度（总辐射出射度），即

$$M=\sigma T^4$$

式中，$\sigma=5.670\times10^{-8}\ \mathrm{W\cdot m^{-2}\cdot K^{-4}}$

维恩位移定律：当黑体的热力学温度升高时，与单色辐出度的峰值相对应的波长向短波方向移动，即

$$\lambda_{\mathrm{m}}T=b$$

式中，$b=2.898\times10^{-3}\ \mathrm{m\cdot K}$

2.1.2　普朗克公式　普朗克量子假设

普朗克公式：黑体的辐出度（总辐射出射度），即

$$M_\nu(T)=\frac{2\pi h\nu^3}{c^2}\frac{1}{e^{\frac{h\nu}{kT}}-1}\quad 或 \quad M_\lambda(T)=\frac{2\pi hc^2}{\lambda^5}\frac{1}{e^{\frac{h\nu}{kT}}-1}$$

普朗克量子假设：谐振子可能具有的能量是不连续的，而只能取一些离散的值。

以 ε 表示一个频率为 ν 的谐振子的能量，根据普朗克假设有

$$\varepsilon=nh\nu$$

式中，n 为正整数，称为量子数。当 $n=1$ 时，能量 $\varepsilon=h\nu$ 称为能量子。

2.2　光电效应　爱因斯坦光量子理论

2.2.1　光电效应

光电效应：当光照射到金属表面上时，电子会从金属表面逸出，这种现象

称为光电效应。

光电效应的红限频率：　　$\nu_0=\dfrac{W}{h}$

2.2.2　爱因斯坦光量子理论

爱因斯坦光量子理论：光不仅在发生或吸收时具有粒子性，而且在空间传播时也具有粒子性。这种粒子性表现为光的能量在空间分布的不连续性。这些不连续的能量子称为光量子，1926 年被刘易斯定名为光子。在真空中光子以速度 $c=3\times10^8$ m/s 运动，对于频率为 ν 的光辐射，光子的能量为 $\varepsilon=h\nu$。

光电效应方程：　　$h\nu=\dfrac{1}{2}mv^2+W$

2.2.3　光的波粒二象性

光的波粒二象性：光既具有波动性，又具有粒子性：$p=\dfrac{h}{\lambda}$，$\varepsilon=h\nu$

2.3　康普顿效应

康普顿效应：在散射的 X 射线中，不仅有与原射线相同的波长成分，还有波长大于原射线波长的成分。人们把这一现象称为康普顿效应。

散射公式：　$\Delta\lambda=\lambda-\lambda_0=\dfrac{h}{m_0c}(1-\cos\theta)=\dfrac{2h}{m_0c}\sin^2\dfrac{\theta}{2}$

康普顿波长：　　$\lambda_C=\dfrac{h}{m_0c}=2.43\times10^{-12}$ m

2.4　氢原子光谱　玻尔理论

2.4.1　氢原子光谱

氢原子光谱的规律性：

$$\tilde{\nu}=R_H\left(\frac{1}{m^2}-\frac{1}{n^2}\right)=T(m)-T(n),\quad n>m$$

式中，R_H 为里德伯常量，$R_H=1.097\ 373\times10^7\ \mathrm{m}^{-1}$。

2.4.2　原子的经典模型

原子的核式模型：原子由原子核和电子构成，原子核集中了原子中的全部正电荷以及原子的 99.95%的质量，电子在原子核周围运动，好像行星绕太阳转动一样。

2.4.3　玻尔的氢原子理论

玻尔的氢原子理论基于以下三条基本假设：

①原子中的电子只能在一些特定的圆轨道上运动而不会辐射电磁能量。这时原子处于稳定状态，简称定态，并具有一定的能量。原子系统各个能量

状态分别表示为 $E_1, E_2, E_3, \cdots$

②当电子从某一轨道向另一轨道跃迁，也就是原子从一个能量状态 E_n 向另一个能量状态 E_m 跃迁时，原子才会发射或吸收光子。光子的频率为

$$v=\frac{E_n-E_m}{h}$$

当 $E_n>E_m$ 时，发射光子；当 $E_n<E_m$ 时，吸收光子。

③电子在原子中的稳定轨道必须满足角动量 L 等于 $\frac{h}{2\pi}$ 的整数倍的条件，即

$$L=mvr=n\frac{h}{2\pi}$$

式中，m 为电子的质量；v 为电子速率；r 为轨道半径；h 为普朗克常量；n 称为主量子数，$n=1,2,3,\cdots$。

玻尔理论的氢原子能级公式：

$$E_n=-\frac{me^4}{8\varepsilon_0^2h^2n^2}=\frac{E_1}{n^2}$$

式中，E_1 为氢原子的电离能，$E_1=-13.6\ \text{eV}$。n 为主量子数，$n=1,2,3,\cdots$。

玻尔理论的氢原子半径公式：

$$r_n=\frac{\varepsilon_0h^2}{\pi me^2}n^2=r_1n^2,\quad n=1,2,3,\cdots$$

2.4.4 弗兰克—赫兹实验

1914 年，弗兰克(J. Franck)和赫兹(H. Hertz)用电子碰撞原子的方法使原子从低能级跃迁到高能级，从而证明原子内部能量的量子化，也就是原子能级间隔的存在。

2.5 粒子的波动性

德布罗意假设：实物粒子也具有波粒二象性。

$$p=\frac{h}{\lambda},E=h\nu$$

2.6 德布罗意波的统计解释 不确定关系

2.6.1 德布罗意波的统计解释

德布罗意波的统计解释在某处德布罗意波的强度是与粒子在该处邻近出现的概率成正比的，德布罗意波是概率波。

2.6.2 不确定关系

位置动量不确定关系： $\Delta x\Delta p_x\geqslant\frac{\hbar}{2}$

能量时间不确定关系： $\Delta E\Delta t\geqslant\frac{\hbar}{2}$

书后习题解答

7-2-1　计算波长为 450 nm 的蓝光的一个光子的能量。

解　$$E=h\nu=\frac{hc}{\lambda}=4.42\times10^{-19}\ \mathrm{J}=2.76\ \mathrm{eV}$$

7-2-2　要打破人皮肤分子的化学键产生灼伤，光子的能量需要达到 3.5 eV，此能量对应的波长是多少？

解　由

$$E=\frac{hc}{\lambda}$$

得

$$\lambda=\frac{hc}{E}=355\ \mathrm{nm}$$

7-2-3　金属钠的逸出功为 2.3 eV。能使钠产生光电效应的光波最大波长是多少？

解　由光电效应公式，即

$$E_k=\frac{hc}{\lambda}-A\geqslant0$$

得

$$\lambda\leqslant\frac{hc}{A}=540\ \mathrm{nm}$$

7-2-4　已知金属铜的逸出功为 4.4 eV，问用可见光照射金属铜表面，能否产生光电子？

解　由光电效应公式，即

$$E_k=\frac{hc}{\lambda}-A\geqslant0$$

得

$$\lambda\leqslant\frac{hc}{A}=282\ \mathrm{nm}$$

而可见光的波长范围是 400～760 nm，因此不能产生光电子。

7-2-5　一个光子的动量与一个以 2.00×10^5 m/s 速度运动的电子的动量相同，求光子的波长(电子静止时质量 9.11×10^{-31} kg)。

解　由物质波假设，得

$$\lambda=\frac{h}{P}=\frac{h}{mv}=3.64\ \mathrm{nm}$$

7-2-6　假定波长 3.64 nm 的光子沿 x 正方向运动，并与速率为 2×10^5 m/s沿 $-x$ 方向运动的电子正面发生完全弹性碰撞，求碰撞后两种粒子的运动方向和运动速度以及光子的波长？

解　碰撞前系统总动量为

$$\frac{h}{\lambda}-mv=0$$

由动量守恒，得碰撞后系统总动量为

$$\frac{h}{\lambda'}-m'v'=\frac{h}{\lambda}-mv=0$$

即两种粒子的运动方向相反，动量大小相同。

由能量守恒，得

$$\frac{hc}{\lambda'}+m'c^2=\frac{hc}{\lambda}+mc^2$$

将动量公式代入得

$$m'(c+v')=m(c+v)$$

再由相对论公式，即

$$m=\frac{m_0}{\sqrt{1-\frac{v^2}{c^2}}},\quad m'=\frac{m_0}{\sqrt{1-\frac{v'^2}{c^2}}}$$

得

$$v'=v$$

即电子速度、动量大小不变。再由动量守恒或能量守恒可知，光子的波长也不变。

7-2-7 一波长为 0.4 nm 的光子与一静止电子碰撞后发生散射，传播方向与原来方向呈 150°。求碰撞后光子的频率和波长(电子静止时质量 9.11×10^{-31} kg)。

解 由康普顿公式，有

$$\Delta\lambda=\frac{h}{m_0c}(1-\cos\theta)=4.53\times10^{-3}\ \text{nm}$$

所以

$$\lambda'=\lambda+\Delta\lambda=0.404\ 53\ \text{nm}$$

$$\nu'=\frac{c}{\lambda'}=7.42\times10^{17}\ \text{Hz}$$

7-2-8 当电子、质子和 0.2 kg 的球分别以 2.0×10^5 m/s 速率运动时，求它们对应的德布罗意波长？

解 由物质波假设，得

$$\lambda_e=\frac{h}{m_ev}=3.64\ \text{nm}$$

$$\lambda_p=\frac{h}{m_pv}=1.98\times10^{-3}\ \text{nm}$$

$$\lambda=\frac{h}{mv}=1.66\times10^{-29}\ \text{nm}$$

7-2-9 一电量与电子电量相同的粒子，经 206 V 电压加速后，测得其德布罗意波长为 2.0×10^{-3} nm，试求该粒子的质量。

解 由能量守恒和物质波假设

$$eU=\frac{1}{2}mv^2$$

$$\lambda=\frac{h}{mv}$$

得

$$m=\frac{h^2}{2eU\lambda^2}=1.67\times10^{-27}\ \text{kg}$$

同步训练题

1. 已知一单色光照射在钠表面上，测得光电子的最大动能是 1.2 eV，而钠的红限波长是 5 400 λ_0，那么入射光的波长是多少？

2. 在均匀磁场 B 内放置一极薄的金属片，其红限波长为 λ_0。今用单色光照射，发现有电子放出，有些放出的电子（质量为 m，电荷的绝对值为 e）在垂直于磁场的平面内作半径为 R 的圆周运动，那么此照射光光子的能量是多少？

3. 光子能量为 0.5 MeV 的 X 射线，入射到某种物质上而发生康普顿散射。若反冲电子的能量为 0.1 MeV，则散射光波长的改变量与入射光波长之比值为多少？

4. 设康普顿效应中入射 X 射线的波长 $\lambda=0.070$ nm，散射的 X 射线与入射的 X 射线垂直，求：(1) 反冲电子的动能 E_k；(2) 反冲电子运动的方向与入射的 X 射线之间的夹角 θ（普朗克常量 $h=6.63\times10^{-34}$ J·s，电子质量 $m_e=9.11\times10^{-31}$ kg）。

5. 用某频率的单色光照射基态氢原子气体，使气体只发射出三种频率的谱线，则原照射单色光的频率是多少（普朗克常量 $h=6.63\times10^{-34}$ J·s，基本电荷 $e=1.60\times10^{-19}$ C）？

6. 氢原子光谱中波长为 $\lambda=102.57$ nm 的谱线是在哪两个能级之间发生跃迁时产生的（里德伯常量 $R=1.097\times10^{7}$ m^{-1}）？

7. 假如电子运动速度与光速可以比拟，则当电子的动能等于它静止能量的 2 倍时，其德布罗意波长约为多少（普朗克常量 $h=6.63\times10^{-34}$ J·s，电子质量 $m_e=9.11\times10^{-31}$ kg）？

8. 已知第一玻尔轨道半径 a，当氢原子中电子沿第 n 玻尔轨道运动时，其相应的德布罗意波长是多少？

同步训练题答案

1. $\lambda=355$ nm

2. $E=\dfrac{hc}{\lambda_0}+\dfrac{(eRB)^2}{2m}$

3. $\dfrac{\Delta\lambda'}{\lambda}=0.25$

4. (1) $E_k=9.42\times10^{-17}$ J；(2) $\theta=44.0°$

5. $\nu=2.92\times10^{15}$ Hz

6. 3 能级到 1 能级

7. $\lambda=8.58\times10^{-13}$ m

8. $\lambda=2\pi na$

第 3 章 薛定谔方程

知识要点

3.1 薛定谔方程

3.1.1 薛定谔方程的一般形式

薛定谔方程：$-\frac{\hbar^2}{2m}\nabla^2\Psi+V(\boldsymbol{r},t)\Psi=i\hbar\frac{\partial\Psi}{\partial t},\hbar=\frac{h}{2\pi},\Psi=\Psi(\boldsymbol{r},t)$

3.1.2 一维定态不含时薛定谔方程

一维定态薛定谔方程：

$$\left[-\frac{\hbar^2}{2m}\frac{\mathrm{d}^2}{\mathrm{d}x^2}+V(x)\right]\Psi(x)=E\Psi(x)$$

3.2 一维无限深势阱中的粒子

一维无限深势阱中的粒子的波函数：

$$\Psi_n(x)=\sqrt{\frac{2}{a}}\sin\frac{n\pi}{a}x,\quad n=1,2,3,\cdots$$

一维无限深势阱中的粒子的能量：

$$E_n=\frac{h^2}{8ma^2}n^2,\quad n=1,2,3,\cdots$$

3.3 势垒穿透效应

势垒穿透效应：粒子的能量小于峰值，粒子仍有可能穿透势垒而到达势垒的另一侧。这一量子力学现象称为势垒穿透或隧道效应。

3.4 一维谐振子

一维谐振子的能量：

$$E_n=(n+\frac{1}{2})\hbar\omega=(n+\frac{1}{2})h\nu,\quad n=0,1,2,3,\cdots$$

书后习题解答

7－3－1　波函数满足的自然条件是什么？如何理解波函数的归一化的概念？

解　波函数满足的自然条件是：单值，有限，连续；波函数的归一化代表了离子在全空间出现的可能性为 1。

7－3－2　考虑阶跃势（如图 7－3－1 所示）

$$V(x)=\begin{cases}V_0, & x>0\\ V, & x<0\end{cases}$$

能量 $E>V_0$ 的粒子流从 $x=-\infty$ 向右运动。(1)写出每个区域的定态解；(2)用波函数描述没有反向粒子从 $x=+\infty$ 向左运动；(3)应用衔接条件，用入射波振幅表示反射和透射波振幅。

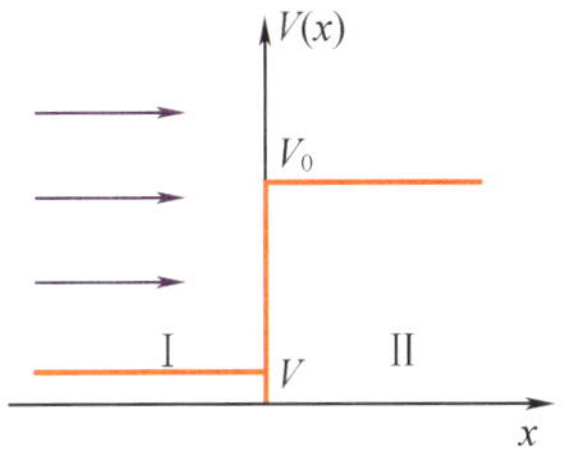

图 7－3－1

解　(1)由定态薛定谔方程，即

$$\frac{d^2\Psi}{dx^2}=\frac{2m}{\hbar^2}(V-E)\Psi$$

可知，当 $V<E$ 时，方程的定态解为周期函数，即

$$\begin{cases}\Psi_1(x)=A_1e^{jk_1x}+B_1e^{-jk_1x}, & x<0\\ \Psi_2(x)=A_2e^{jk_2x}+B_2e^{-jk_2x}, & x>0\end{cases}$$

式中，$k_1^2=\frac{2m}{\hbar^2}(E-V)$，$k_2^2=\frac{2m}{\hbar^2}(E-V_0)$

(2)由波函数，即　　$\Psi=\psi e^{-j\frac{E}{\hbar}t}$

得

$$\begin{cases}\Psi_1=A_1e^{-j(\frac{E}{\hbar}t-k_1x)}+B_1e^{-j(\frac{E}{\hbar}t+k_1x)}, & x<0\\ \Psi_2=A_2e^{-j(\frac{E}{\hbar}t-k_2x)}+B_2e^{-j(\frac{E}{\hbar}t+k_2x)}, & x>0\end{cases}$$

上两式中第一项代表右行波，第二项代表左行波。只需令 $B_2=0$，即可描述没有反向粒子从 $x=+\infty$ 向左运动，即

$$\Psi_2=A_2e^{-j(\frac{E}{\hbar}t-k_2x)}$$

另外，A_1，B_1，A_2 分别表示入射波、反射波、透射波的振幅。

(3)当 $x=0$ 时，由连续条件，即

$$\Psi_1=\Psi_2,\quad \frac{d\Psi_1}{dx}=\frac{d\Psi_2}{dx}$$

得

$$A_1+B_1=A_2$$
$$k_1A_1-k_1B_1=k_2A_2$$

即

$$A_2=\frac{2k_1}{k_1+k_2}A_1,\quad B_1=\frac{k_1-k_2}{k_1+k_2}A_1$$

7－3－3　一个电子被禁闭在线度为 10^{-11} m 的区域中，这正是原子核线度的数量级，试计算它的最小动能。

解 由驻波条件及物质波条件，即

$$l_k = k\frac{\lambda}{2},\ P = \frac{h}{\lambda}$$

可知，当 k 越小时，波长越长，动量越小，动能也越小。

故当 $k=1$ 时，两式联立得

$$P = \frac{h}{2l_1} = 3.315\times 10^{-23}\ \text{kgm/s}$$

由于 $P \ll m_0 c$，故可以用非相对论的能量动量关系，即

$$E_k = \frac{P^2}{2m_0} = 6.03\times 10^{-16}\ \text{J} = 3.75\times 10^3\ \text{eV}$$

若考虑相对论效应，由相对论能量动量关系和动能表达式，即

$$P^2c^2 + m_0^2c^4 = m^2c^4$$

$$E_k = mc^2 - m_0c^2$$

得

$$E_k = \frac{P^2}{m+m_0} = \frac{P^2}{m_0\left(1+\sqrt{1+\dfrac{P^2}{m_0^2c^2}}\right)} = 6.01\times 10^{-16}\ \text{J} = 3.74\times 10^3\ \text{eV}$$

7—2—4 一个电子被束缚在宽度为 10^{-10} m 的有限矩形势阱中，阱深为何值时，该电子存在两个束缚态。

解 (1)由定态薛定谔方程，有

$$\frac{d^2\Psi}{dx^2} = \frac{2m}{\hbar^2}(V-E)\Psi$$

可知，当 $0<x<a$ 时，$V=0$，有

$$\Psi_2(x) = A\sin(kx+\varphi)$$

其中

$$k^2 = \frac{2m}{\hbar^2}E$$

当 $x<0$ 或 $x>a$ 时，$V>E$

$$\Psi(x) = Be^{\lambda x} + Ce^{-\lambda(x-a)}$$

其中

$$\lambda^2 = \frac{2m}{\hbar^2}(V-E)$$

由波函数有限性可知

$$\begin{cases} \Psi_1(x) = Be^{\lambda x}, & x<0 \\ \Psi_3(x) = Ce^{-\lambda(x-a)}, & x>a \end{cases}$$

(2)由连续性条件，有

$$\begin{cases} \Psi_1 = \Psi_2,\ \dfrac{d\Psi_1}{dx} = \dfrac{d\Psi_2}{dx}, & x=0 \\ \Psi_2 = \Psi_3,\ \dfrac{d\Psi_2}{dx} = \dfrac{d\Psi_3}{dx}, & x=a \end{cases}$$

得

$$B = A\sin\varphi,\quad \lambda B = kA\cos\varphi$$

$$C = A\sin(ka+\varphi),\quad \lambda C = kA\cos(ka+\varphi)$$

联立得

$$\tan\varphi = \tan(ka+\varphi)$$

即

$$ka = n\pi$$

其中，n 为正整数。

(3)由上面分析得到

$$k^2 = \frac{2m}{\hbar^2}E$$

由 $V>E$ 可得

$$V > E_n = n^2 \frac{\pi^2 \hbar^2}{2ma^2} = n^2 \frac{h^2}{8ma^2}$$

若使该电子存在两个束缚态，则

$$2^2 \frac{h^2}{8ma^2} < V < 3^2 \frac{h^2}{8ma^2}$$

即

$$2.41 \times 10^{-17}\ \text{J} < V < 5.43 \times 10^{-17}\ \text{J}$$

或

$$151\ \text{eV} < V < 389\ \text{eV}$$

同步训练题

1. 粒子在无限深势阱中运动，其波函数为：

$$\Psi(x) = \sqrt{\frac{2}{a}} \sin \frac{\pi x}{a},\quad 0 \leqslant x \leqslant a$$

求发现粒子的概率为最大的位置是在哪？

2. 粒子在一维矩形无限深势阱中运动，其波函数为：

$$\Psi_n(x) = \sqrt{\frac{2}{a}} \sin \frac{n\pi x}{a},\quad 0 < x < a$$

若粒子处于 $n=1$ 的状态，它在 $0 \sim \frac{a}{4}$ 区间内的概率是多少(提示：$\int \sin^2 x \mathrm{d}x = \frac{1}{2}x - \frac{1}{4}\sin 2x + C$)？

3. 一维无限深方势阱中的粒子，其波函数在边界处为零，这种定态物质波相当于两端固定的弦中的驻波，因而势阱的宽度 a 必须等于德布罗意波半波长的整数倍。试利用这一条件求出能量量子化公式：

$$E_n = \frac{h^2}{8ma^2} n^2$$

4. 一粒子被限制在相距为 l 的两个不可穿透的壁之间，如图 7—3—2 所示。描写粒子状态的波函数为 $\Psi = cx(l-x)$，其中 c 为待定常量。求在 $0 \sim \frac{1}{3}l$ 区间内发现该粒子的概率。

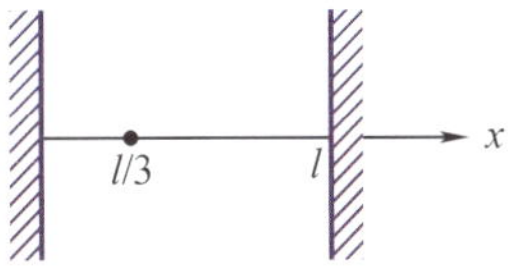

图 7—3—2

同步训练题答案

1. $x = \frac{1}{2}a$
2. $P = 0.091$
3. 略
4. $\frac{17}{81}$

第 4 章　原子中的电子

知识要点

4.1 氢原子

4.1.1 氢原子的薛定谔方程

$$\frac{1}{r^2}\frac{\partial}{\partial r}\left(r^2\frac{\partial\Psi}{\partial r}\right)+\frac{1}{r^2\sin\theta}\frac{\partial}{\partial\theta}\left(\sin\theta\frac{\partial\Psi}{\partial\theta}\right)+\frac{1}{r^2\sin^2\theta}\frac{\partial^2\Psi}{\partial\varphi^2}+\frac{2m}{\hbar^2}\left(E+\frac{e^2}{4\pi\varepsilon_0 r}\right)\Psi=0$$

4.1.2 三个量子数　角动量量子化

氢原子能量：

$$E_n=-\frac{me^4}{32\pi^2\varepsilon_0^2\hbar^2}\cdot\frac{1}{n^2}=\frac{E_1}{n^2},\quad n=1,2,3,\cdots,n\text{ 为主量子数}$$

氢原子中电子的角动量：

$$L=\sqrt{l(l+1)}\frac{h}{2\pi},\quad l=0,1,2,\cdots,(n-1),\ l\text{ 称为角量子数}$$

角动量在某特定方向上的分量：

$$L_z=m_l\frac{h}{2\pi},\quad m_l=0,\pm1,\pm2,\cdots,\pm l,\ m_l\text{ 称为磁量子数}$$

4.1.3 氢原子中电子的概率分布

氢原子的波函数：　$\Psi(r,\theta,\varphi)=R(r)\Theta(\theta)\Phi(\varphi)$

原子内电子的运动不能用轨道描述，只能用波函数给出的概率密度描述，形象化地用电子云图来描述。

4.2 电子自旋和角动量的耦合

4.2.1 电子的轨道磁矩

电子的运动磁矩：　　$\mu=-\frac{e}{2m}L$

4.2.2　电子的自旋

电子自旋角动量：$S=\sqrt{s(s+1)}\hbar=\sqrt{\frac{3}{4}}\hbar$，　$s=\frac{1}{2}$

自旋角动量在某方向(外磁场沿 z 轴方向)的投影为

$S_z=m_s\hbar$，　$m_s=\pm 1/2$，　m_s 称为自旋磁量子数

4.2.3　电子角动量的耦合

自旋轨道耦合：　　$J=\sqrt{j(j+1)}\hbar$

4.3　原子的壳层结构

泡利不相容原理：原子系统内的电子状态要由 n,l,m_l,m_s 四个量子数来确定，并且指出：在一个原子中不可能有两个或两个以上的电子处于相同的状态，即两个电子不可能具有相同的四个量子数。

能量最低原理：在原子处于正常状态下，每个电子趋于占据最低的能级。

4.4　激光

4.4.1　光的吸收和辐射

受激吸收：如果原子受到光照，且光子的能量 $h\nu$ 正好等于两个能级之差 ΔE 时，这个光子将被原子吸收，处于基态的电子将获得能量而跃迁到激发态能级，这一过程称为受激吸收。

自发辐射：处于激发态的原子很不稳定，很快就会自发地回落到基态，与此同时放出一个能量为 $h\nu=E_2-E_1$ 光子，这一过程称为自发辐射。

受激辐射：处于激发态的原子，如果在它发生自发辐射之前受到一个外来光子的作用，且光子的能量 $h\nu$ 正好等于两能级之差 $\Delta E=E_2-E_1$，则原子会从原来的较高能级向低能级跃迁，同时辐射出一个与外来光子同频率、同相位、同方向、同偏振态的光子，这一过程称为受激辐射。

4.4.2　粒子数反转

粒子数反转：在通常情况下，原子体系总是处于热平衡状态，原子数按能态的分布符合玻耳兹曼分布律，大部分原子都处于基态，而在激发态上的原子数量很少，因此受激吸收和自发辐射较之受激辐射总是占有主导地位。要使受激辐射胜过受激吸收从而实现光放大，就必须实现高能态的原子数 N_2 多于低能态的原子数 N_1，这种非平衡态的原子数分布称为粒子数反转。

4.4.3　光学谐振腔

光学谐振腔：用来产生和维持光振荡并能选择光束的方向和频率的装置。

4.4.4 激光的特性

激光具有以下的特性：

(1)方向性好；

(2)单色性好；

(3)能量集中；

(4)相干性好。

书后习题解答

7—4—1 已知氢原子处于 $n=1,l=0,m_l=0$ 态，求电子半径 r 小于玻尔半径的概率。

解 对于基态，$n=1,l=0,m_l=0$，电子的概率密度分布为

$$|\Psi_{1,0,0}|^2=\frac{1}{\pi a_0^3}e^{-\frac{2r}{a_0}}$$

电子半径 r 小于玻尔半径的概率为

$$P=\int_0^{a_0}|\Psi_{1,0,0}|^2 4\pi r^2\mathrm{d}r=\int_0^{a_0}\frac{1}{a_0^3}e^{-\frac{2r}{a_0}}4r^2\mathrm{d}r$$

令 $x=\dfrac{r}{a_0}$，则

$$P=\int_0^1 4x^2e^{-2x}\mathrm{d}x$$

经两次分部积分得

$$P=1-\frac{5}{e^2}=32.3\%$$

7—4—2 确定氢原子莱曼系的最短波长和最长波长？

解 莱曼系满足

$$h\nu=-E_1\left(\frac{1}{1^2}-\frac{1}{n^2}\right)$$

式中，$E_1=-13.6\ \mathrm{eV}$，为基态能级。

故

$$\lambda=\frac{hc}{-E_1\left(\dfrac{1}{1^2}-\dfrac{1}{n^2}\right)}$$

当 n 取 2 时，最长波长为

$$\lambda_M=121.7\ \mathrm{nm}$$

当 n 取无穷时，最短波长为

$$\lambda_m=91.3\ \mathrm{nm}$$

7—4—3 在氢原子中可以粗略地认为电子围绕质子沿半径为 r 的圆形轨道运动，求出它的磁矩。

解 磁矩为

$$\mu=IS=\frac{ev}{2\pi r}\pi r^2=\frac{evr}{2}$$

由于角动量是量子化，即

$$L=m_evr=n\hbar$$

故

$$\mu=n\frac{e\hbar}{2m_e}=n\mu_B$$

式中，μ_B 为玻尔磁子。可见电子轨道磁矩也是量子化的。

7-4-4　当一束自由电子沿 0.8T 的均匀磁场的垂直方向运动时，确定自旋与磁场"平行"和"反平行"的电子之间的能量差值？

解　磁矩在磁场中的能量为

$$E_s=-\boldsymbol{\mu}_s\cdot\boldsymbol{B}=-\mu_{s,z}B$$

自旋与磁场"平行"和"反平行"的电子之间的能量差值为

$$\Delta E=2\mu_{s,z}B=2\mu_B B=1.484\times10^{-23}\,\text{J}=9.26\times10^{-4}\ \text{eV}$$

7-4-5　求出可以占据 f 子壳层的最大电子数，并且给出相应电子 m_l 和 m_s 的数值？

解　f 子壳代表 l 取 3，此时 m_l 的可能取值为 $0,\pm1,\pm2,\pm3$（7 个），而 m_s 可能取值始终为 $\pm\frac{1}{2}$（2 个），因此可以占据 f 子壳层的最大电子数为 $7\times2=14$ 个。

同步训练题

1. 已知氢原子的径向波函数 $R(r)=(4r_1^{-3})^{\frac{1}{2}}e^{-\frac{r}{r_1}}$，式中 r_1 为玻尔第一轨道半径。求电子处于玻尔第二轨道半径和玻尔第一轨道半径的概率密度比值是多少？

2. 在描述原子内电子状态的量子数 n,l,m_l 中。(1)当 $n=5$ 时，l 的可能值是多少；(2)当 $l=5$ 时，m_l 的可能值为多少；(3)当 $l=4$ 时，n 的最小可能值是多少；(4)当 $n=3$ 时，电子可能状态为多少？

3. 氢原子中的电子处于 $n=4,l=3$ 的状态，问：(1)该电子角动量 L 的值为多少；(2)这角动量 L 在 z 轴的分量有哪些可能的值；(3)角动量 L 在 z 轴的夹角的可能值为多少？

4. 电子的自旋量子数 m_s 可能取值为多少？

同步训练题答案

1. $\frac{p_2}{p_1}=3.97\times10^{-2}$

2. (1)$n=5$ 时，l 可能的值为 5 个，即 $l=0,1,2,3,4$；
   (2)$l=5$ 时，m_l 可能的值为 11 个，即 $m_l=0,\pm1,\pm2,\pm3,\pm4,\pm5$；
   (3)$l=4$ 时，因为 l 的最大可能值为$(n-1)$，所以 n 的最小可能值为 5；
   (4)$n=3$ 时，电子的可能状态数为 $2n^2=18$。

3. (1)$L=\sqrt{l(l+1)}\frac{h}{2\pi}=\sqrt{12}\frac{h}{2\pi}$；
   (2)L_z 的可能取值为 $0,\pm\frac{h}{2\pi},\pm\frac{2h}{2\pi},\pm\frac{3h}{2\pi}$；
   (3)角动量 L 与 z 轴夹角 θ 分别为 30°,55°,73°,90°,107°,125°,150°

4. $\pm\frac{1}{2}$

参 考 文 献

[1] 哈里德，瑞斯尼克. 物理学基础[M]. 张三慧，李椿，译. 北京：机械工业出版社，2005.

[2] 弗恩曼，莱顿，桑兹. 费恩曼物理学讲义[M]. 郑水令，华宏鸣，吴子仪，译. 上海：上海科学技术出版社，2006.

[3] 基特尔 C. 伯克利物理学教程[M]. 北京：科学出版社，1979.

[4] 哈尔彭 A. 3000 物理习题精解[M]. 解希顺，张勇，朱艳梅，译. 北京：科学出版社，2002.

[5] 程守洙，江之永. 普通物理学[M]. 5 版. 北京：高等教育出版社，1998.

[6] 马文蔚. 物理学[M]. 4 版. 北京：高等教育出版社，1999.

[7] 张三慧. 大学物理学[M]. 2 版. 北京：清华大学出版社，1999.

[8] 向义和. 大学物理导论——物理学的理论与方法、历史与前沿[M]. 北京：清华大学出版社，1999.

[9] 赵凯华，罗蔚茵. 新概念物理教程[M]. 北京：高等教育出版社，1998.

[10] 麻文军，姜海丽，孙秋华. 简明大学物理教程[M]. 哈尔滨：哈尔滨工程大学出版社，2008.

[11] 王楚，李椿. 基础物理教程[M]. 北京：北京大学出版社，1999.

[12] 范中和，徐军. 大学物理[M]. 西安：西北大学出版社，2005.

[13] 林铁生. 大学物理教程[M]. 北京：中国铁道出版社，1998.

[14] 毛骏健，顾牡. 大学物理学[M]. 北京：高等教育出版社，2006.

[15] 王锡祉，杨松林. 大学物理[M]. 大连：大连理工大学出版社，1989.

[16] 周勇志. 大学物理[M]. 广州：华南理工大学出版社，1999.

[17] 赵凯华，陈熙谋. 电磁学[M]. 北京：高等教育出版社，2003.

[18] Hewitt P G. Conceptual Physics[M]. 北京：清华大学出版社，2008.

[19] 霍布森 A. 物理学：基本概念及其与方方面面的联系[M]. 上海：上海科学技术出版社，2001.

[20] 王发伯，赵仲罴，黄宁庆，等. 普通物理典型题解[M]. 长沙：湖南科技出版社，1981.

[21] 褚圣麟. 原子物理学[M]. 北京：高等教育出版社，1979.

[22] 杨福家. 原子物理学[M]. 北京：高等教育出版社，2000.

[23] 赵凯华，钟锡华. 光学[M]. 北京：北京大学出版社，2001.

[24] 母国光，战元令. 光学[M]. 北京：人民教育出版社，1979.

[25] 玻恩 M，沃尔夫 E. 光学原理[M]. 杨葭荪，译. 北京：科学出版社，1980.

[26] 梁铨廷. 物理光学[M]. 北京：机械工业出版社，1987.

[27] 郁道银.工程光学[M].北京:机械工业出版社,2001.
[28] 张三慧.大学物理学[M].3 版(B 版).北京:清华大学出版社,2009.
[29] 刘艳磊,张建中.大学物理教程[M].北京:国防工业出版社,2010.
[30] 黄淑清.热学教程[M].2 版.北京:高等教育出版社,1994.